MODERNES MARKETING

Ein Leitfaden durch den Marketing-Dschungel
für mehr Sichtbarkeit & neue Kunden

MARIE FRÖHLICH (Hrsg.)

1. Auflage
© Copyright 2023

Titel: Modernes Marketing
       Ein Leitfaden durch den Marketing-Dschungel
       für mehr Sichtbarkeit und neue Kunden

Imprint: Independently published
Cover: Claudia Sperl (Labelschmiede)

ISBN: 9798387167461

Herausgeberin:
Heidemarie Fröhlich, MBA
Books Publishing Services & Verlag
Kellermanngasse 6/24
1070 Wien – Austria

E-Mail: books@froehlich-plus.at
Website: www.froehlich-plus.at

Bibliografische Information der Österreichischen & Deutschen Nationalbibliothek
Die Österreichische Nationalbibliothek verzeichnet diese Publikation in der Österreichischen Nationalbibliografie; detaillierte bibliografische Daten sind im Internet über https://www.onb.ac.at abrufbar.

Die Deutsche Nationalbibliothek verzeichnet diese Publikation in der Deutschen Nationalbibliografie; detaillierte bibliografische Daten sind im Internet über https://dnb.de abrufbar.

INHALT

AUTORENÜBERSICHT

VORWORT
Michael Mayer
BNI-Nationaldirektor Deutschland und Österreich
www.bni.de

KAPITEL 1
Patrick Hablesreiter
Eingetragener Mediator, zertifizierter Fachtrainer,
Psychologie-Liebhaber, Lernfreak
www.my-mediator.at

KAPITEL 2
Timm Uthe
Spezialist für die Wahrnehmung von Kundenbedürfnissen
www.touchpointconsulting.at

KAPITEL 3
Marie Fröhlich, MBA
Selfpublisher-Coach, Expertin für Sachbücher als
Marketinginstrument, Bestsellerautorin,
Unternehmensberaterin; Verlagsinhaberin
www.froehlich-plus.at

KAPITEL 4
Niels Cimpa
SEO Berater, Speaker, Psychologischer Berater,
Erwachsenentrainer
www.seo-beratung-wien.at

KAPITEL 5
Paul Jessenitschnig, BSc
Gründer und Geschäftsführer von Paul Jesse Copywriter,
Experte für verkaufsstarke Texte und E-Mailmarketing,
NLP-Trainer und Wortenthusiast
www.pauljesse.at

KAPITEL 6
Chris Adel
Promovierter Chemiker, zertifizierter Flow Consultant,
preisgekrönter Autor, Trainer Bundesfinanzakademie
(Wien) und Experte für Verbrauchsteuern
www.chrisadel.com

KAPITEL 7
Doris Hoy-Sauer
PR-Beraterin, Fachjournalistin, Geschäftsführerin der
A HOY PR Agentur- und Verlagsges. mbH in Augsburg
https://ahoy-pr.de

KAPITEL 8
Jeannine Tieling
Speaker-Training, Sprecherzieherin Univ./DGSS; Expertin
für den Auftritt vor der Kamera und am Mikrofon, im
Video und auf der Bühne; Expertin für PR und Sichtbarkeit
www.jeannine-tieling.com

KAPITEL 9
Sandra Gneist, MBA
Expertin für strategisches Empfehlungsmarketing, Coach,
Trainerin, Unternehmensberaterin
www.diegneist.com

KAPITEL 10
Dipl.-Kfm. Ben Mayer, E.M.B.Sc.
Anbieter von Business-Stadttouren und -Events in Wien,
Unternehmensberater, staatlich geprüfter Austria Guide
www.viennayourway.com

KAPITEL 11
Mag. Angelika Güttl-Strahlhofer
Expertin für Online-Bildung, zertifizierte Digital Consultant mit Faible für innovative Tools und Szenarien & Live-Online-Veranstaltungen mit Pfiff
https://red-ma.eu

KAPITEL 12
Marketa Burger
Personal Branding & LinkedIn-Expertin, Betriebswirtin, Systemischer Coach, Autorin, Fan der Generation 50+
www.beratricks.com

KAPITEL 13
Birgit Kurz
Dipl. Fachwirtin für Medieninformatik & Mediendesign, Online & Social-Media-Marketing, zertifizierte E-Commerce- & Social-Media-Beraterin
www.fresh-inspire.at

KAPITEL 14 & 15
Mag. Birgit Bauer
Inhaberin & Geschäftsführerin von Socialmania, Expertin für Storytelling & Online-Kommunikation, Kommunikations- & Sprachtrainerin
www.socialmania.at

KAPITEL 16
Martin Pauser, MSc
Videoproduzent und Tontechniker – Trainer am WIFI Wien in den Diplom-Lehrgängen Creative Video Designer und Ton- & Studiotechnik
www.martinpauser.at

KAPITEL 17
Stephan Nierwetberg
Audio-Engineer SAE, Experte für Audiomarketing und Corporate Sound
www.ppstudios.de

KAPITEL 18
Christian Fischer, MSc
Geschäftsführer Fisher's House Group, Initiator von
„Influencer Deutschland"
www.fishershouse.de

KAPITEL 19
Ottó Fehér
Marketing - / IT - Berater, Projektleiter,
Geschäftsentwickler
www.rilisol.hu

KAPITEL 20
Ing. Viktor Zemann, MSc
Geschäftsführer ACOS Digital GmbH, Digital Marketing
Experte (Google, Meta, Amazon, LinkedIn)
www.acos.digital

KAPITEL 21
Sabine Emmerich
MDL Magazin Chefredaktion, Blogger, Marketing-
Expertin
www.mdl-magazin.de

VORWORT

Marketing hat viele Facetten, es gibt viele Tools, wie man sein Produkt, seine Firma und/oder seine Dienstleistungen erfolgreich vermarktet. Für mich persönlich steht das Thema Netzwerken hier ganz oben auf der Liste. Ich kann mit Stolz behaupten, ohne Netzwerken wäre ich nie so weit in meinem Leben gekommen – weder beruflich noch privat.

Netzwerken ist einfach, eigentlich. Vorausgesetzt, man verfügt über die richtigen Kontakte. Genau das ist der springende Punkt. Wie komme ich zu diesen Kontakten, die dafür sorgen, dass meine Auftragsbücher regelmäßig gut gefüllt sind? Die Erfahrung zeigt, die Basis des Erfolges ist Vertrauen, nur wenn eine fundierte, meist langjährige Vertrauensbasis aufgebaut werden konnte, dann funktioniert es mit dem Netzwerken. Die persönliche Komponente ist dafür entscheidend, bei allen Vorteilen, die uns zum Beispiel Social-Media-Kanäle bieten. Vertrauen wird in persönlichen Gesprächen ausgebaut, mit Augenkontakt und Händedruck.

Eine Nielsen Trust in Global Advertising-Studie beispielsweise belegt, dass Menschen persönliche Empfehlungen am vertrauenswürdigsten einschätzen. Erst an zweiter Stelle folgen meist anonyme Empfehlungen aus dem Internet. Online-Netzwerke sind definitiv nicht zu vernachlässigen, ein persönliches Gespräch können sie aber nicht ersetzen. Sinn macht eine Kombination aus beidem, z. B. in dem die Pflege relevanter Knotenpunkte zusätzlich via Social Media, also etwa Xing oder LinkedIn betrieben wird.

2002 kam ich auf der Frankfurter Franchise-Messe erstmals in Kontakt mit dem Unternehmernetzwerk BNI (Business Network International). Es folgte ein Besuch beim britischen Unternehmerteam Stanmore in London (im gesamten deutschsprachigen Raum gab es zu der Zeit noch kein Team). Um 8:15 Uhr habe ich dort gewusst, ich muss BNI nach Österreich bringen. Zu diesem Zeitpunkt hatten 38 Unternehmer 78 Empfehlungen ausgetauscht. Das hat mich beeindruckt und geprägt. So etwas hatte ich noch nie zuvor gesehen, so zielgerichtet Empfehlungen zu erhalten. Damals fasste ich sofort den Entschluss, mich damit intensiver zu beschäftigen. Heute kann ich sagen, es war definitiv die richtige Entscheidung. BNI hat mein Leben verändert und ich bin glücklich, Teil dieses fantastischen Netzwerks zu sein.

In den vergangenen zwei Jahrzehnten haben sich für mich fünf Punkte herauskristallisiert, die entscheidend sind, um Kontakte zu knüpfen und Beziehungen langfristig aufzubauen und zu erhalten.

Kultivieren und Ackerbau statt Jagd – Nur mit der Ruhe!

Die Jagd nach Visitenkarten allein bringt wenig, also lass dir Zeit. Beim Networking geht es um das Pflegen von Kontakten. Ein Kontakt, den du wirklich vertiefen willst, ist mehr wert als viele flüchtige Bekanntschaften, denn die Qualität der Beziehungen zählt schlussendlich mehr als die Quantität: Wir fokussieren uns so sehr darauf, ‚nach oben‘ zu netzwerken und wichtige Personen zu treffen, dass wir all die Leute um uns herum vergessen. Doch du weißt nie, wer wen kennt, also sei aufgeschlossen und interessiere dich für deine Mitmenschen.

Achte auf deine Körpersprache

Gehe mit einer positiven Einstellung und einem Lächeln im Gesicht durchs Leben. Wenn du lächelst wird man sich lieber mit dir unterhalten, als wenn du eine griesgrämige Miene aufsetzt. Achte bei Veranstaltungen auch darauf, wie du mit Kollegen in Gruppen zusammenstehst. Ob zu zweit, zu dritt oder mit mehreren Personen – öffne deine Gruppe, sodass andere in deine Konversation einsteigen können. Bist du alleine, so traue dich auf Gruppen zuzugehen, die sich anderen öffnen – du wirst willkommen sein und schnell Anschluss im Gespräch finden.

Sichtbarkeit, Glaubwürdigkeit und Rentabilität

Eine erfolgreiche Beziehung, egal ob es sich um eine private oder eine Geschäftsbeziehung handelt, braucht Zeit, sich zu entwickeln. Dabei gibt es drei Phasen: Sichtbarkeit, Glaubwürdigkeit und Rentabilität. Die Abwicklung von Geschäften und der Austausch von Empfehlungen passieren erst ganz am Ende des Beziehungsaufbaus. Wer gleich beim ersten Treffen ein Geschäft abschließen will, wird scheitern und außerdem einen schlechten Eindruck machen. Glaubwürdigkeit und Vertrauen muss zuerst erarbeitet werden.

24/7/30 Follow-up System

Du hast jemanden kennengelernt, einen neuen Kontakt geknüpft. Was nun? Nimm innerhalb von 24 Stunden Kontakt auf – sei es ein Anruf, eine E-Mail oder gar eine Postkarte. Wichtig: Du darfst deinem neuen Bekannten nichts verkaufen wollen, so weit sind wir noch nicht. Verlinke dich innerhalb von sieben Tagen mit deiner neuen Bekanntschaft in sozialen Netzwerken wie Xing, LinkedIn oder Facebook. Kommuniziere über jene Plattform, die dein Gesprächspartner bevorzugt. Er twittert regelmäßig? Dann kontaktiere ihn dort! Innerhalb von 30 Tagen solltest du ein persönliches Treffen vereinbaren. Nach wie vor gilt: Für ein Verkaufsgespräch ist die Beziehung noch nicht tief genug. Nun ist der Anfang getan und du kannst langsam Vertrauen aufbauen.

Sei ein guter Zuhörer

Der Erfolg im Networking hängt davon ab, wie gut wir zuhören und lernen. „Es geht nicht darum, was du weißt oder wen du kennst, sondern darum, wie gut ihr einander kennt. Höre aufmerksam zu, wenn dein Gegenüber von seinen Wünschen und Sorgen erzählt – so erfährst du, wie du ihm am besten helfen kannst. Je schneller wir erkennen, was wir von unserem Gegenüber wissen müssen, desto schneller kann sich eine wertvolle Beziehung entwickeln. So kannst du beispielsweise Personen vernetzen, von denen du glaubst, dass sie füreinander spannend sind.

Werbung und Marketing werden sich im 21. Jahrhundert weiterhin verändern, es werden sich durch Digitalisierung und neue Technologien weitere Möglichkeiten auftun, die wir uns im Moment nicht einmal vorstellen können. Von einem bin ich überzeugt, auch dann wird der Beziehungsaufbau eine entscheidende Rolle spielen, gerade wenn es um langfristige und erfolgreiche Geschäftsbeziehungen geht.

Dieses Buch ist ein exzellentes Beispiel dafür, in welche Richtung die Entwicklung geht. Es beschreibt eine Vielzahl an wertvollen Werkzeugen und Tools, die du für deine Werbung - und somit für mehr Sichtbarkeit und besseren Verkauf deiner Dienstleistungen und Produkte - nutzen kannst. Begib dich auf diese faszinierende Reise und tauche ein in die Welt des modernen Marketings.

Michael Mayer

BNI-Nationaldirektor Deutschland & Österreich
www.bni.de

EINLEITUNG

Es ist spät im August. Die Sonne strahlt mit meiner guten Laune um die Wette. Viktor und ich schlürfen genüsslich unseren Espresso im Gartencafé und genießen für einen Augenblick den herrlichen Morgen, bevor wir zurück an unsere jeweilige Arbeit gehen. Unser Gespräch dreht sich, wie könnte es anders sein, ums Bücher schreiben. Mein Gesprächspartner ist an einem eigenen Expertenbuch interessiert. Allein - ihm fehlt die Zeit dafür. Während ich ihm gestehe, dass es mir genauso geht, dass ich seit zwei Jahren mit dem Gedanken spiele, ein Buch über Selfpublishing herauszubringen, aber genau wie er nicht die Zeit zum Schreiben finde, weil andere Dinge, vor allem meine Kund:innen meine Tage füllen und selbstverständlich Vorrang haben, keimt in mir ein genialer Gedanke: Was wäre, wenn jeder von uns statt eines eigenen 200-seitigen Buches nur ein Kapitel in einem gemeinsamen Buch schreiben würde? Was wäre, wenn ich noch weitere Marketingexpertinnen und -experten ins Boot holen und das ultimative Buch über moderne Marketing-Tools zusammenstellen und herausbringen würde?

Nun, was du gerade in Händen hältst, ist das fantastische Ergebnis dieses sonnigen Augustmorgens. Es ist ein bedeutendes Buch, in dem dir 21 Top-Profis wertvolles Know-how aus ihrem jeweiligen Spezialgebiet verraten. Du bekommst unsere volle Power gebündelt auf rund 360 Seiten. Vom Vorwort bis zum Schlusswort ist dieses Buch ein Feuerwerk an gewinnbringenden Inputs, auf jeder Seite verraten wir dir unsere besten Tipps und Tricks – und von einigen Autor:innen gibt es sogar einen Bonus für ein persönliches Beratungsgespräch, ein Webinar oder einen Videokurs.

In den 21 in sich abgeschlossenen Kapiteln lernst du hochaktuelle Marketing-Instrumente, die eine bedeutende Rolle im modernen, überwiegend digitalen Business spielen, kennen.

Unser Ziel ist es, dir mit diesem Buch eine Orientierung im Marketing-Dschungel zu geben. Um dir den Zugang zu jedem Marketinginstrument leicht zu machen, findest du bei jedem einzelnen Kapitel einleitend die Antwort auf diese drei Fragen:

1. Was ist das Ziel des Tools, was kannst du damit erreichen?
2. Welche Voraussetzungen solltest du idealerweise mitbringen?
3. Welche Vorerfahrungen sind hilfreich, damit du dieses spezifische Marketinginstrument rasch umsetzen und optimal einsetzen kannst?

Als ich vor Jahren mit Online-Marketing begonnen habe, hätte ich mir genau dieses Buch gewünscht: Wie viel Zeitersparnis hätte es mir gebracht, wenn ich gleich von Anfang an mit dem richtigen Marketing-Mix in mein Business gestartet wäre! Wie viele Nerven, Erlernen komplizierter Technik, teure Kurse und sinnlose Exkurse in digitale Welten hätte ich mir erspart! Wie viele falsch gewählte Strategien hätten nicht jahrelang meine Ressourcen gebündelt, weil sie meinen Fähigkeiten nicht gerecht wurden, meine Bedürfnisse nicht erfüllt und meine Zielgruppe gar nicht erreicht haben!

Genau aus diesem Grund habe ich beschlossen, dieses Marketingbuch herauszugeben: Ich will dich vor all diesen teuren und nervenaufreibenden Umwegen bewahren!

Dieses Buch ist eine Abkürzung! Hier hast du alles auf einen Blick. Wir haben keine Geheimnisse, im Gegenteil, wir geben dir auf diesen Seiten einen tiefen Einblick in unsere tägliche Arbeit. Wenn du alle Kapitel liest, wirst du schnell entdecken, welche Tools besonders gut für dich geeignet sind, welche dir Spaß machen und wie du diese für deine Ziele am besten einsetzen und wirkungsvoll nutzen kannst. Und wenn du dann noch Fragen hast, kannst du dich direkt an die jeweilige Expertin oder den Experten wenden, um Antworten zu bekommen - die entsprechenden Kontaktdaten findest du am Ende jedes einzelnen Kapitels bzw. Marketinginstruments.

Der Markt bietet natürlich noch viel mehr Möglichkeiten als wir hier beschreiben, denken wir nur an Offline-Tools wie klassisches Direktmarketing oder Promotion-Aktivitäten sowie Online-Tools wie Twitter, Xing, Google Business & Co. Selbstverständlich können auch diese gute Marketing-Plattformen für dich darstellen. Aber alles in einem einzigen Buch abzubilden würde den Rahmen sprengen - und wäre morgen sowieso schon wieder überholt, denn es gibt laufend neue Marketinginstrumente, weil die Weiterentwicklung vor allem in der Online-Welt rasend schnell geht.

Ich bin davon überzeugt, dass du ein Profi in deinem Fach bist und wertvolle Leistung erbringst. Diese wird jedoch erst dann wirklich zum Wert, wenn du sie verkauft hast. Und genau dafür ist zielgerichtetes Marketing wichtig.

Ob du introvertiert bist oder extrovertiert: Du brauchst Sichtbarkeit, um dein Angebot an die Frau & den Mann bringen zu können. Du musst bekannt werden, damit die Menschen da draußen dich auch finden. Du benötigst eine gute Unternehmenskommunikation, um wirtschaftlich erfolgreich zu sein.

Trau dich, allen zu erzählen, dass es dich gibt, wer du bist und was du machst. Setz dafür die für dich geeignetsten Marketinginstrumente ein. Wähle klug! Entscheide dich lieber für nur zwei Strategien, die du auch wirklich gut bedienen kannst und mit denen du dich wohlfühlst, als fünf verschiedene, von denen du keine zu Ende bringst, weil es viel zu viel Zeit kostet oder du gar keinen Spaß daran hast.

Mit diesem Buch will ich dich dabei unterstützen, das geeignete Mittel für dein cleveres Marketing zu finden und damit deine Dienstleistung oder dein Produkt mit Leichtigkeit und Begeisterung in die Welt hinauszubringen.

Ich wünsche dir inspirierende AHA-Momente auf den folgenden Seiten und viel Erfolg für dein Business!

Deine
Marie Fröhlich

Himmel voller * Sterne

Viele von uns haben bewusst auf die gendergerechte Schreibweise verzichtet, um den Lesefluss nicht zu stören und dir das Lesen angenehmer zu gestalten. Wir wollen schließlich nicht, dass du den Himmel vor lauter * Sternen nicht mehr siehst.

Auch wenn in manchen Kapiteln das generische Maskulinum verwendet wird, richten sich die Inhalte dieses Buches ausdrücklich immer auch an weibliche und andere Geschlechteridentitäten. Wie viel Wert wir darauf legen, entdeckst du gleich im ersten Kapitel, wo unter anderem auf das Thema Gender & Diversity ausführlich eingegangen wird.

KAPITEL 1

MARKETING-PSYCHOLOGIE

Das Erschaffen positiver Wahrnehmung

von Patrick Hablesreiter

INHALT

Überlegst du, welche psychologischen Effekte oder Folgen deine Marketingstrategie und Werbemaßnahmen für deine Zielgruppe haben? Psychologische Folgen für Konsument:innen deiner Werbemaßnahmen sind nicht relevant oder doch der Schlüssel zum Erfolg deiner gesamten Strategie?

Genau wegen solchen Fragestellungen und Überlegungen beschäftige ich mich aus Leidenschaft mit Psychologie, als (Master-)Student der Wirtschaftspsychologie und im Zuge meines Weges zur Ausbildung zum Psychotherapeuten.

In diesem Kapitel lasse ich dich in eine Welt der Gedankenstrukturen, neurologischen und psychologischen Abhängigkeiten, sowie der Konfliktkultur in Zusammenhang mit Marketing Einblick nehmen. Ebenso werden wir uns mit der Vielfalt unserer Gesellschaft und der damit verbundenen Herausforderungen beschäftigen und diese kritisch betrachten.

Erfolg ist das Ziel der meisten Unternehmer:innen, doch in Hinblick auf unsere Psyche ist dies ein kaum greifbarer und vor allem sehr subjektiv zu definierender Begriff.

„Was ist für mich Erfolg?" Diese Frage stellen sich nur die wenigsten Menschen bei der Gründung eines Unternehmens oder bei der Planung eines Marketingkonzepts, und doch ist sie essenziell für die zielgerichtete Umsetzung einer jeden Businessmaßnahme. Wir wollen an dieser Stelle ganz zurückspringen, wirklich zurück zu unserem Anfang.

Damit meine ich nicht den Tag, an dem du dein Business gegründet hast, nicht den Tag, an dem du deine Geschäftsidee hattest, nicht den Tag, an dem du deine Berufsausbildung abgeschlossen hast und auch nicht den Starttag deiner Ausbildung, nicht den Tag deiner Einschulung, nicht den Tag deines ersten Kindergartenbesuchs, sondern den Tag, den ersten Tag, an dem du dich als kleines Kind erhoben hast, um zu deiner Mutter oder deinem Vater zu laufen. Dieser Tag ist entscheidend für dich, für deine Vergangenheit, die drei Sekunden deiner Gegenwart und deiner Zukunft, denn an diesem Tag, in diesem Moment, hattest du ein klares Ziel vor Augen. Heute kannst du dich nicht erinnern, aber damals gab es nur ein Ziel, nur dieses eine: bei Mama oder Papa zu sein! Du wusstest nicht was „gehen" oder „laufen" bedeutet, du konntest noch kein Ziel bewusst definieren, aber alles in dir kannte nur einen Fokus, nur diesen einen, in diesem Moment. Und du bist einem unüberwindbaren Verlangen, dem Bedürfnis nach Nähe zu deinen Eltern, erlegen und einfach gelaufen.

Sicher bist du wackelig auf deinen kleinen Beinen unterwegs gewesen, konntest kaum den Weg halten, und vielleicht bist du sogar hingefallen, aber du hast dich aufgerappelt und bist einfach weitergelaufen, bis zum Ziel.

Alles in dir war in diesem für dich so entscheidenden Moment nur auf die Erfüllung eines deiner Grundbedürfnisse fixiert. Und in den Tiefen deiner Psyche hat sich daran bis heute nichts geändert. Du bist wie jede:r von uns darauf ausgerichtet, deine Bedürfnisse zu befriedigen, und deine Kund:innen und deine Zielgruppe sind dies auch.

Heute sind viele Menschen sich dieser Grundlagen nicht bewusst und können die essenziellste aller Fragen nicht für sich beantworten: Was ist mein Ziel?

„Mein Ziel ist mein Erfolg!" Die Formulierung macht den Unterschied in jeder Hinsicht. Oft höre ich Klient:innen, Kooperationspartner:innen oder Teilnehmer:innen in Seminaren sagen, dass ihr Erfolg ist, wenn sie ihre Ziele erreichen werden. Hier liegt die Krux verborgen, unser Gehirn, unser Unterbewusstsein, nimmt uns wörtlich. Wir stellen uns vor, etwas „zu werden" und damit wird das *WERDEN* der Sollzustand, statt des eigentlich meistangestrebten *SEINS*. „Ich bin ein:e finanziell unabhängige:r Unternehmer:in mit einer Million Euro am Konto" oder „Ich werde ein:e finanziell unabhängige:r Unternehmer:in mit einer Million Euro am Konto werden", sind zwei sehr ähnliche Ziel-Definitionen mit außergewöhnlich großem Unterschied im Effekt auf unsere Psyche und unsere Zukunft.

Um es in einem weiteren Beispiel zu veranschaulichen, möchte ich eine Situation, die du sicher kennst, heranziehen:

Stell dir vor, du fährst mit deinem Auto auf einer Straße und es folgt eine enge Kurve, am Ende der Kurve neben der Straße steht ein großer Baum. In diesem Moment hast du ein Ziel: Auf der Straße zu bleiben, den Baum nicht zu treffen, nicht von der Straße abzukommen usw. Genau hier passiert es, unsere Ziele werden wahr, aber in der Form, wie unsere Psyche sie verstehen kann. Fahrer:innen bleiben auf der Straße, sie kommen von der Straße ab und/oder treffen den Baum, denn genau auf diese Endsituation haben sie sich programmiert. Unsere Psyche kann das Wort „nicht" in seiner eigentlichen Bedeutung kaum anwenden, entsprechend ist es uns nicht möglich, nicht an einen rosaroten tanzenden Bären zu denken, wenn wir dazu aufgefordert werden. Und auch wenn wir im Auto fahren, können wir den Baum nicht nicht treffen, wenn wir eine Verneinung in einem Ziel definieren.

Nun, was hat das mit Marketing oder Wirtschaftspsychologie zu tun? Einfach alles! Wir haben Bedürfnisse, wir können Ziele umsetzen, ohne darüber nachdenken zu müssen und die sinngemäße Verarbeitung von Negationen ist für unsere Psyche (unser Unterbewusstsein) kaum möglich. Diese Aussage gilt auch für unsere Kund:innen und damit für unsere Zielgruppe. Nun liegt es an dir, dieses Wissen einzusetzen.

In dem Absatz zu deinem Werdegang habe ich Negation ganz bewusst eingesetzt, um dich Schritt für Schritt dazu zu bringen, an den Abschluss deiner Ausbildung zu denken, an deinen ersten Tag deiner Geschäftsidee usw. Und dies nur mit Negationen. Nun sind derartige Formulierungen nicht für jede Situation geeignet oder unterstützen uns nicht immer positiv … merkst du was gerade passiert? Dein Kopf hinterfragt meine Aussage. „Stimmt das wirklich? Klar kann ich Verneinungen in jeder Situation anwenden, oder?"

Geschickte Speaker und Verkäufer manipulieren ihre Kund:innen zielgerichtet, um Botschaften auf Metaebene zu verankern und Menschen im Kaufverhalten zu destabilisieren, um sie danach nach ihren eigenen Bedürfnissen wieder zu stabilisieren. Du kannst das auch: mit dir selbst oder mit deinen Kund:innen, Mitarbeiter:innen und vielen anderen. Die ethische Frage zu dem Thema überlasse ich an dieser Stelle gern Philosoph:innen, Ethiker:innen, und Theolog:innen. Als Marketing- und Psychologie-Mensch interessiert mich die Wirkung dieser Tatsachen und die damit entstehenden Möglichkeiten.

ERFOLG, WAS IST DAS?

Wie schon erwähnt brauchen wir ein Ziel, ein möglichst einfaches und sehr gut zu erfassendes Ziel. Allerdings haben wir es nicht so mit „einfach", also versuchen wir noch einmal die Technik unseres Weges vom Hier und Jetzt in die Vergangenheit. Allerdings nehmen wir jetzt einen großen Anlauf und springen vor unserem geistigen Auge ganz weit in die Zukunft auf das andere Ufer des Sees unseres Lebens.

Wenn wir nun an diesem Ufer stehen und vom See wegsehen zu einem alten Baum, sind wir 80 Jahre alt, haben schon weiße Haare, schrumpelige Haut und sind zufrieden. Der Himmel über uns ist strahlend blau, nur ein paar Dunstwolken verflüchtigen sich gerade, die Sonne scheint uns in den Nacken, wir sind entspannt und zufrieden.

Jetzt drehen wir uns langsam in Richtung See, sehen wie das Wasser sanft von einer leichten Brise hin und her bewegt wird. Im Wasser spiegelt sich in den Wellen der Himmel und wir sinken langsam mit unseren Gedanken hinein. Es formt sich das Bild unserer Vergangenheit und wir gehen langsam Schritt für Schritt in unseren Gedanken in die Vergangenheit zurück, als würden wir nun hier mit 80 Jahren jemandem von unserem Leben erzählen.

Schritt für Schritt erzählst du dir nun selbst deine Vergangenheit, zum Beispiel: „Ich bin Geschäftsführer von meinem Unternehmen mit 3 Standorten, ich habe eine Million Euro auf meinem Privatkonto und 10 Millionen Euro in Anlagen investiert, ich habe mich mit 60 von Teilen meiner Funktion zurückgezogen und das operative

Geschäft meinen Kindern übergeben. Mit 50 hatte ich mein viertes Buch geschrieben und veröffentlicht. Mit 40 habe ich meine Unternehmen ISO-zertifizieren lassen und mit 35 hatte ich meinen 30. Mitarbeiter eingestellt ...

Wenn du diese Methode anwendest, diesen Weg dokumentierst, als wäre er schon vergangen und plakativ darstellst, dann programmierst du dich genau auf diesen Weg und auf dein Ziel. Dann hast du dein Ziel und sogar die nötigen Zwischenetappen fokussiert. Nun weißt du, was du tun musst, um es zu erreichen.

PERSPEKTIVENWECHSEL

Heute wissen wir, dass wir Situationen eher interpretieren als diese zu beschreiben, gerade für Unternehmer:innen kann das fatale Folgen haben. Sie verkaufen ihre eigene Interpretation einer Situation oder eines Produkts. Die Sicht des Entwicklers oder die der Geschäftsführung wird klar in den Fokus gerückt, die Perspektive der Kund:innen kaum berücksichtigt. Nun gibt es Abhilfe, um den Perspektivenwechsel und die einfache Beschreibung der Situation, den Ist-Zustand möglichst neutral zu erfassen. Erst danach widmen wir uns der strategischen Platzierung und dem Kreieren eines Bedürfnisses – zumindest, wenn wir schon ein Produkt haben. Wenn du hingegen erst auf der Suche nach einem Produkt, einer Dienstleistung oder dergleichen bist, dann solltest du unbedingt zuerst nach den zu befriedigenden Bedürfnissen suchen. Und an genau dieser Stelle wird sicher auch für dich erkennbar, dass es mehrere Herangehensweisen gibt, ein Thema zu lösen.

Bedürfnisse sind grundlegende Anforderungen, die jeder Mensch hat, um ein zufriedenes und erfülltes Leben zu führen. Dazu gehören sowohl körperliche wie Essen, Trinken und Schlafen, als auch emotionale und soziale wie Anerkennung, Zugehörigkeit und Kommunikation. Ein weiteres wichtiges Bedürfnis ist jenes nach Sicherheit und Stabilität, das in Form von finanzieller Sicherheit, Gesundheit und einer gesicherten Zukunft ausgelebt werden kann.

Es gilt zu beachten, dass jeder Mensch individuelle Bedürfnisse hat und dass sich diese im Laufe des Lebens auch verändern können. Daher ist es wichtig, dass wir uns ständig bemühen, die Bedürfnisse anderer Menschen zu verstehen und zu respektieren, um eine inklusive und tolerante Gesellschaft zu schaffen.

Nun wollen wir den Weg gehen, wenn das Produkt schon vorhanden ist.

Stellen wir unsere Verkaufsware auf einen Tisch vor uns und überlegen wir, was wir sehen. Dabei konzentrieren wir uns als Erstes auf das Grobe und tasten uns dann langsam voran. Nimm dir irgendeinen Gegenstand aus deiner Wohnung und stell ihn auf einen Tisch. Probiere, diesen zu beschreiben, sieh ihn dir aus verschiedenen Winkeln an: von oben, von unten, von links und rechts. Was siehst du? Wenn wir ein Produkt vermarkten wollen, ist es wichtig, es sowohl neutral als auch interpretativ zu beschreiben.

Beim neutralen Beschreiben geht es darum, das Produkt so objektiv wie möglich darzustellen, ohne es zu bewerten. Dabei konzentrieren wir uns auf die Merkmale und Eigenschaften des Produkts. Man könnte zum Beispiel sagen: "Diese Tasse ist aus Keramik hergestellt, hat eine Kapazität von 300 ml und ist in den Farben rot und weiß gestaltet".

Anders **bei einer Interpretation**: Hier geht es darum, das Produkt aus einem bestimmten Blickwinkel zu betrachten und dessen Nutzen oder Vorteile für Kund:innen hervorzuheben. In diesem Fall könnte man sagen: "Diese Tasse ist perfekt für deinen morgendlichen Kaffee oder Tee. Sie ist groß genug, um ausreichend Flüssigkeit aufzunehmen, und ihre leuchtenden Farben werden dich jeden Tag aufheitern".

Man sieht, dass bei einer Interpretation ein bestimmter Nutzen für Kund:innen im Vordergrund steht, während bei einer neutralen Beschreibung lediglich die Merkmale und Eigenschaften hervorgehoben werden.

Nun hast du unser Produkt nach seinem Aussehen beschrieben, seine Funktion auf den banalsten Nenner heruntergebrochen und jetzt überlegen wir uns, was deine Kund:innen sehen, wenn sie das Produkt betrachten.

Du siehst die Lösung eines Problems, deine Kund:innen sehen eine rot-weiße Tasse. Und beide haben recht. Dein Job ist es nun dafür zu sorgen, dass deine Kund:innen nicht mehr nur eine Tasse sehen, sondern die Lösung ihres Problems, die Erfüllung ihrer Träume.

Fragst du dich jetzt, wie man das macht?

Eine recht simple Methode haben wir etwas weiter vorne im Buch schon beschrieben, nur haben wir sie für eine andere Ausgangssituation herangezogen. Sehen wir es uns jetzt am Beispiel einer Gartenschaufel an.

Stell dir eine Kundin vor, die dein Produkt, also die Schaufel, bereits angewendet hat. Sie steht vor einem Rosenbusch in einem sehr gepflegten Garten, in ihrer Hand hält sie die rote, mit Erde verschmutzte, Schaufel. Mit der Schaufel hat sie vor einer Viertelstunde ein tiefes Loch gegraben, nachdem sie sie aus der Garage geholt hatte. Tags zuvor stellte sie die rote, noch saubere, Schaufel in die Garage, nachdem sie diese aus dem Auto ausgeladen hatte. Die Schaufel wurde von der Frau vor einem Baumarkt – in dem sie diese um € 79,90 gekauft hatte - eingeladen. Im Regal stand die Schaufel unter einem Scheinwerfer, der sie gut beleuchtete und den Aufkleber „Qualität aus der Region" am Griff hervorhob. Dieser Aufkleber war der Kundin sinngemäß ins Auge gesprungen.

Du kannst dir jetzt den Weg deiner Schaufel vorstellen und nun ist es an der Zeit, die Situation aus Sicht der Kundin zu beschreiben, und gleichzeitig noch die Gründe, warum sie die Schaufel gekauft hat, dabei herauszuarbeiten: Welches Bedürfnis wollte sie mit dem Kauf befriedigen bzw. welchen Nutzen hat diese Schaufel für sie?

MEIN PRODUKT, MEINE EMOTION, MEIN LIFESTYLE

Wer heute erfolgreich verkauft, verkauft selten einfach ein Produkt, sondern eine Lösung und diese nicht nur im physischen Sinn, sondern vorwiegend im emotionalen Kontext.

Wer ein Statussymbol verkauft, verkauft erfolgreich, wenn er seine Zielgruppe kennt. Nun könnte man behaupten, dass wir für unser Produkt nur die richtigen Käufer:innen finden müssen, und diese Annahme ist in manchen - eher seltenen - Fällen sicher zutreffend, meist jedoch rechnet es sich, die Zielgruppe noch vor der eigentlichen Produktentwicklung zu definieren. Eine der ersten Fragen, die wir uns stellen sollten, ist: „Welche Problemstellungen und Gedanken haben unsere potenziellen Kund:innen?" oder wie ich es auch gerne formuliere: „Was geht im Kopf meiner Kund:innen vor?", „Was wirkt aktuell auf die Psyche meiner Kund:innen, positiv und negativ?". Wenn wir diese einfach wirkenden Fragen heranziehen und systematisch genau beantworten, können wir die Probleme unserer Käufer:innengruppe erfassen und daraus Lösungen entwickeln, und hier nochmals die Lösungen von den Produkten differenzieren.

Besonders in meiner Arbeit als eingetragener Mediator wird mir sehr oft vor Augen geführt, dass sich Konsument:innen wie Unternehmer:innen selten darüber bewusst sind, dass Menschen Emotionen und Lösungen kaufen, keine Produkte. Dies gilt auch für Konflikte, Jobs und Kündigungen. Menschen kündigen keinem Unternehmen, sondern dem Verhalten von Vorgesetzten/Chef:innen und den nichterfüllten Bedürfnissen. Es liegt in unserer Natur, unsere Bedürfnisse befriedigen zu wollen, ob bewusst oder unbewusst, dabei spielt es keine Rolle, ob wir beim Kauf einer Ware eine Entscheidung treffen oder in zwischenmenschlichen Beziehungen und Konflikten handeln. Unsere Bedürfnisse haben für unsere Psyche einen höheren Stellenwert, dabei können wir auch von negativen Erfahrungen – also der Vernachlässigung unserer Bedürfnisse – geprägt werden.

Ein Beispiel: Ein Mann erlebt in seiner Kindheit Hunger und Demütigung durch die Eltern in Form von Geringschätzung. Als Erwachsener hortet er unbewusst Lebensmittel und Vorräte, zeigt sich in Beziehungen misstrauisch und kann beruflichen Erfolg oder Lob nur selten annehmen.

Die in diesem Beispiel vernachlässigten Bedürfnisse des Mannes können wir uns in der Wirtschaft zunutze machen. Es ist dann unsere Entscheidung, ob wir die Angst vor Hunger mit einem „Kauf mehr"-Angebot ausnutzen oder den Wunsch nach Anerkennung mit einem Fortbildungsangebot befriedigen. Wir als Unternehmer:innen entscheiden, welchen Weg wir als für uns ethisch vertretbar erachten.

Entsprechendes Wissen über die psychologischen Auswirkungen von bedürfnis-orientierten Angeboten hilft Unternehmer:innen und Marketingverantwortlichen, strategische Entscheidungen zielgerichtet treffen und deren Auswirkungen abschätzen zu können. Um die psychologischen und marketingrelevanten Inhalte erfassen und somit verarbeiten zu können, benötigen wir ein Fallbeispiel, also eine:n Zielkunde:n - im Marketing nennen wir diese fiktive Person „Persona" - und gestalten tatsächlich einen Lebenslauf mit Personenbeschreibung für sie.

Beispiel für Zielkunde/Persona:

> *Lisa, Cis-Frau (von engl. "Cisgender Frau", bezieht sich auf eine Person, die weiblich identifiziert und deren Geschlechteridentität mit dem Geschlecht übereinstimmt, das ihr bei der Geburt zugewiesen wurde), Pronomen sie/ihr, 25 Jahre, 170cm groß, 65kg, brünette lange Haare, österreichische Staatsbürgerschaft, Lehrerin (Verdienst ca.€ 1.900,- netto/M.), 1 Kind (w, 7 Jahre alt), alleinerziehend,*

> *trinkt gerne Wein, hat eine 50m² Mietwohnung in Wien im 14. Bezirk, trifft sich 1x pro Woche mit ihrer besten Freundin, ist Gewerkschaftsmitglied und spendet regelmäßig an den WWF und Licht ins Dunkel, kocht vorwiegend selbst, einmal im Jahr macht sie zwei Wochen Urlaub am Meer mit ihrer Tochter, zu ihrem Exfreund – dem Vater ihres Kindes – hat sie guten Kontakt, der Kindsvater hat die Tochter jedes 2. Wochenende und bringt sie 1x pro Woche ins Ballett – dies zahlt er extra.*

> *Lisa geht gerne ins Kino, hat ein Premiumangebot eines Streamingdienstes und gibt ca. 150,- € im Monat für Kleidung aus, Schmuck findet sie nebensächlich, einzig eine Uhr trägt sie regelmäßig.*

> *Sie besitz einen Laptop und ein Schul-Tablet, dazu ein Smartphone Samsung Galaxy S20 FE, zuhause hat sie LTE-Internet unlimitiert. Seit der Pandemie nutzt sie Zoom und Google Class regelmäßig.*

Jetzt können wir uns der Aufgabe stellen und uns Gedanken zu den Bedürfnissen unserer Zielperson machen. Welchen Situationen begegnet sie in ihrem Leben und welche Wünsche oder Problemstellungen könnten sich daraus ergeben?

Wenn wir unsere Gedanken dazu notieren, sollten wir auf positive Formulierungen achten und Negationen möglichst vermeiden. Verneinungen fokussieren uns auf das Problem, die Lösung wird damit nebensächlich.

Nehmen wir zwei simple Sätze als Beispiel „Beim Autofahren nicht einschlafen!" verglichen mit „Beim Autofahren wach bleiben!". Beide Sätze beschreiben grundsätzlich das Gleiche, allerdings fokussieren wir uns bei der zweiten Variante auf das Ziel, nämlich das Wachbleiben.

Aufgabe: Mit dieser Übung kannst du eine klare, zielgerichtete und lösungsorientierte Problemstellung für deine potenziellen Kund:innen entwickeln, um eine passende Lösung anzubieten:

1. Nimm ein Blatt Papier und schreibe obendrauf "Lösung für Wachbleiben beim Autofahren".
2. Überlege dir eine fiktive Person, für die das Problem relevant ist, z. B. einen Geschäftsreisenden.
3. Überlege dir, wie du das Problem für diese Person lösen kannst. Zum Beispiel könntest du ein Produkt empfehlen, dass das Wachbleiben unterstützt.
4. Überlege dir, wie du die Lösung am besten vermitteln kannst. Zum Beispiel könntest du die Vorteile des Produkts hervorheben und zeigen, wie es den Bedürfnissen der Person entspricht.
5. Schreibe alles auf einem Blatt Papier auf, um es später zu überprüfen und zu verbessern.

Ein wichtiger Aspekt im Marketing ist es, das Ziel-Publikum zu verstehen, um es mit der Werbekampagne oder dem Produkt, das man entwickelt hat, auch zu erreichen. Eine relevante Überlegung in diesem Prozess ist es, die Vielfalt und Sehnsüchte der Zielgruppe zu berücksichtigen. Wir müssen sicherstellen, dass wir ein breites Spektrum an Persönlichkeiten, Vorlieben und Verlangen ansprechen, einschließlich der nicht-binären Personengruppen und Menschen mit Behinderungen. Dies ist nicht nur eine Frage der moralischen Verantwortung, sondern auch eine Chance, einen größeren und vielfältigeren Kund:innenkreis zu erreichen. Wir müssen uns an die tiefen Wünsche dieser Gruppen anpassen, um sicherzustellen, dass wir ihre Bedürfnisse erfüllen und eine starke Bindung zu unserer Kund:innengruppe aufbauen können.

An dieser Stelle sollten wir nicht verwechseln, dass wir im Marketing natürlich mit Nischen arbeiten. Nischen bedeuten allerdings nicht, Personengruppen auszuschließen, sondern sich zum Beispiel auf die Ansprüche einer speziellen Personengruppe zu fokussieren. Wer zum Beispiel Produkte für Menschen mit Behinderungen entwickelt, im Speziellen für Menschen mit Sehbehinderungen, denkt in der Nische des Marketings. Dabei schließt die Person jedoch andere

Punkte wie zum Beispiel die sexuelle Orientierung, den Grad der Behinderung oder die Definition des Geschlechts nicht aus.

DIVERSITÄT UND IHRE AUSWIRKUNG AUF UNSER DENKEN

Gender & Diversity stellen ein aktuelles und relevantes Thema dar, das in unterschiedlichen Zusammenhängen von Bedeutung ist. Im Geschäft und im Marketingbereich ist es entscheidend, die Diversität hinsichtlich Geschlechteridentitäten und sexueller Orientierungen bei der Konzeptionierung von Strategien zu berücksichtigen. Hierzu gehören unter anderem Cis-Männer und -Frauen, Non-Binary-Personen, intersexuelle oder transsexuelle Menschen. Es ist wichtig, diese Vielfalt zu verstehen und zu schätzen, um eine inklusive und diverse Arbeitsumgebung zu schaffen und ein breites Publikum anzusprechen. Darüber hinaus ist es auch relevant, die Bedürfnisse und Wünsche der Generation Z im Hinblick auf Gender & Diversity zu berücksichtigen, die mit einer anderen Sicht auf diese Themen aufgewachsen ist.

> *Exkurs:*
>
> Generation Z bezeichnet die demografische Gruppe der Menschen, die zwischen 1997 und 2012 geboren wurden. Diese Generation ist geprägt durch den schnellen Zugang zu Technologie und das Wachstum der digitalen Welt. Sie wird oft als pragmatisch, vielfältig und nachhaltig beschrieben und legt großen Wert auf soziale Verantwortung und Inklusion.

Versuche dich in einem Gedankenexperiment mit potenziellen Kund:innen auseinanderzusetzen, die sich als nicht-binär (nicht-binär: Eine Person, die sich nicht als männlich oder weiblich identifiziert, sondern eine andere oder keine geschlechtliche Zugehörigkeit empfindet.) identifizieren:

Nehmen wir Alex:

> *Alex ist eine nicht-binäre Person, Pronomen dey/dem, die körperlichen Geschlechtsmerkmale sind uns nicht bekannt und auch irrelevant, 29 Jahre alt und wohnt in Wien. Dey (Dey: Ein nicht-binäres Pronomen, das als alternative Bezeichnung für eine Person verwendet wird, die sich nicht als männlich oder weiblich identifiziert.), arbeitet im Bereich Social-Media-Management und verdient 55.000€ p.a.*
>
> *Alex hat eine große Leidenschaft für Mode, Kunst und Kultur und verbringt viel Zeit, sich damit zu beschäftigen. In der Freizeit besucht dey*

gerne Konzerte und Museen und hält sich auf dem Laufenden über die neuesten Trends in diesen Bereichen. Alex hat einen Lebensgefährten, Peter, 27 Jahre alt. Peter sitzt seit seinem 22. Lebensjahr im Rollstuhl, bei einem Sportunfall wurde seine Wirbelsäule verletzt. Er ist Mitglied bei einem der größten Interessensverbände für Menschen mit Behinderung, dem ÖZIV-Bundesverband für Menschen mit Behinderungen in Wien.

Wie können wir ein Marketingkonzept an diese Person oder Personengruppe anpassen und die möglichen Auswirkungen auf deren Psyche oder die psychologischen Effekte berücksichtigen?

Welche Herausforderungen stellen sich uns im täglichen Kontakt, also auch in der Sprache. Ergo, welche Vorgaben geben wir unseren Mitarbeiter:innen für die Kommunikation innerbetrieblich und nach außen? Wie müssen wir unser Angebot und unseren Betrieb gestalten, um wirklich inklusiv agieren zu können?

Diese Fragen sollten uns täglich begleiten, um eine inklusive Betriebskultur zu gestalten. Auch, um Probleme wie z. B. **Pinkwashing** im eigenen Betrieb zu vermeiden.

Exkurs:

Pinkwashing bezieht sich auf das Verwenden von LGBT+-rechten oder LGBT+-angelegenheiten als Fassade, um das Image eines Unternehmens oder einer Regierung zu verbessern, ohne tatsächlich nachhaltige Veränderungen oder Unterstützung zu liefern. Es kann als eine Art von "grüner Wäsche" angesehen werden, bei der ein Unternehmen oder eine Regierung vorgibt, LGBT+-freundlich zu sein, aber keine substanzielle Unterstützung bietet.

Das Pendant beschreibt eine ähnliche Praxis, die sich auf Menschen mit Behinderungen bezieht, unter Anwendung von Behindertenrechten oder Behindertenangelegenheiten als Fassade, um das Image eines Unternehmens oder einer Regierung zu verbessern, ohne tatsächlich nachhaltige Veränderungen oder Unterstützung zu liefern.

Genau wie bei Pinkwashing geht es hier darum, eine soziale Verantwortung vorzugaukeln, ohne tatsächlich Veränderungen bewirken zu wollen. Dieses Pendant wird im Fachbegriff als "Disability Washing" oder "Disability Tokenism" bezeichnet. Es handelt sich um eine Praxis, bei der ein Unternehmen oder eine Regierung das Thema Behinderung nutzt, um ein besseres Image zu erlangen, ohne tatsächlich Unterstützung oder Veränderungen zu bieten. Es ist eine Form von

„grüner Wäsche" oder Alibiverhalten, bei dem das Thema Behinderung als Vorwand verwendet wird, um ein besseres Image zu erlangen, ohne echte Veränderungen bewirken zu wollen.

Ähnliches sehen wir heute mit geschlechtergerechter Sprache, durch unsere Sprache macht es besonders für unsere Psyche und für unsere Kund:innen einen Unterschied, ob wir gendern oder nicht.

In meiner Arbeit mit jungen Menschen beobachte ich immer wieder, dass die Verwendung von gendergerechter Sprache einen großen Einfluss hat. Wenn ich in der Sprache gendere, entscheiden sich junge Mädchen oft für einen Beruf, der ihr Interesse weckt, wie beispielsweise, wenn ich frage: "Welchen Beruf möchtest du ausüben?"

Andererseits beobachte ich, dass, wenn ich auf das Gendern verzichte und frage, ob die Jugendlichen Friseurin, Kosmetikerin, Elektriker oder Tischler werden möchte, ein überwiegender Teil der Mädchen die Berufe Friseurin oder Kosmetikerin wählt.

Wenn ich allerdings die Frage in der Form stelle, ob sie Elektriker:in, Friseur:in, Tischler:in oder Kosmetiker:in werden möchten, ist keine Vorliebe für einen bestimmten Beruf erkennbar.

Dies zeigt nicht nur die Bedeutung des Genderns, sondern die Tragweite für uns im Marketing. Nehmen wir Personengruppen, die sich als nicht-binär definieren, so können wir diese allein durch unsere Sprache in unsere Zielgruppe integrieren oder ausschließen.

Als eingetragener Mediator begegne ich – unter anderem im Kontext der Schulmediation, aber auch in der Wirtschaftsmediation – den Auswirkungen von Inklusion oder Exklusion in Gruppen und deren Umgebung. Diese Erfahrungen möchte ich mit dir teilen. Du kannst diese nicht nur in deine Strategien, sondern auch in deine Überlegungen zum eigenen Denken und Handeln beziehungsweise zu Überlegungen für ein Wertekonzept deines Unternehmens heranziehen. In meinen aktuellen Seminar- & Buchprojekten widme ich mich dem Thema intensiver, bringe Führungskräften und Auszubildenden konzeptioniert Aspekte aus Mediation, Kommunikation und Wirtschaftspsychologie näher.

Als Menschen und Unternehmer:innen ist es uns wichtig, unsere eigene Verantwortung in Bezug auf Inklusion und Exklusion zu erkennen. Die Wirtschaftspsychologie zeigt uns, dass die Worte, die wir wählen, und die Art und Weise, wie wir kommunizieren, einen großen Einfluss darauf haben, wie wir und andere uns fühlen und handeln. Als Mediator weiß ich aus eigener Erfahrung, wie wichtig es ist, jede Person in einer Gruppe oder Umgebung zu inkludieren und zu berücksichtigen.

Die Bedeutung von bedürfnisorientiertem Denken in der Wirtschaft und im beruflichen Alltag kann nicht hoch genug eingeschätzt werden. Indem wir uns auf die Bedarfslagen unserer Kund:innen oder Mitarbeiter:innen konzentrieren, können wir effektivere und zufriedenstellendere Lösungen entwickeln, die ihren innersten Erwartungen gerecht werden.

Dies führt nicht nur zu einer höheren Kundenzufriedenheit und zu besseren Geschäftsergebnissen, sondern auch zu einem besseren Arbeitsklima und einer höheren Motivation bei den Mitarbeiter:innen. Bedürfnisorientiertes Denken erfordert ein tiefes Verständnis für die Anliegen, Nöte und Wünsche unserer Zielgruppen, sowie eine empathische und aufmerksame Haltung ihnen gegenüber.

Es geht darum, Lösungen zu entwickeln, die nicht nur den Erwartungen unserer Zielgruppen entsprechen, sondern sie auch in der Befriedigung ihrer Bedürfnisse zu unterstützen und diese zu erfüllen. Wir sollten uns daher stets bemühen, bedarfsorientiert zu denken und zu handeln, um effektive und zufriedenstellende Lösungen für alle Beteiligten zu entwickeln.

In unserem Marketing und in unseren Geschäftspraktiken sollten wir uns bemühen, eine geschlechtergerechte Sprache zu verwenden und alle Personengruppen zu integrieren. Auch in unseren eigenen Überlegungen zum Denken und Handeln sowie in unseren Wertekonzepten sollten wir uns bemühen, auf allen Ebenen inklusive Entscheidungen zu treffen.

Zum Abschluss möchte ich dich ermutigen, dich tiefer mit den Themen Wirtschaftspsychologie und Inklusion zu beschäftigen. Indem wir uns mit diesen Themen auseinandersetzen, können wir uns und andere unterstützen, Inklusion zu verwirklichen und eine bessere Zukunft für alle zu schaffen.

Eine Berücksichtigung von Bedürfnissen und psychischen Auswirkungen bei der Gestaltung unserer Marketingkonzepte kann zu erhöhten Erfolgsaussichten führen. Kund:innen identifizieren sich stärker mit einem Unternehmen, dessen Werte und Überlegungen mit ihren eigenen übereinstimmen. Durch eine inklusive Ausrichtung erreichen wir nicht nur eine breitere Zielgruppe, sondern signalisieren auch ein Verständnis für die Bedürfnisse und Erwartungen unserer Kund:innen. Unsere Marketingkonzepte können dadurch nachhaltiger und erfolgreicher werden, was letztendlich auch eine positive Auswirkung auf unsere Geschäftsentwicklung mit sich bringt.

Patrick Hablesreiter

Patrick Hablesreiter ist seit 2008 Unternehmer und beschäftigt sich intensiv mit den Themen Wirtschaft, Marketing und Psychologie. Als eingetragener Mediator ist er besonders im Bereich Wirtschaftsmediation, Interkulturelle Mediation & Schulmediation tätig. Er begleitet Unternehmen in der Konfliktlösung bei Mitarbeiter:innen-Themen, ebenso wie bei der Verhandlung von Verträgen oder gerichtsanhängigen Streitigkeiten und agiert als Vortragender für Wirtschaftsbetriebe in ganz Österreich. Als (Master-)Student der Wirtschaftspsychologie setzt er sich im wissenschaftlichen Kontext mit der Struktur von Organisationen und dem Verhalten von Kund:innen, sowie Mitarbeiter:innen auseinander. Psychologie ist seine Leidenschaft, und so absolviert er parallel zu Unternehmerdasein und Masterstudium das Psychotherapeutische Propädeutikum in Wien.

Nicht nur die jahrelange Erfahrung als Unternehmer & Trainer, sondern auch die stetige Fortbildung – auch auf akademischem Niveau – und die daraus resultierende Vielfalt an erprobten Methoden, die er in seinen Settings und Konzepten einarbeitet, bieten seinen Kund:innen & Klient:innen immense Möglichkeiten. Als eingetragener Mediator in der Liste des Bundesministeriums für Justiz und in der Liste des Bundesamts für Soziales und Behindertenwesen – Sozialministeriumservice, mediiert er nach den strengen Vorgaben des *Zivilrechts-Mediations-Gesetz* und bietet seinen Klient:innen Fristenhemmung (bei gerichtsnahen Mediationen), Neutralität und ein höchstes Maß an Vertraulichkeit.

Privat genießt er die Wiener Kaffeehauskultur, gutes Essen und sieht Lernen als stetigen Prozess der Weiterentwicklung und Hobby zugleich.

www.my-mediator.at
Patrick Hablesreiter | LinkedIn

KAPITEL 2

EMOTIONALES MARKETING

Nur wer emotionale Bindung schafft, kann seine Kunden begeistern

von Timm Uthe

INHALT

Zielgruppe:	Unternehmerinnen und Unternehmer, Geschäftsführer- innen und Geschäftsführer, Marketingleiterinnen und Marketingleiter sowie Marketingverantwortliche aller Branchen und Unternehmensgrößen.
Voraussetzungen:	Jede und jeder von uns ist täglich Kund:in, Patient:in oder Klient:in – je nachdem, wie man das in der jeweiligen Branche nennt – und damit beruflich wie privat in Berührung mit Unternehmen und Organisationen jeglicher Art. Jede und jeder erinnert sich an die unterschiedlichen Erfahrungen, die sie und er dabei gemacht hat – positive wie negative.
Erfahrungen:	Die hier beschriebenen Kundenerfahrungen und Erlebnisse hat jede und jeder schon tausendmal gemacht. Und auch unsere Kunden machen sie über unzählige Berührungspunkte täglich mit unserem Unternehmen.

WIE MAN LERNT, DURCH DIE BRILLE DER KUNDINNEN UND KUNDEN ZU SEHEN

Erinnert ihr euch an euren letzten Besuch in einem großen Baumarkt? Oder daran, wie ihr die Hotline eures Mobilfunkanbieters angerufen habt? Als ihr einmal im Krankenhaus auf eine Untersuchung warten musstet? Wie ihr versucht habt, euer gerade gekauftes Produkt über einen Chat-Bot zu reklamieren? Als ihr vor lauter Angeboten – egal, ob im Geschäft oder auf einer Webseite – überhaupt nichts mehr gefunden habt? Und wie ihr euch gefühlt habt, als der Paketdienst zum x-ten Mal eure Sendung wieder mitgenommen hat, obwohl ihr zu Hause gewesen seid - und ihr das Paket dann wieder im Paketshop abholen musstet?

Diese Erfahrungen gehören zum Alltag. Sie sind die Art und Weise, wie wir die Unternehmen erleben, bei denen wir etwas bestellen, einkaufen, eine Zugreise buchen oder in die wir unser Geld investieren. Sie hinterlassen einen bleibenden Eindruck, der dazu führt, ob wir weiterhin bei ihnen einkaufen oder mit ihnen Geschäfte machen wollen – oder nicht.

> *Kundenerfahrungen bestimmen mehr als alles andere, ob Unternehmen wachsen und gedeihen oder ihre Kunden verlieren und zugrunde gehen.*

Die Customer Experience Forschung kann nach fünfundzwanzig Jahren eindeutig beweisen (Quelle: Forrester Research), dass Kundenerfahrungen einen großen Unterschied machen. Dabei ist es nicht leicht, ein perfektes Kundenerlebnis zu bieten. Alles, wirklich alles in einem Unternehmen trägt dazu bei.

Wenn wir jedoch diese Herausforderungen bewältigen, schaffen wir einen nachhaltigen, schwer nachzuahmenden Wettbewerbsvorteil, der unser Unternehmen deutlich von seinen Marktbegleitern unterscheidbar macht. Mehr als das: Die Kundenerfahrungen werden darüber entscheiden, ob unser Unternehmen in Zukunft erfolgreich ist oder nicht.

Als Commercial Director von Philips Domestic Appliances and Personal Care habe ich nicht nur viele Verhandlungen mit den Geschäftsführern von Media Markt geführt, sondern auch unzählige Stunden in Elektrofachmärkten und Fachhandelsgeschäften verbracht. Was ich dort beobachtet und erlebt habe, ist das, was jede und jeder von uns täglich als Kundin oder Kunde erlebt. Hunderte von einzelnen Touch Points, also Berührungspunkte – vom Weg zum Geschäft, auf der Suche nach dem gewünschten Produkt, bis hin zur Verwendung des Produktes zu Hause – entscheiden darüber, ob der Kauf unsere Erwartungen erfüllt – und wir aus Begeisterung (oder Entrüstung) eine Rezension auf Google, Facebook oder anderen Kanälen posten.

> *Jede und jeder von uns ist im Customer Experience Business.*

Für die meisten Unternehmen ist die Kundenerfahrung der beste Indikator dafür, ob Kundinnen und Kunden wiederkehren und das Unternehmen weiterempfehlen oder zu einem Wettbewerber wechseln. Dieser Indikator ist so unternehmenskritisch, dass sogar Monopolisten wie die staatlichen Gesundheitskassen darunter leiden – zum Beispiel, weil sie keine guten Mitarbeiterinnen und Mitarbeiter mehr finden.

Kundenerfahrungen sind die Grundlage unseres Handelns – oder sollten es zumindest sein. Sie sind die Art und Weise, wie wir unsere Geschäfte führen, wie sich unsere Mitarbeiterinnen und Mitarbeiter verhalten, wenn sie im Kundenkontakt stehen oder im Kontakt miteinander und sie stehen für die Werte, die wir vermitteln. Keiner kann sich leisten, sie zu ignorieren, denn unsere Kundinnen und Kunden werden es persönlich nehmen: Jedes Mal, wenn sie unsere Produkte verwenden, unsere Dienstleistungen nutzen oder unsere Hilfe brauchen.

> *Wir brauchen unsere Kunden mehr, als unsere Kunden uns brauchen.*

Warum haben wir dann trotzdem so oft negative Kundenerlebnisse? Warum sind so viele Wirtschaftstreibende scheinbar blind für die Bedeutung des Kundenerlebnisses? In erster Linie liegt es daran, dass ihnen nicht bewusst ist, was ihnen fehlt – angefangen damit, was ein Kundenerlebnis überhaupt bedeutet. Sicher, die meisten Führungskräfte haben den Begriff Kundenerlebnis zumindest schon einmal gehört, aber sie glauben oft, dass es nur ein anderes Wort für Kundenzufriedenheit ist.

Dieses Missverständnis ist ein Teil des Übels. Denn wer nicht versteht, was ein Kundenerlebnis ist und warum es so wichtig ist, riskiert, Kunden an Unternehmen zu verlieren, die es verstehen - wie Apple oder auch der kleine Kaffeehändler bei euch um die Ecke. Fangen wir also damit an, was **Customer Experience** – in der Folge auch **abgekürzt mit CX** – *nicht* ist:

CX bedeutet nicht nur die Kunden zu lieben.

Natürlich lieben wir unsere Kunden – ohne sie könnten wir unsere Rechnungen nicht bezahlen. Aber die Liebe zu unseren Kunden wird uns nicht zum Erfolg verhelfen. Es sei denn, wir tun etwas dafür, indem wir ihnen Produkte anbieten, die ihnen Nutzen bringen und ihren Bedürfnissen entsprechen. Und indem wir es ihnen einfach machen, diese Produkte zu finden, zu kaufen und zu verwenden. All das sind wichtige Aspekte der Kundenerfahrung.

CX ist kein anderes Wort für Kundendienst.

Menschen rufen den Kundendienst an, wenn sie ein Problem haben. Kundendienst mit Kundenerfahrungen gleichzusetzen, ist so, als würde man sagen, dass beim Hochseilakt im Zirkus die eigentliche Attraktion das Sicherheitsnetz ist. Ja, das Netz ist wichtig für die Sicherheit. Aber ganz ehrlich: Wenn die Artistin oder der Artist das Netz benutzen muss, dann ist etwas bei der Show schiefgelaufen.

CX meint nicht die Benutzerfreundlichkeit.

Ja, wir wissen es zu schätzen, wenn ein Produkt oder eine Dienstleistung einfach zu bedienen ist. Und die Benutzerfreundlichkeit hat dazu beigetragen, den Erfolg von Produkten und Dienstleistungen voranzutreiben - von Apples iPhone bis hin zu Netflix Streaming Diensten. Aber die Benutzerfreundlichkeit ist nur ein Teil des Kundenerlebnis-Puzzles - und nicht einmal das Wichtigste. Von unserem Fahrrad erwarten wir schließlich auch mehr, als dass die Bremsen so angebracht sind, dass wir sie mit beiden Händen leicht erreichen können, oder?

So, wenn all das nicht die Kundenerfahrung ist, was ist es dann?

Bei jeder Kundenerfahrung geht es darum, was unsere Unternehmen anbieten, wie wir unsere Geschäfte führen und wofür unsere Marken stehen. Es geht darum, was unsere Kundinnen und Kunden denken, was passiert ist, als sie versucht haben sich über unsere Produkte oder Dienstleistungen zu informieren und diese zu bewerten, wie sie versucht haben, sie zu kaufen, sie zu benutzen und wie sie vielleicht versucht haben, Hilfe bei einem Problem zu bekommen. Darüber hinaus geht es bei Kundenerfahrungen darum, wie sie sich bei diesen Interaktionen gefühlt haben: waren sie zufrieden, beruhigt und glücklich oder genervt, enttäuscht und frustriert?

> *Customer Experience beschreibt, wie unsere Kunden ihre Interaktionen mit unserem Unternehmen wahrnehmen.*

Sobald wir das verstanden haben, können wir jedes Geschäft mit dem Blick von außen nach innen führen und die Perspektive der Kundinnen und Kunden in jede Entscheidung einbringen, die wir treffen.

Wer sind unsere Kundinnen und Kunden?

Das sind sowohl die Personen, die schon bei uns gekauft haben, als auch diejenigen, die noch beabsichtigen zu kaufen. Auch wenn sie noch nichts kaufen, sind sie durch ihr Kaufinteresse auf unserem Radar. Dieses Interesse führt dazu, dass sie über unsere Marketingaktivitäten, unsere Webseiten, unsere Apps und Einzelhandelsstandorte, über Social Media und alle anderen von uns unterstützten Kanäle mit uns interagieren. Und das führt dazu, dass sie Wahrnehmungen ihrer Erfahrung bilden – Wahrnehmungen, die bestimmen, was als Nächstes passiert. Denn das, was die Kunden wahrnehmen, ist *für sie* die einzige bestehende Realität. Auch wenn andere Kundinnen und Kunden ganz andere Wahrnehmungen und somit eine ganz andere Realität haben.

Was gilt als Interaktion?

Eine Interaktion beruht auf Gegenseitigkeit. Unser Kunde führt eine Aktion aus, z. B. den Besuch unseres Geschäfts oder unserer Webseite. Unser Unternehmen reagiert in irgendeiner Weise. Vielleicht kommt eine Mitarbeiterin zum Kunden oder eine Einladung zum Chat wird auf der Webseite angezeigt. Unser Kunde reagiert dann auf die Antwort unseres Unternehmens – indem er der Mitarbeiterin eine Frage stellt oder die Chat-Einladung annimmt. Und so weiter, bis der Kunde sein Ziel erreicht – oder aufgibt. Wenn wir eine Reihe dieser Berührungspunkte aneinanderfügen, landen wir bei den Schritten der Customer Journey, der Reise des Kunden (siehe Abbildung 1).

Diese Reise ist nie gleich und niemals linear. Mal ist sie kurz und besteht aus ganz wenigen Schritten, mal ist sie lang und beschwerlich. Ich arbeite in meinen Workshops stets mit acht Phasen, um zu verdeutlichen, wie viele kleine Schritte – nämlich bis zu fünf – es *vor* dem eigentlichen Kauf oder der Bestellung geben kann. Und jede dieser Phasen kann aus unzähligen Interaktionen – von A wie App bis Z wie Zufriedenheitsumfrage bestehen. All diese Interaktionen bezeichnen wir als Touchpoints – die Berührungs- oder Kontaktpunkte mit unseren Kunden.

Womit wir wieder am Anfang wären: Customer Experience beschreibt, wie unsere Kunden ihre Interaktionen, ihre Kontakte mit unserem Unternehmen wahrnehmen. Wie sich herausgestellt hat, spielen diese Wahrnehmungen eine wesentlich größere Rolle als viele meinen.

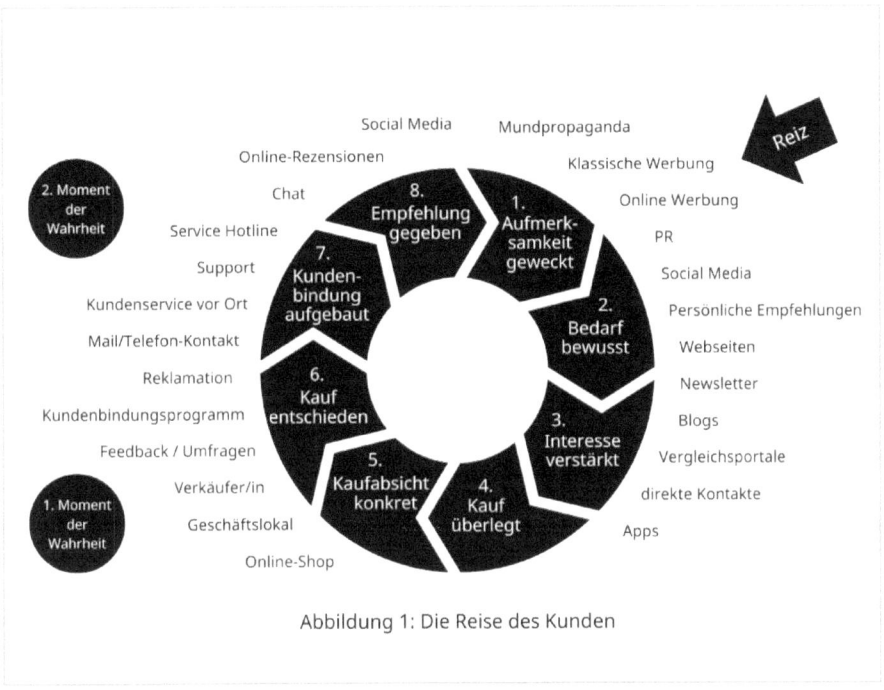

Abbildung 1: Die Reise des Kunden

DIE DREI STUFEN DER KUNDENERFAHRUNG

Wie wir gesehen haben, geht es beim Kundenerlebnis um die Kundenwahrnehmung. Um die Gründe dafür vollständig zu verstehen, müssen wir realisieren, dass Kunden ihre Erfahrungen auf drei verschiedenen Ebenen wahrnehmen: bedarfsgerecht, einfach, angenehm (siehe Abbildung 2).

Jedes Mal, wenn Kunden und Kundinnen mit einem Produkt, einer Dienstleistung, einer Person oder einem automatisierten System in Berührung kommen, beurteilen sie – meist unbewusst –, wie gut die Interaktion ihnen geholfen hat, ihre Ziele zu erreichen, wie viel Aufwand sie investieren mussten und wie gut sich der Kontakt angefühlt hat.

Beginnen wir mit der ersten Ebene, der Erfüllung von Bedürfnissen. Wie die Grundbedürfnisse in Abraham Maslows Bedürfnishierarchie steht die Erfüllung der Bedürfnisse an der Basis der Pyramide. Für den Kunden heißt das, sein Zweck ist erfüllt, das Produkt, der Service oder die Lieferung sind in Ordnung. Wir erwarten wohl mit Recht von jedem Lebensmittelgeschäft, dass es unser Bedürfnis nach Grundnahrungsmitteln erfüllen kann, oder dass die Röntgenärztin das gebrochene Sprunggelenk erkennt, damit es entsprechend behandelt werden kann.

Aber seien wir einmal ganz ehrlich: Die meisten Kundenerfahrungen enden schon auf dieser Stufe – oder sogar davor. Wir erwarten oft recht wenig und sind schon einigermaßen zufrieden, wenn unsere Erwartung zu 80% erfüllt wurde, oder? Wie oft habt ihr auf die Frage des Kellners, ob es geschmeckt hat, mit „Danke, gut!" geantwortet, obwohl ihr unter „gut" wahrscheinlich etwas ganz anderes versteht. Selten genug kommt es vor, dass wir „Ausgezeichnet! Ein herzliches Dankeschön an die Küche!" sagen.

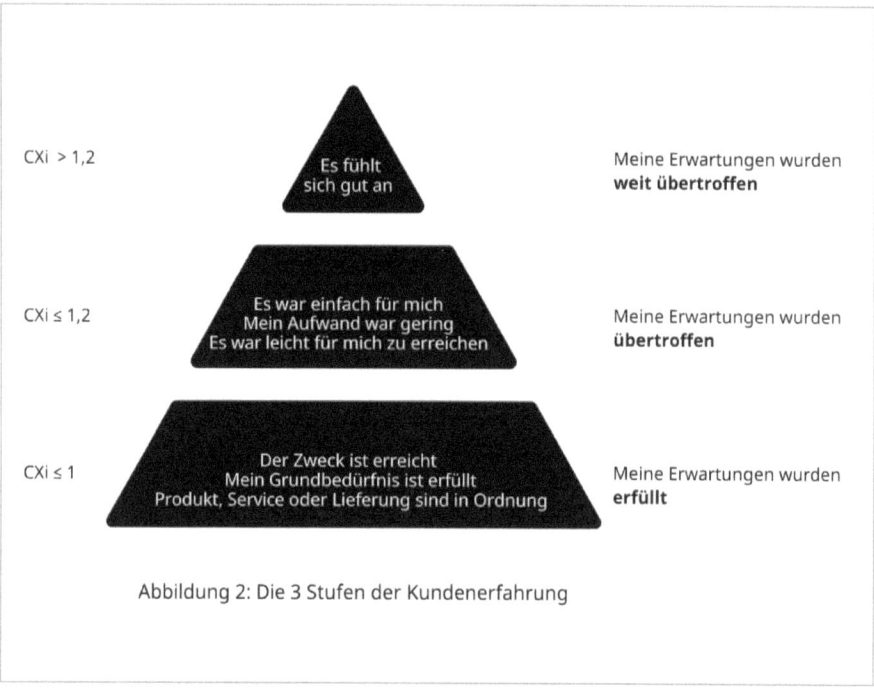

CXi > 1,2 — Es fühlt sich gut an — Meine Erwartungen wurden **weit übertroffen**

CXi ≤ 1,2 — Es war einfach für mich / Mein Aufwand war gering / Es war leicht für mich zu erreichen — Meine Erwartungen wurden **übertroffen**

CXi ≤ 1 — Der Zweck ist erreicht / Mein Grundbedürfnis ist erfüllt / Produkt, Service oder Lieferung sind in Ordnung — Meine Erwartungen wurden **erfüllt**

Abbildung 2: Die 3 Stufen der Kundenerfahrung

Jedes Unternehmen erfüllt die Kundenbedürfnisse. Wirklich jedes?

In unseren Breitengraden, oder sagen wir im deutschsprachigen Raum, glauben immer noch viele Unternehmen, dass es nur darum geht, die Bedürfnisse zu erfüllen. Der Zweck ist erreicht, das Produkt, der Service oder die Lieferung ist in Ordnung, was will man mehr?

Ja, die Kunden wollen mehr. Und das ist genau der Grund, warum wir mit den nächsten beiden Stufen – einfach und angenehm – Wettbewerbsvorteile herausarbeiten und Kundinnen und Kunden begeistern können.

Wenn Unternehmen die grundlegenden Bedürfnisse erfüllen – und das müssen fast alle zumindest teilweise, wenn sie weiter bestehen wollen –, kommt die nächste Ebene der Kundenerfahrung ins Spiel: Die Einfachheit.

„Einfach" ist ein entscheidender Wettbewerbsvorteil.

Wer kommt heutzutage damit durch, dass es *schwierig* ist, mit ihm oder ihr Geschäfte zu machen? Vielleicht das Finanzamt. Und der einzige Grund, warum es damit durchkommt, ist, dass Kunden ihre Steuererklärung nicht woanders hinbringen können – noch nicht. Im Gegensatz dazu gibt es viele Beispiele, bei denen die Einfachheit der Geschäftsabwicklung einen Wettbewerbsvorteil geschaffen hat – oder eine ganze Branche dadurch entstanden ist.

Wir bestellen gerne dort unsere Produkte, wo das Angebot groß und übersichtlich, die Bestellung und Bezahlung besonders einfach und risikolos und die Lieferung kostenlos ist. Das ist der Grund, warum sich kleine Webshops oft so schwertun, um gegen Amazon oder Zalando zu bestehen. Denn wir messen und vergleichen neue Anbieter immer mit dem, was die Marktführer in Sachen Einfachheit vorgeben.

Das Leben ist kompliziert genug – wer es seinen Kunden einfach macht, ihr Leben, ihre Arbeit oder die Zusammenarbeit erleichtert, wird dadurch immer einen Wettbewerbsvorteil erreichen.

Bereits im Jahr 2004 ergänzte Philips sein Logo mit dem Markenversprechen „sense and simplicity". „Sense and simplicity" (deutsch: „Sinn und Einfachheit") stand für das Bekenntnis von Philips, sich auf seine Märkte zu konzentrieren und Produkte und Services anzubieten, die ganz auf die Verbraucher ausgerichtet, einfach zu erleben und fortschrittlich sind. Jedes Produkt und jede Dienstleistung wurde auf drei entscheidende Marktkriterien überprüft: Ist es „advanced" (im Sinne von fortschrittlich, basierend auf marktführenden Technologien), „designed around you" (um den Nutzer herum entworfen, basierend auf dem Ergebnis sorgfältiger Kundenrecherchen) und ist es „easy to experience" (also einfach zu erleben und einfach zu bedienen).

Die Krönung des Kundenerlebnisses: „Es fühlt sich gut an."

Bedürfnisse zu erfüllen und es einfach zu machen, ein Produkt zu kaufen oder einen Service zu nutzen – es ist nicht schwer sich vorzustellen, dass dies wichtige Aspekte eines Kundenerlebnisses sind. Aber was ist mit der Idee, dass ein Unternehmen

Kundeninteraktionen *angenehm* gestalten soll? Man möchte meinen, dass nur Branchen wie der Einzelhandel oder Medien sich Gedanken darüber machen müssen, ob es Spaß macht, mit ihnen zusammenzuarbeiten, und nicht etwa die Industrie oder Logistikanbieter.

Aber denken wir an Paketdienste. Nichts gegen FedEx, DPD, Hermes, DHL, GLS, UPS und die vielen anderen mit drei Buchstaben, aber der Paketversand ist eine wenig glamouröse Branche. Doch wenn es um das Kundenerlebnis geht, ist der Paketversand auch eine der wettbewerbsintensivsten Branchen der Welt. Die Post hat nun erkannt, dass viele Kundinnen und Kunden mit anderen Paketdienstleistern unzufrieden sind. Daher hat die Österreichische Post mit „AllesPost" ein Angebot entwickelt, bei dem alle Pakete, egal von welchem Paketdienst sie ursprünglich kommen, immer nur mit der Post an die Empfänger zugestellt werden. Weil viele Kunden gesagt haben, dass die Lieferung mit dem ihnen bekannten Zusteller für sie *am angenehmsten* wäre.

Und es geht noch viel weiter: Kunden, die sich gut fühlen, kaufen öfter wieder, sie reden über ihre Erfahrungen und empfehlen das Unternehmen weiter. Und Kunden, die sich gut fühlen, sind auch mal bereit einen höheren Preis zu zahlen.

Kunden ein gutes Gefühl zu geben, ist der Gipfel der Kundenerfahrung, die Spitze unserer Pyramide. Ein gutes Gefühl bei einem Einkauf, bei einer Bestellung, bei einer Lieferung oder bei einer Dienstleistung zu haben ist *der* Schlüssel zum Erfolg. Durch ein angenehmes, positives, gutes Gefühl entsteht emotionale Bindung zwischen Unternehmen und ihren Kundeninnen und Kunden – emotionale Bindung, die auf der ganzen Welt begeistert. Und wer begeistert ist, redet darüber.

DAS IST DAS ZEITALTER DER KUNDEN

Viele Jahre lang war das Leitmotiv, Kunden zu begeistern, ein Lippenbekenntnis, das mehr Kunden enttäuscht hat als ihnen ein gutes Gefühl zu geben. Die digitale Transformation hat die Märkte aber stark verändert und uns in eine neue Ära geführt, die *Forrester* das Zeitalter des Kunden nennt – eine Zeit, in der die Kundenzentrierung wichtiger ist als jede andere strategische Notwendigkeit.

Denn die Kundinnen und Kunden haben mehr Macht als je zuvor. Mit Online-Rezensionen, sozialen Netzwerken, Apps, Vergleichsportalen und mobilem Webzugriff 24/7 ist es für die Kunden einfach, mehr als die Verkäufer über Produkte, Dienstleistungen, Wettbewerber und Preise zu wissen. Das Spiel hat sich geändert.

Unternehmen möchten ein verbessertes Kundenerlebnis bieten.

Viele sehen jedoch nicht das Gesamtbild – nämlich wie zum Beispiel einzelne Mitarbeiterinnen und Mitarbeiter, Geschäftspartnerinnen und Geschäftspartner, langsame Webseiten und komplizierte Geschäftsprozesse diese Bemühungen untergraben. Nun geht es darum, das Problem zu lösen, indem man ein System voneinander abhängiger, sich selbst verstärkender Praktiken schafft und fördert, welches die Mitarbeiter, Partner, Prozesse, Richtlinien und Technologien auf die Kundinnen und Kunden ausrichtet.

Dabei geht es nicht um die alte Botschaft „der Kunde steht für uns im Mittelpunkt" (und dort steht er immer im Weg). Es geht um eine neue Art des Managements, einen tiefen Blick in jeden Prozess und Anreize, die das Gesamtziel unterstützen, nämlich: ein großartiges Kundenerlebnis zu bieten.

POSITIVE KUNDENERFAHRUNGEN STEIGERN DEN UNTERNEHMENSGEWINN

Positive Kundenerfahrungen sind weder ein „nice-to-have" noch kommen sie von selbst. Wir müssen lernen, wie man funktionierende Geschäftsprozesse und Abläufe für Customer Experience Projekte erstellt. Eine Organisation, die ausgereifte Kundenerfahrungen entwickeln möchte, muss dies in sechs Disziplinen tun: Strategie, Kundenverständnis, Design, Messung, Führung und Unternehmenskultur.

An die geschäftlichen Vorteile durch die Verbesserung des Kundenerlebnisses zu glauben ist das eine, aber wie können wir unseren Standpunkt beweisen? Einerseits durch Kostensenkungen und Einsparungen auf Grund von Prozessverbesserungen. Jedes Unternehmen spart gerne, in guten wie in schwierigen Zeiten. Viel wesentlicher ist allerdings, dass positive Kundenerfahrungen nachweislich den Gewinn steigern.

Die meisten Unternehmen haben viel Raum für Verbesserungen.

Hat das Unternehmen Probleme mit dem Kundenerlebnis? Fast sicher. Forrester Research kann das belegen, weil man dort seit 2007 mit einem jährlichen Customer

45

Experience Index (CXi) das Kundenerlebnis von Top-Marken misst – und die große Mehrheit der Unternehmen nicht gut abschneidet.

WIE MISST MAN DIE QUALITÄT DER KUNDENERFAHRUNGEN?

Je positiver die Kundenerfahrungen, umso höher ist die Kundenloyalität. Das heißt, Unternehmen mit besseren Kundenerfahrungswerten haben mehr Kunden,

- die wieder bei ihnen kaufen,
- die nicht woanders hingehen und
- die sie einem Freund oder einer Kollegin weiterempfehlen.

Für die Berechnung des Kundenerfahrungsindex (Customer Experience Index oder CXi) habe ich eine eigene Formel entwickelt, die sich für jedes Unternehmen – egal ob Business-to-Consumer (B2C), Business-to-Business (B2B) oder gemeinnützig – anwenden lässt. Sie lautet: Der Index der Kundenerfahrung ist der Quotient aus Erreichtem und Erwartetem:

$$CXi = \frac{Erreichtes}{Erwartetes}$$

Abbildung 3: Index der Kundenerfahrung

Unsere Erwartung liegt immer bei 100%. Auch wenn jede Kundin und jeder Kunde persönlich eine individuelle Erwartung an eine Kundenerfahrung oder einen Kontakt- oder Berührungspunkt hat, erwartet jeder von uns, dass seine Bedürfnisse zu 100% erfüllt werden. Der Grad der Erfüllung selbst liegt ebenfalls allein im individuellen Ermessen und kann auf einer Skala zwischen 0 und 200 stehen. Die Division von „Erreichtem" durch „Erwartetem" ergibt den Index mit einem Wert zwischen 0 und 2.

Wie zuvor beschrieben (siehe auch Abbildung 2), liegt dieser Wert in vielen Fällen sogar unter 1, das heißt, dass noch nicht einmal die Erwartung erfüllt wurde. Ab einem Wert von 1 ist die Erwartung erreicht, erst darüber beginnt ein Unternehmen sich durch einfache und angenehme Kundenerfahrungen vom Wettbewerb zu differenzieren. Bis zu einem Wert von 1,2 geht das erfahrungsgemäß mit Einfachheit, darüber nur, indem wir bei unseren Kunden auch ein gutes Gefühl hinterlassen. Das Ergebnis ist leicht verständlich und auch intern in jedem Unternehmen gut kommunizierbar.

In der CXi-Umfrage – und so eine Umfrage kann jedes Unternehmen jeder Größenordnung regelmäßig durchführen – bitten wir die Kunden, uns fünf Fragen zu beantworten:

Frage 1

Bitte bewerten sie mit Hilfe untenstehender Skala ihre letzte Erfahrung mit dem Unternehmen (siehe Abbildung 4). Markieren sie den Wert, der anzeigt, inwieweit ihre Erwartung erfüllt bzw. nicht erfüllt oder übertroffen wurde. 100 steht in dieser Skala für 100% Erwartung erfüllt.

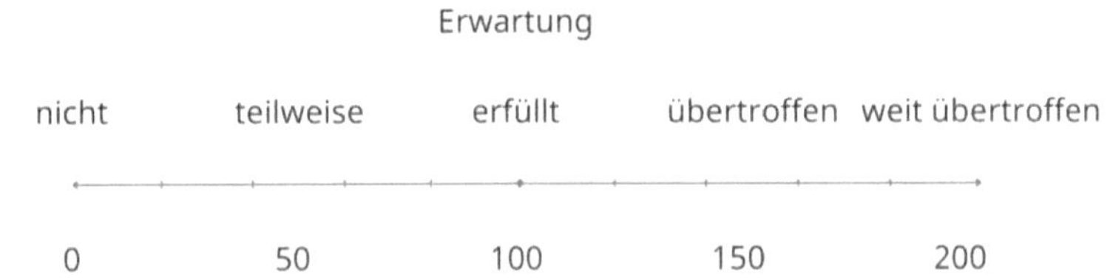

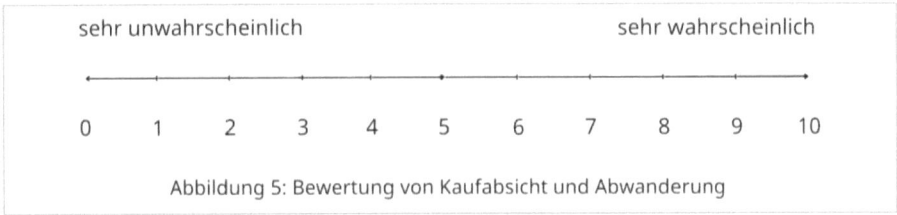

Abbildung 4: Bewertung der Kundenerfahrung

Frage 2

Bitte bewerten sie auf einer Skala von 0 („sehr unwahrscheinlich") bis 10 („sehr wahrscheinlich") wie wahrscheinlich es ist, dass sie wieder bei diesem Unternehmen kaufen (siehe Abbildung 5).

Frage 3

Bitte bewerten sie auf einer Skala von 0 („sehr unwahrscheinlich") bis 10 („sehr wahrscheinlich") wie wahrscheinlich es ist, dass sie zu einem Wettbewerber wechseln (siehe Abbildung 5)

Abbildung 5: Bewertung von Kaufabsicht und Abwanderung

Frage 4

Bitte bewerten sie auf einer Skala von 0 („sehr unwahrscheinlich") bis 10 („sehr wahrscheinlich") wie wahrscheinlich es ist, dass sie dieses Unternehmen, diese Marke oder diese Webseite einem Freund oder einer Kollegin weiterempfehlen.

Die letzte Frage wird auch als Net Promoter Score bezeichnet. Berechnet wird dieser aus der Differenz zwischen „Promotoren" (oder Fürsprechern) und sogenannten „Detraktoren", also Kritikern des Unternehmens. Als „Promotoren" werden nur die Kunden bezeichnet, die mit 9 oder 10 antworten. Als „Detraktoren" werden hingegen diejenigen angesehen, die mit 0 bis 6 antworten. Kunden, die mit 7 oder 8 antworten, gelten als „Indifferente", also Neutrale oder Passive, und zählen daher nicht.

Der Net-Promoter-Score (kurz NPS) wird mit folgender Formel berechnet (siehe Abbildung 6):

NPS = Promotoren (in % aller Befragten) – Detraktoren (in % aller Befragten)

Abbildung 6: Berechnung Net Promoter Score

Der Wertebereich des NPS liegt damit zwischen plus 100 und minus 100.

Frage 5

Eine einfache, abschließende, offene Frage wäre: „Was möchten sie uns noch mitteilen?" Sie passt praktisch zu jeder Kundenumfrage, da sie an der Basis der Kundenerfahrungspyramide steht und hilft, die Grundbedürfnisse abzufragen.

Alle fünf, aber auch einzelne Fragen davon sind leicht bei jedem Unternehmen in regelmäßige Kundenumfragen einzubauen. Sie haben viele Unternehmen schon zum Umdenken gebracht, weil die Antworten auch Skeptikern, Kritikern oder jenen, die glauben, dass das Unternehmen ohnehin schon alles für den Kunden macht, die Augen geöffnet haben. Und die Antworten ermöglichen es uns, das Verhältnis zwischen der Kundenerfahrung und den drei gängigsten Loyalitätskennzahlen zu berechnen: der Kaufabsicht, der Abwanderung und der Mundpropaganda.

Die Korrelation ist beeindruckend – so stark wie in der realen Welt. Die Fragen helfen nicht nur dem Unternehmen, auf die Bedürfnisse seiner Kunden einzugehen und sich ständig weiterzuentwickeln. Sie machen den Kunden auch bewusst, wie wichtig sie und ihre Bedürfnisse dem Unternehmen sind. Vor allem, wenn das Unternehmen die Wünsche und Bedürfnisse auch entsprechend umsetzt.

Kunden, die schlechte Erfahrungen mit einem Unternehmen gemacht haben, werden keine Lust auf mehr solcher Erlebnisse haben. Sie werden auch ihre Freunde nicht zu diesem Unternehmen schicken – genauso wenig, wie wir Freunde in ein Restaurant schicken, das uns ein schlechtes Essen serviert hat oder zu einem Händler, der uns ein defektes Produkt verkauft hat und es nicht zurücknehmen will.

Auch die Korrelation mit der Wahrscheinlichkeit woanders einzukaufen, ist signifikant. Der Grund dafür ist leicht zu verstehen. Wenn Kunden eine schlechte Erfahrung machen – indem wir ihre Bedürfnisse nicht erfüllen oder einfach nur unhöflich sind – fragen sie sich, ob sie nicht besser dran wären, bei jemand anderem zu kaufen. Unsere Wettbewerber müssen die Kunden dann gar nicht mehr davon überzeugen, zu wechseln – da wir das bereits für sie getan haben. Sie müssen lediglich als glaubwürdige Alternative erscheinen.

DIE VERBLÜFFENDEN AUSWIRKUNGEN AUF DEN UMSATZ

Ein gutes Kundenerlebnis erhöht die Loyalität und ein schlechtes Kundenerlebnis senkt die Loyalität. Was ist also der potenzielle Umsatzvorteil, wenn die Kundenloyalität durch die Verbesserung des Kundenerlebnisses gesteigert wird? Was passiert, wenn sich ein Unternehmen mit einem für seine Branche unterdurchschnittlichen Kundenerlebnis so weit verbessert, dass es ein für seine Branche überdurchschnittliches Kundenerlebnis bietet?

Aus verbesserten Kundenerfahrungen ergeben sich mehrere Umsatzpotentiale: Mehrkäufe von bestehenden Kunden, zusätzliche Umsätze, weil Kunden nicht mehr zum Wettbewerber wechseln und neue Verkäufe, die durch Mundpropaganda angetrieben werden. Darüber hinaus sind loyale Kunden auch oft bereit, mehr zu zahlen. Es ist also logisch, dass selbst kleine Verschiebungen in der Kundenloyalität zu zusätzlichen Einnahmen führen können.

Eine Innovation, die den entscheidenden Unterschied macht.

Konsequent auf die Kunden zu hören, ihre Bedürfnisse zu erfüllen, es ihnen einfach und angenehm zu machen, ein Produkt zu kaufen oder ein Service zu nutzen und ihnen dabei noch ein gutes Gefühl zu geben, ist eine scheinbar einfache Innovation. Eine Innovation, die Kunden begeistert und Unternehmen wachsen lässt. Und bei jedem die Gewissheit erzeugt, dass es sich lohnt, mit dem Unternehmen weiterhin Geschäfte zu machen.

Timm Uthe

Der akademisch geprüfte Werbekaufmann und Certified Data Marketing Expert, ist verheiratet, Vater von drei Söhnen und lebt mit seiner Familie, Hund und Pferden im Mostviertel. Er bringt über 20 Jahre Erfahrung in leitenden Marketing- & Vertriebspositionen in Handel und Industrie mit, vor allem mit Markenartikeln (Philips, Kodak und Bahlsen) und im Franchise (Etienne Aigner). Er ist Obmann-Stellvertreter der Fachgruppe Werbung und Marktkommunikation und Mitglied im österreichischen Werberat sowie im Fachverband Werbung.

Timm Uthe ist seit 15 Jahren selbständig – früher im Einzelhandel, jetzt als strategischer Marketingberater. Er ist Spezialist für die Wahrnehmung von Kundenbedürfnissen. Als externer Marketingleiter auf Zeit entwickelt er kundenzentrierte Vermarktungslösungen, die Nutzen schaffen, Bedürfnisse wecken und die Kundinnen und Kunden begeistern.

www.touchpointconsulting.at

KAPITEL 3

EXPERTENBUCH ALS MARKETING-TOOL

Schreibe ein Expertenbuch und mache es zu deinem besten Verkaufsinstrument

von Marie Fröhlich

INHALT

VOM BUCH ZUM BUSINESS

WICHTIGE FAKTOREN FÜR EIN EXPERTENBUCH

E-BOOK ODER PRINTBUCH: MIT WELCHEM FORMAT PUNKTEST DU?

INDEPENDENTLY PUBLISHED – DER EFFEKTIVE WEG ZUM EIGENEN BUCH

VOR- UND NACHTEILE DES SELFPUBLISHING

DEIN NUTZEN AUF EINEN BLICK

BONUS

Zielgruppe:	Unternehmer, die sich mit einem Fachbuch als Experten positionieren, um sich damit von ihren Mitbewerbern abzuheben. Selbständige, die durch dieses geniale Marketing-Tool sichtbarer und bekannter werden wollen und gleichzeitig auf eine nachhaltige Erfolgsstrategie setzen, die über viele Jahre hinweg wirksam eingesetzt werden kann.
Voraussetzungen:	Freude am Schreiben, fundiertes Wissen über ein Thema und/oder Recherchekompetenz, Kenntnis der Zielgruppe, Fähigkeit zur Selbstkritik (Überarbeitung), Selbstdisziplin.
Erfahrungen:	Es sind keine spezifischen Vorerfahrungen notwendig, aber es hilft, wenn man schon Texte, Blogartikel o.ä. geschrieben hat.

VOM BUCH ZUM BUSINESS

Wenige Wochen, nachdem ich mein erstes Buch als Selfpublisher mit Amazon herausgebracht habe, klingelte das Telefon. Eine Journalistin, die für die auflagenstärkste österreichische Zeitung schrieb, bat mich um ein Interview. Sie hatte mein Buch gelesen. Was darin stand gefiel ihr, sie fand das Thema wichtig und aktuell (meine Bücher behandelten damals verschiedene Aspekte der Positiven Psychologie), weshalb sie ihren Lesern darüber berichten wollte.

Sofort nachdem der Artikel erschienen war, stiegen die Verkaufszahlen des Buches. Das war aber noch lange nicht alles. Die Personalverantwortliche eines bekannten Unternehmens kontaktierte mich daraufhin, um mich für einen hochdotierten Vortrag bei einer firmeninternen Veranstaltung zu engagieren. Dem folgten Aufträge für Workshops und Trainings, ich wurde als Interviewpartnerin zu Podcasts eingeladen, als Speakerin bei Online-Kongressen gebucht und als Co-Autorin für Bücher von Autorenkollegen angefragt.

Bereits mein Erstlingswerk verkaufte sich also nicht nur recht gut, es steigerte auch meine Sichtbarkeit um ein Vielfaches, wodurch ich neue Kunden gewann und Aufträge bekam.

Ich lernte daraus, dass ein Buch - mit der eigenen Expertise darin - viel mehr ist als „nur ein Buch"! Mein Beispiel zeigt, was für ein fantastisches Marketinginstrument ein eigenes Expertenbuch sein kann. Und es gibt noch weitere wertvolle Gründe, warum du dein persönliches Wissen in ein Buch packen solltest:

Wissen vermitteln

Jeder von uns hat umfangreiches fachliches Know-how auf seinem individuellen Gebiet, mit dem wir anderen Menschen helfen können. Auch du! Fasst du dieses Wissen in einem Buch zusammen, kannst du damit viel mehr Personen erreichen und unterstützen als in deinem herkömmlichen beruflichen bzw. geschäftlichen Setting. Du kannst dein Wissen, deine Erfahrungen und Methoden teilen und damit großen Nutzen stiften.

Seit Jahrhunderten sind Bücher ein probates Mittel, um Bildung, Botschaften, die uns am Herzen liegen, oder Geschichten in die Welt zu bringen, mit denen Leser inspiriert, motiviert, informiert werden - und um diese Inhalte, dieses Wissen für zukünftige Generationen zu bewahren.

Expertenstatus aufbauen

Das gedruckte Wort hat immer mehr Gewicht als das gesprochene. Darum wird dein Buch als Indikator für den Expertenstatus deiner Person angesehen. Es zeigt, dass du als Autor über besondere Kenntnisse und Erfahrung auf deinem Fachgebiet verfügst. Du wirst als Autorität zu deinem Thema erkannt und steigerst damit dein Ansehen. Dadurch erhältst du einen Vertrauensvorschuss bei deinen Lesern und potenziellen Kunden.

Mit einem Buch positionierst du dich auf dem Markt, hebst dich klug von deinen Mitbewerbern ab und verschaffst dir einen enormen Wettbewerbsvorteil.

Sichtbarkeit erhöhen

Egal wie gut du bist, wie viel du kannst und wie viel du zu geben hast: Wenn du nicht sichtbar bist, bist du in den Köpfen deiner potenziellen Kunden einfach nicht existent. Oder anders gesagt: Wie sollen sie dich finden, wenn sie gar nicht wissen, dass es dich gibt?

Aufmerksamkeit erzeugen und *sichtbar sein* sind die neuen Währungen unserer digitalisierten Welt. Mehr Reichweite bringt mehr Kunden. Mehr Kunden bringen mehr Umsatz.

Mit einem Buch kannst du deinen Bekanntheitsgrad ganz schnell um ein Vielfaches erhöhen. Es verschafft dir Sichtbarkeit in den Social Media, der Online-Presse und in Printmedien. Und falls du ein besonders attraktives, kontroverses oder aktuelles Thema hast, kannst du es als Experte sogar auf die Couch von Markus Lanz, in Talkshows, in Frühstücks- und andere Fernseh-Formate schaffen.

Leads generieren

Als Leads werden im Marketing Interessenten und potenzielle Kunden bezeichnet, die an deiner Dienstleistung, deinem Produkt interessiert sind. Leads stellen in jedem Unternehmen eine wichtige Ressource dar, da sie als Ausgangspunkt für den Aufbau von Kundenbeziehungen dienen und die Grundlage für den Verkauf von Produkten und Dienstleistungen darstellen.

Mit deinem Buch kannst du gezielt vorqualifizierte Leads generieren, indem du deinen Lesern ein kostenloses Angebot machst, z. B. für ein Beratungsgespräch, einen interessanten Download o.ä. Im Gegenzug erhältst du ihre Kontaktdaten, also Namen und E-Mail-Adresse. Die Kontaktdaten nutzt du danach, um deine Leads in Form eines Newsletters weiter mit wertvollem Content zu verwöhnen und sie über deine Aktivitäten und Leistungen auf dem Laufenden zu halten. Im Kapitel „Newsletter-Marketing" erfährst du mehr darüber.

Einkommen steigern

Schon die großartige Vera Birkenbihl sagte in den Neunzigern ganz offen: „Nach jedem Buch erhöhe ich mein Honorar." Sie trifft damit den Nagel auf den Kopf - denn mit einem Expertenbuch erhöhst du deinen Marktwert und kannst deshalb für deine Dienstleistungen mehr Geld verlangen.

Einen weiteren positiven Effekt von Büchern möchte ich dir keinesfalls vorenthalten: Du kannst damit passives Einkommen generieren. Das heißt, dass dein Expertenbuch dir sogar Geld - sogenannte Tantiemen - bringt, während du in einem Club nach heißen lateinamerikanischen Rhythmen tanzt oder deinem Gegner beim Kickboxen ordentlich einschenkst, dich bei einem Feierabend-Drink entspannst oder sanft ins Land der Träume entschlummerst.

Lebenstraum erfüllen mit Selfpublishing

Ein Buch zu schreiben steht bei vielen Menschen ganz oben auf der Bucket-List. Und trotzdem realisieren die meisten ihren Traum nicht. Oft fehlt das Wissen, wie man so ein Projekt überhaupt beginnt, oder es regiert die Angst zu scheitern. Sie fürchten, dass sie weder Verlag noch Leser für ihr Buch finden, bei manchen fehlt die zündende Idee oder die Zeit für ein derartiges Projekt. Aus all diesen Gründen bleibt es beim Träumen und das Baby wird erst gar nicht zur Welt gebracht.

Im Unterschied zu vielen anderen Marketingaktivitäten und -tools ist ein Buch auch eine Herzensangelegenheit. Wer möchte nicht gerne stolz ein Druckwerk in Händen halten, auf dem der eigene Name in fetten Lettern auf dem Cover prangt?

Natürlich braucht es Know-how über die Abläufe eines Buchprozesses. Selbstverständlich braucht es auch ein inspirierendes Thema und die dazu passende Leserzielgruppe. Und ohne Zweifel braucht es Zeit - aber viel, viel weniger, als du jetzt denkst. Dank der tollen Selfpublishing-Möglichkeiten mit Print-on-demand-Verlagen, allen voran dem *Kindle Direct Publishing* von Amazon, braucht es nicht einmal einen Verlag, damit du dir diesen Traum vom eigenen Buch erfüllst. Wie einfach du ihn realisieren kannst, zeige ich dir auf den nächsten Seiten.

WICHTIGE FAKTOREN FÜR EIN EXPERTENBUCH

Du musst kein Germanistikstudium absolvieren, um dein eigenes Expertenbuch zu schreiben. Für die Gestaltung, Veröffentlichung und Vermarktung ist keine Verlagserfahrung notwendig. Auch als Erstlingsautor kannst du wertvollen Content kreieren, für ein professionelles Erscheinungsbild sorgen, das Buch als

Selfpublisher (Selbstverleger) publizieren und mit unterschiedlichen Methoden, wie du sie in diesem genialen Marketingbuch kennenlernst, bewerben. All das ganz ohne Studium, Verlagshintergrund, Schreibprogrammen und sonstigem Gedöns.

Klar gibt es für den Erfolg eines Expertenbuches einige relevante Faktoren, die zu berücksichtigen sind, und auf diese gehe ich im Folgenden genauer ein.

Das richtige Thema

Der erste Schritt zum erfolgreichen Buch ist die Wahl des richtigen Themas – und das ist manchmal nicht so einfach. Schon gar nicht für das Erstlingswerk.

Erstens musst du dich selbst mit deinem Thema wohlfühlen. Brennst du leidenschaftlich dafür? Macht es dir Spaß, darüber zu schreiben? Motiviert es dich genug, um dranzubleiben, bis dein Manuskript fertig ist? Kannst du deine Sichtweise, deine Methode, deine Erfahrung einbringen und dein Stärken ausspielen?

Zweitens muss das Thema natürlich zu dir und zu deinem Wissen passen. Es ist wichtig, dass du über ausreichende Kenntnisse verfügst, um wertvollen Content zu produzieren, der inhaltlich durchdacht und stimmig ist. Mit deinem Expertenbuch musst du deinen Lesern echten Mehrwert und Nutzen bieten.

Drittens muss dein Thema für den Markt so interessant sein, dass es genug Menschen gibt, die dein Buch auch kaufen. Setze dich deshalb intensiv mit der konkreten Themenfindung - und der im nächsten Absatz beschriebenen Marktforschung - auseinander, bevor du mit dem Schreiben beginnst.

Marktfähigkeit

Ein Buch, das dem aktuellen Markt, also den Bedürfnissen, Interessen, Trends und dem Geschmack unserer Zeit entspricht, hat logischerweise bessere Chancen auf Erfolg.

Hier gilt: Die Nische bringt´s! Wenn du nicht nur einfach dein eigenes Buch mal in Händen halten, sondern ein profitables Business daraus machen möchtest, empfehle ich dir, eine spannende Nische innerhalb deines Fachbereichs zu besetzen. Das bedeutet: Grenze dein Thema ein. Suche dir einen Aspekt - also ein spezifisches Problem oder Bedürfnis - heraus, welches du mit deinem Fachwissen lösen kannst und gehe dann in die Tiefe, indem du alle Detailfaktoren behandelst und alle Fragen beantwortest, die deine Leser dazu haben.

Alternativ kannst du dein Buch auf eine bestimmte Zielgruppe abstimmen und es für diese besonders interessant machen.

Sehen wir uns drei Beispiele anhand der Zielgruppe „Manager" an: Für den Business-Coach könnte ein Buch mit Abschalt-Ritualen für gestresste Chefs von Erfolg gekrönt sein. Als Ernährungsberater kannst du dein Wissen über gesundes Essen am Arbeitsplatz in einen praktischen Ratgeber packen. Und als Touristiker landest du mit Spar- und Reisetipps für berufliche Vielflieger vermutlich einen Kassenschlager.

Recherchiere, was es am Büchermarkt bereits zu deinem Thema gibt und welchen Teilbereich bzw. welche Nische du idealerweise besetzen kannst. Statte deinem Buchhändler um die Ecke dafür einen Besuch ab oder schau dich online um bei Amazon, Thalia, Hugendubel, Weltbild & Co. Oberste Regel dabei: Finger weg vom „Kaufen"-Button.

Nimm dir Zeit für deine Marktanalyse, denn sie liefert wertvolle Informationen, die dir dabei helfen, dein Buch erfolgreich zu positionieren und zu verkaufen.

Wunschleser

Du schreibst nicht für dich, sondern für deine idealen Leser! Deshalb ist es wichtig, deine Zielgruppe genau zu definieren, bevor du mit dem Schreiben beginnst. Finde im nächsten Step heraus, was deine Wunschleser aktuell am meisten beschäftigt, was sie interessiert. Stelle fest, welche Probleme sie haben und wie du ihnen bei der Problemlösung kannst. Auf diese Art und Weise kannst du leicht entscheiden, wie du deine Expertise am besten einbringst.

Nur wenn du deine Wunschleser genau kennst, kannst du relevante Inhalte für sie erstellen und in ihrer Sprache schreiben. So schaffst du die perfekte Voraussetzung für ein gutes Buch, das deine Leser interessiert.

Inhalt mit Qualität

Selbstredend ist der wichtigste Faktor, damit dein Buch erfolgreich und von den Käufern geschätzt wird, qualitativ hochwertiger Inhalt. Veröffentlichst du ein gut recherchiertes und geschriebenes Buch mit wertvollem Content, ist die Wahrscheinlichkeit höher, dass die Leser a) dein Buch weiterempfehlen und b) sich für deine Dienstleistungen oder Produkte interessieren und zu neuen Kunden werden.

Ein Buch mit minderwertigem Inhalt, vielen Rechtschreib- und Grammatikfehlern oder schlechter optischer Gestaltung kann zu schlechten Bewertungen (Rezensionen) und Kritiken führen, die sich negativ auf den Kauf des Buches und auf dein Image als Autor, eventuell sogar als Unternehmer, auswirken und dementsprechend auch keine Folgegeschäfte generieren.

Investiere in ein professionelles inhaltliches und stilistisches Lektorat und in ein Korrektorat. Verwendest du aufwändige Grafiken, Tabellen, Bilder usw., leiste dir einen Profi fürs Layout (Buchsatz). Und hole dir auf jeden Fall einen professionellen Cover-Designer, denn auch beim Expertenbuch gilt: Der erste Eindruck zählt.

Fazit: Gehe mit Sorgfalt an die Entwicklung und das Schreiben deines Expertenbuches heran und sorge dafür, dass es ein echtes Leseerlebnis wird.

> *Extra-Tipp:*
>
> Falls du der Meinung bist, wirklich nicht schreiben zu können, wende dich an sogenannte „Ghostwriter": Du lieferst ihnen das Wissen und sie formulieren das Buch (oder auch nur einzelne Kapitel) für dich aus.

Dein Angebot

In deinem Expertenbuch ist nicht nur Platz für wertvollen Content, sondern auch, um über dich und deine Arbeit zu erzählen und deinen Lesern ein konkretes Angebot zu machen. Genau das ist der Marketingturbo für dein Business. Nutze dein Buch schlau:

- Wie eingangs beschrieben, kannst du neue Leads generieren. Stelle dafür wertvolles Bonusmaterial oder ein Freebie für deine Leser zur Verfügung, das mit deiner E-Mail-Liste verbunden ist.

- Gib Einblicke in die Erfolge deiner Kunden, die deine Leistungen oder Produkte schon in Anspruch genommen haben. Komm im Laufe des Buches öfter darauf zu sprechen, ohne dabei plump vorzugehen, z. B. in Form von speziellen Anregungen oder Beispielen (Storytelling) aus deiner Arbeitspraxis.

- Stelle ein aktuelles Angebot aus deiner Leistungspalette (Kurs, Programm, Webshop, usw.) in deinem Buch vor und setze eine gezielte Handlungsaufforderung. Verbinde diesen Call-to-action mit einem entsprechenden Link und einem QR-Code. So erleichterst du deinen Lesern den direkten Zugriff auf die Information - und damit auf die Buchung bzw. den Kauf.

Achte dabei immer darauf, dass du dieses Produkt bzw. diese Dienstleistung auf eine gute und angenehme Weise an strategischen Stellen geschickt einfließen lässt, und kombiniere es idealerweise mit besonderem Mehrwert oder Tipps.

Die Vermarktungsstrategie

Last but not least ist gutes Marketing das A&O für den erfolgreichen Verkauf deines Buches. Hast du anfangs deine Wunschleser genau definiert, bist du jetzt klar im Vorteil, denn du kannst deine Vermarktungsstrategie gezielt auf sie abstimmen.

Grundsätzlich ist es wertvoll, wenn du eine starke Online-Präsenz hast, also:

- eine Website, auf der du dein neues Buch vorstellst,
- eine E-Mail-Liste, über die du deine Kunden und Interessenten über die Fortschritte deines Buches bzw. den Erscheinungstermin informierst,
- Social-Media-Kanäle, die du laufend mit relevanten Informationen zum Buch bespielst.

Für die Vermarktung deines Buches stehen dir allerdings auch alle anderen Marketing-Tools, wie du sie in diesem Buch findest, zur Verfügung: von der Pressaussendung bis zum Interview beim regionalen Radiosender oder bei Podcasts, von persönlichen Empfehlungen im Familien- und Bekanntenkreis bis zu professionellen Business-Netzwerken, von Veranstaltungen wie Leserunden, Signierstunden und Vorträgen bis zur Teilnahme an Buchmessen - die Palette an Möglichkeiten, dein Buch zu bewerben, ist unendlich. Sei kreativ, probiere verschiedene Strategien aus und präsentiere dein Expertenbuch so vielfältig und so oft du kannst, damit viele Menschen davon erfahren und es kaufen können.

E-BOOK ODER PRINTBUCH: MIT WELCHEM FORMAT PUNKTEST DU AM MEISTEN?

„Soll ich ein eBook, ein gedrucktes Buch oder beides veröffentlichen?" Diese Frage wird oft an mich gerichtet. Und meine Antwort ist immer dieselbe: Das Gute in unserer modernen Zeit ist, dass du dich weder für das eine noch für das andere entscheiden musst!

Bevor ich tiefer darauf eingehe, lass uns erst einmal feststellen, welche Arten von Büchern es überhaupt gibt, nämlich: E-Book, Taschenbuch (Softcover), Hardcover, Hörbuch und Sonderformen wie z. B. das Ringbuch.

Welches Buchformat du herausgeben willst, bestimmst ganz alleine du. Ich selbst biete meinen Lesern immer die Formate E-Book, Taschenbuch und Hardcover an. Damit kannst du nämlich deine Zielgruppe dort abholen, wo sie sich am wohlsten fühlt: mit einem Online- oder einem Printbuch. Auf diese Art lieferst du deiner Leserschaft ein extra Service und verkaufst unter Umständen dasselbe Buch sogar in elektronischer und gedruckter Form an ein- und denselben Kunden.

Digitale Bücher

sind ein modernes Medium mit vielen Nutzenaspekten und Vorteilen:

- Mit einem E-Book kannst du eine größere Zahl von Menschen erreichen.

- Sie sind preisgünstiger als Printbücher und daher für mehr Leser zugänglich. (Manche Menschen drücken schneller auf den Kaufen-Button, wenn sie unter 10.- Euro ausgeben müssen.)

- Mit der passenden App können Leser ein E-Book auf jedem mobilen Endgerät lesen. Sie haben quasi ihre ganz persönliche Bibliothek immer dabei und können sie überall mit hinnehmen.

- Es gibt keine Wartezeiten. E-Books kann man in Sekundenschnelle kaufen, downloaden und sofort lesen, W-Lan-Verbindung vorausgesetzt.

- Da sie nicht gedruckt werden, sind sie umweltfreundlicher.

- Ein E-Book im Selfpublishing zu veröffentlichen geht schnell, ist bei vielen Print-on-demand-Verlagen kostenlos und einfach zu realisieren.

- Und wenn dein Manuskript recht kurz ist, würde ich dir ebenfalls zu einem E-Book raten, statt zu einem sehr dünnen gedruckten Büchlein.

Extra-Tipp:

Hol dir kostenlose E-Books bei den „Top 100 gratis Bestsellern" im Amazon Kindle-Shop. Du kannst dir jederzeit Bestseller aller Genres für 0.- Euro und ohne weitere Verpflichtung auf deinen (ebenfalls kostenlosen) Kindle Reader herunterladen. Es zahlt sich sowohl für die Markrecherche als auch für Vielleser aus, häufiger bei den Amazon-Bestsellern vorbeizuschauen, sich das umfangreiche Angebot zu Gemüte zu führen und elektronische Bücher gratis „einzukaufen".

Gedruckte Bücher

sind und waren schon immer großartig. Ich persönlich würde niemals darauf verzichten. Besonders Fachliteratur, Ratgeber und Sachbücher werden nach wie vor bevorzugt in der Printversion gekauft. Gute Argumente für das Taschenbuch sind unter anderem:

- Die physische Präsenz eines Buches ermöglicht dem Leser ein haptisches und olfaktorisches Erlebnis.

- Printbücher vermitteln ein anderes Lesegefühl, weil wir vor- und zurückblättern, querlesen, markieren, hineinschreiben und Eselsohren machen können.

- Viele Menschen bevorzugen immer noch das Lesen auf Papier, weil es im Vergleich zum Computer-, Tablet- oder Handy-Bildschirm besser für die Augen ist.

- Printbücher haben ein langes Leben. Sie können über Jahre, Jahrzehnte im Bücherregal stehen und immer wieder zur Hand genommen werden - während digitale Bücher den technologischen Veränderungen unterworfen sind und unzugänglich werden können.

- Gedruckte Bücher kann man ganz einfach an Familienmitglieder und Freunde verborgen bzw. weitergeben, außerdem nehmen sie auf der Bestenliste aller Geschenke immer noch einen extrem hohen Stellenwert ein.

- Genau wie ein digitales Buch, können Autoren auch ihre Printbücher bei vielen Print-on-demand-Verlagen kostenlos hochladen und veröffentlichen. Du gehst also weder mit dem einen noch mit dem anderen Format irgendein Risiko ein.

- Dein gedrucktes Expertenbuch kannst du bei Kundenterminen, Seminaren, Vorträgen usw. anstelle einer herkömmlichen Visitenkarte überreichen und damit bei den Beschenkten enorm punkten.

Du siehst, beide Formate haben ihre Vor- und Nachteile, genauso wie jeder Leser seine individuellen Lesegewohnheiten und unterschiedlichen Vorlieben hat. Als Autor kannst du das berücksichtigen und für deine Kunden deshalb immer gleich beide Varianten anbieten.

Das Buch dann einsprechen zu lassen - auch da würde ich dir zu einem professionellen Speaker raten - und zusätzlich als Hörbuch herauszubringen, ist eine weitere Überlegung wert. Mit diesem Format kannst du gleich noch deine auditiven Hörer, sowie Menschen mit Seh- oder Lesebehinderungen glücklich machen.

INDEPENDENTLY PUBLISHED – DER EFFEKTIVE WEG ZUM EIGENEN BUCH

Bücher werden entweder über einen Verlag oder im Selfpublishing (Selbstverlag) publiziert. Da es recht schwierig ist, als unbekannter Autor bei einem guten und seriösen Verlag unterzukommen, ist der Selfpublishing-Markt längst ein ernsthafter Buchmarkt geworden. Sowohl im Printbereich als auch bei den E-Books tummeln sich reichweitenstarke Autorinnen und Autoren.

Der Großteil der Selfpublisher nutzt für die Veröffentlichung seiner Bücher Amazon, weil der Online-Marktführer mit *Kindle Direct Publishing* (KDP) ein umfangreiches und komplett kostenloses Programm dafür bietet. Amazon ist die weltweite Suchmaschine Nr.1 für Konsumgüter, zu denen auch die Bücher gehören.

Natürlich kannst du dein Expertenbuch auch mit jedem anderen Print-on-demand-Verlag veröffentlichen, wie z. B. tredition, epubli, BoD, Tolino Media, Buchschmiede von Morawa uvm. Du musst es nur einmal schreiben und kannst es auf jeder gewünschten Plattform hochladen und publizieren. Die einzige Voraussetzung hierfür ist, dass das jeweilige Buchformat auf allen Plattformen denselben Verkaufspreis hat (gesetzliche Buchpreisbindung).

Ich selbst bin ein großer Fan von Amazon KDP und habe mittlerweile an die 30 eigene Bücher über diese Plattform verlegt. Auch alle meine Kunden begleite ich bei der Veröffentlichung ihrer E-Books und Printbücher mit Amazon KDP. Grund: Der e-Commerce- & Buch-Riese bietet die umfangreichsten Möglichkeiten für uns Selfpublisher, ist leicht zu bedienen und hat eine eigene weltweit funktionierende, SEO-optimierte Marketingplattform. Amazon unterstützt seine Autoren mit vielen individuellen verkaufsfördernden Features und garantiert eine enorme Reichweite.

VOR- UND NACHTEILE DES SELFPUBLISHING

Im Unterschied zum Verlag entscheidest du im Selfpublishing selbst, in welcher Form dein Expertenbuch erscheinen soll. Art des Buches, Format, Umfang, Inhalt, Buchgestaltung, Titel, Cover, Klappentext, Buch- bzw. Verlagsbeschreibung, Keywords und Kategorienauswahl, Erscheinungstermin und Vertriebskanäle - all das legst du ganz alleine fest. Dein Buch, deine Regeln! Das Allerbeste dabei ist, dass du auch den Verkaufspreis und damit deine Tantiemen, also deinen Verdienst am Buchverkauf, selbst bestimmen kannst – und damit weit über dem liegst, was du bei einem Verlag bekommen würdest. Als Selfpublisher bei Amazon bleiben darüber hinaus alle Rechte an deinem Buch bei dir und du hast die 100%ige Kontrolle.

Gleichzeitig bist du allerdings auch dafür verantwortlich, dass dein Buch fehlerfrei ist und einen guten Eindruck macht. Deshalb empfehle ich dir, dein Manuskript von einem Lektor überarbeiten zu lassen, ein Korrektorat zur Vermeidung von

Rechtschreib- und Tippfehlern zu beauftragen, sowie einen Grafiker für das Cover und eventuell auch für den Buchsatz, wenn dieser etwas aufwändiger ist, ins Boot zu holen, damit du ein professionelles Endergebnis bekommst, das dich mit Stolz erfüllt.

Wenn dann trotz sorgfältiger Prüfung auf Seite 127 ein Komma fehlt, ist das kein Problem. Denn jetzt kommt ein weiterer enormer Vorteil für Selfpublisher - exklusiv bei Amazon - ins Spiel: Du kannst den gesamten Text, das Cover, die Buchbeschreibung und andere Metadaten wie Keywords und Kategorien, ja sogar den Verkaufspreis jederzeit (24/7) ändern und sofort neu veröffentlichen.

Beim Print-on-demand-Verfahren wird jedes Buch frisch gedruckt, sobald der Leser auf den „Kaufen"-Button klickt. Somit werden nach einer Neuveröffentlichung alle Bestellungen bereits in der überarbeiteten und aktualisierten Version ausgeliefert.

Ein weiterer fantastischer Vorteil des Selfpublishings ist die rasche Realisierung eines Buchprojekts. Während ein Verlag Vorlaufzeiten von bis zu zwei Jahren hat, kannst du bei Amazon & Co sowohl dein E-Book als auch dein Printbuch innerhalb weniger Tage veröffentlichen. Einfach ein Konto anlegen, Manuskript und Cover hochladen, Metadaten eingeben, kostenlose ISBN geben lassen, Verkaufspreis und Tantiemen festlegen, auf das „Veröffentlichen"-Knöpfchen klicken – und fertig ist dein Buch!

Du siehst, beim Selfpublishing kannst du ohne Risiko experimentieren und besonders mit Amazon KDP schnell & einfach mit deinem Expertenbuch den Weg zu deinen Wunschkunden finden.

DEIN NUTZEN AUF EINEN BLICK

Oft hörst oder liest du, dass du als Unternehmer ein eigenes Buch herausbringen solltest. Und wie du an meinem einführenden Beispiel leicht erkennst, ist dieser Tipp absolut nachvollziehbar, denn ein Expertenbuch ist ein fantastisches Marketinginstrument. Du generierst echten Wow-Effekt, wenn du Interessenten und Kunden anstelle einer 0/8/15 Visitenkarte dein eigenes Buch überreichst.

Ein Expertenbuch ist ein nachhaltiges Marketing-Tool und ein echter Business-Beschleuniger. Du wirst sichtbarer und bekannter. Das steigert wiederum deinen Marktwert, wodurch du mehr Geld für deine Dienstleistungen verlangen kannst. Mit einem eigenen Buch positionierst du dich als Experte, hebst dich von deiner Konkurrenz ab, ziehst deine Wunschkunden an und erreichst deine geschäftlichen Ziele leichter und schneller.

Alles, was du dafür tun musst, ist, diese Chance jetzt zu ergreifen!

Ich bin davon überzeugt, dass auch du jede Menge Expertise und umfangreiches Wissen aus deiner täglichen Arbeit hast, das du einem breiteren Publikum zugängig machen solltest. Deshalb mein Appell an dich: Schreib dein eigenes Buch und fülle es mit Inhalten, die deine Leser wirklich berühren, die sie im Leben weiterbringen und die sie zu deinen treuen Kunden werden lassen.

BONUS

Hast du Lust auf dein eigenes Expertenbuch bekommen? Dann möchte ich dich dabei unterstützen. Ich schenke dir meinen Videokurs, eine Schritt-für-Schritt Anleitung mit der du sowohl dein Buch-Thema als auch deine Nische findest und lernst, wie du die Konkurrenz und den Markt analysierst.

Scanne den QR Code oder klicke auf den Link und hole dir jetzt den Videokurs und das Workbook für **„Dein Buch als Business-Beschleuniger"**.

www.froehlich-plus.at/buch-workshop

© Walter Kvapil

Marie Fröhlich, MBA

Marie Fröhlich ist Buch-Coach für Selfpublisher und mehrfache Bestsellerautorin im Sachbuchbereich. Mit ihren Büchern über Glück und Positive Psychologie unterstützt sie ihre Leser:innen dabei, aufzublühen und das berufliche wie private Leben zu genießen.

Sie schreibt, verlegt und vermarktet ihre Bücher im Eigenverlag - vor allem über Amazon, der Nr.1 Plattform ihrer Wahl. Mit rund 30 eigenen publizierten Büchern wurde sie zur Selfpublishing-Expertin - und deshalb immer öfter von anderen um Rat gefragt und um Unterstützung gebeten. Schnell wurde ihr klar: Autor:innen auf dem Weg zu ihren eigenen Büchern - von der Idee über die Veröffentlichung bis zur Vermarktung - zu begleiten, ist erfüllend. Also hat sie ihre Leidenschaft zum erfolgreichen Business gemacht.

Seit einigen Jahren setzt sie all ihr Wissen und ihre Erfahrung für Menschen ein, die ein Expertenbuch schreiben wollen bzw. jene, die bereits ein fertiges Manuskript haben, es mit Amazon veröffentlichen und als Marketinginstrument nutzen möchten. Sie berät und begleitet Autor:innen, sich den Traum vom eigenen Buch zu verwirklichen, das ihnen zudem mehr Kunden, mehr Umsatz, mehr Freude und Erfolg im Leben bringt.

Ihr Rat an alle Leserinnen und Leser: Schreibt euer Expertenbuch. Es ist die wertvollste Visitenkarte der Welt!

www.froehlich-plus.at
www.LinkedIn.com/in/marie-fröhlich
www.facebook.com/marie.froehlich.privat

KAPITEL 4

WEBSEITE & SEO

Kundengewinnung durch suchmaschinenoptimierte Webseiten

von Niels Cimpa

INHALT

Zielgruppe: Selbstständige und Unternehmen, die von den Suchmaschinen gut gerankt und dadurch von Interessenten und Kunden gefunden werden wollen.

Voraussetzungen: Eine Nische für eine Dienstleistung oder ein Produkt.

Erfahrungen: Grundkenntnisse für den Bau von Webseiten und Page-Buildern von Vorteil.

DIE WEBSEITE ALS BASIS FÜR DEN UNTERNEHMENS-AUFTRITT

Heutzutage ist es vollkommen normal, dass Selbstständige und Unternehmen auch eine eigene Webseite für ihre Angebote und Dienstleistungen haben. Eine Webseite ist so selbstverständlich geworden, dass es sogar seltsam wirkt, wenn keine vorhanden ist. Hat ein Unternehmen keine oder nur eine sehr veraltete, dann empfinden Kunden dieses Unternehmen oft als wenig vertrauenswürdig. Dementsprechend ist ein ordentlicher Web-Auftritt in erster Linie nicht nur ein Marketing-Tool, sondern eine Sache des vertrauenswürdigen Images. Bei den meisten Unternehmen bleibt die Webseite lediglich eine „Online-Visitenkarte" und somit unter ihrem Marketing-Potential, da sie nie als eigenständiges Marketing-Instrument genutzt wird.

Ums sie gezielt fürs Marketing einzusetzen, braucht es einen Kanal, der regelmäßig interessierte Nutzer auf die Seite bringt. Der Vorteil daran ist, dass die Webseite ohne viel weiterer Aufwand Kunden generiert. Bei solchen Kundenanfragen ist es meist leicht, diese zu tatsächlichen Kunden zu konvertieren, da sie bereits wissen, was sie wollen und von dem Angebot auf der Webseite überzeugt waren. Verkaufsgespräche sind in diesen Fällen kurz und einfach zu führen.

Marketing über die Webseite ist daher weniger aufwändig als z. B. ColdCalling, bei dem eine große Zahl möglicher Interessenten durchtelefoniert wird, und andere Strategien der Kundenakquise.

Das folgende Kapitel ist in zwei Teile gegliedert:

1. Eine Webseite aufsetzen
2. Über SEO Marketing mit der Webseite Kunden gewinnen

Der erste Abschnitt wird sich mit dem Aufsetzen einer Webseite und einem ordentlichen Web-Auftritt beschäftigen. Im zweiten Abschnitt wird es dann um die Vermarktung mittels Suchmaschinenoptimierung (SEO) gehen.

Beide Abschnitte richten sich vorwiegend an Personen, die ihre Webseite selbst aufbauen und betreiben möchten. Für Selbstständige und Unternehmen, die sie extern in Auftrag gegeben haben, finden sich dennoch wichtige Inputs (vor allem im Abschnitt „SEO Marketing").

WAS MAN FÜR EINE WEBSEITE BRAUCHT

Auch wenn es sehr komplexe Vorbilder für Webseiten und Onlineshops (z. B. Facebook, Amazon, YouTube usw.) gibt, ist für die meisten Unternehmen und

Selbstständigen eine ganz normale Seite völlig ausreichend. Hier sollte die Devise „keep it simple" lauten. Viele verzetteln sich anfangs mit Details, wie Schriftart, Farben, etc. und bekommen ihre Webseite nie fertig. Ziel sollte es sein, einen ordentlichen Webauftritt in möglichst kurzer Zeit zu verwirklichen.

Für einen ordentlichen Webauftritt braucht es folgende Dinge:

1. Eine Domain
2. Einen Webspace
3. Ein Content Management System (CMS)
4. Einen Page-Builder

Die Punkte 1 und 2 sind mehr oder weniger die Grundvoraussetzung. Zwar gibt es auch Lösungen, die ohne Domain und Webspace auskommen, aber diese sind für einen professionellen Auftritt nicht zu empfehlen.

Die Punkte 3 und 4 sind nicht unbedingt notwendig, werden aber der Einfachheit halber von einem Großteil der Webseiten-Betreiber verwendet. CMS und Page-Builder machen es möglich, die eigene Webseite selbst zu gestalten und zu verändern, auch ohne Programmierkenntnisse.

Die Domain

Die Domain ist die Adresse, unter der die Webseite erreichbar ist (z. B. google.com). Diese sollte überlegt gewählt werden, da eine Änderung im Nachhinein recht kompliziert sein kann. In der Regel kostet eine Domain ab ca. € 20,- im Jahr.

Der Webspace

Dabei handelt es sich um den Server, auf dem die Webseite abrufbar ist. Dieser sollte bei demselben Anbieter wie die Domain gekauft werden und kostet ab € 40,- jährlich.

Das CMS

Content Management Systeme (wie z. B. WordPress) helfen dir, die Inhalte deiner Webseite zu verwalten. Damit lassen sich Webseiten ganz ohne Programmier-Kenntnisse aufsetzen und betreiben. Es wird geschätzt, dass ungefähr die Hälfte aller Webseiten auf einem CMS aufgebaut sind.

Empfehlen würde ich WordPress, da es von vielen Webdesignern verwendet wird und unzählige Möglichkeiten bietet, die Webseite zu erweitern (z. B. mit einem Onlineshop, Videoplattform usw.). WordPress selbst ist kostenlos nutzbar. Erst die

Erweiterungen, sogenannte Plugins, sind dann kostenpflichtig. Alternativ dazu kann die Webseite auch selbst programmiert werden, doch damit steigen Aufwand bzw. Kosten stark an. Außerdem kann die Webseite dann nur noch von Programmierern verändert werden.

Der Page-Builder

Ein Page-Builder ist ein Programm innerhalb des CMS, mit dem das Design der Webseite gestaltet werden kann. In der Regel bieten Page-Builder fertige Seiten oder Seitenteile (sogenannte Templates), die dann auf die eigenen Bedürfnisse angepasst werden können. Das spart viel Zeit und ist auch leicht erlernbar.

Empfehlen würde ich hier - bei einer Webseite auf WordPress-Basis - die Page-Builder Elementor, Thrive Themes Builder oder Divi. Die Kosten für den PageBuilder variieren zwischen € 59,- und € 99,- pro Jahr.

Die Webseite aufsetzen

Der Anbieter für Domain und Webspace sollte die Möglichkeit bieten, dass WordPress mit wenigen Klicks auf der Domain installiert werden kann. Alternativ kann es auch manuell installiert werden (eine Anleitung gibt es auf der WordPress-Homepage).

Nach der Installation und Anmeldung müssen nur die notwendigen Plugins (PageBuilder usw.) installiert werden. Danach kann man mit dem Bau der Seiten beginnen.

WAS MUSS MAN BEIM BAU EINER WEBSEITE BEACHTEN?

Im Großen und Ganzen braucht es für eine Webseite nicht viel. Folgendes muss aber jede Webseite enthalten:
- Hauptseite
- Impressum
- Datenschutz
- Cookie-Banner

Folgendes sollte eine Webseite zusätzlich enthalten:
- Über-mich-Seite
- Kontaktseite
- Blog

Hauptseite

Die Hauptseite enthält alle wichtigen Informationen zum Unternehmen, den Angeboten, den Personen und dergleichen.

Impressum

Das Impressum enthält die Daten des Webseiten-Betreibers. Dazu gehören:

- Name
- Anschrift
- Rechtsform (nur bei Unternehmen notwendig, die im Firmenbuch eingetragenen sind)
- Firmenbuchnummer (falls vorhanden)
- Firmenbuchgericht (falls vorhanden)

Datenschutz

Auch die Datenschutz-Informationen müssen auf der Webseite aufscheinen. Diese müssen aber nicht selbst verfasst werden, sondern können mittels Datenschutz-Generator erstellt werden. Ein Datenschutz-Generator fügt mit ein paar Klicks die Textpassagen ein, die für deine Webseite relevant sind. Solltest du einen Datenschutz-Generator nutzen wollen, findest du diese über Google.

Cookie-Banner

Jede Webseite im europäischen Raum braucht auch ein Cookie-Banner. Dieses kann mittlerweile durch die Nutzung von einem CMS - wie beispielsweise WordPress - durch Plugins ganz automatisiert hinzugefügt werden.

DIE SEITEN BAUEN

Die Hauptseite und Unterseiten können in einem PageBuilder mit Hilfe von Templates erstellt werden. Dabei werden fertige Seiten oder Seitenteile vom Design übernommen und dann an den eigenen Inhalt angepasst. Ein Tutorial dafür ist bei jedem PageBuilder dabei.

Im Allgemeinen müssen zuerst nur die Texte und Bilder ausgetauscht werden, damit die Seite die Anforderungen für einen ordentlicher Web-Auftritt erfüllt. Zusätzlich können dann nach und nach die Farben, Icons und andere Elemente an die eigenen Vorstellungen angepasst werden. Hier ist aber auch wieder zu beachten, dass es in erster Linie um die Texte und Bilder geht, da diese die Angebote und das Unternehmen repräsentieren.

Es gibt auch All-in-one-PageBuilder-Lösungen wie z. B. Wixx, Jimdo usw., die auf lange Sicht die Suchmaschinenoptimierung einschränken können und deshalb von mir nicht empfohlen werden.

KUNDENGEWINNUNG DURCH WEBSEITEN MIT SEO

Eine Webseite kann auch für die Kundengewinnung genutzt werden. Das funktioniert am besten, indem die Webseite auf Google unter bestimmten Keywords auffindbar ist. Man spricht in diesem Zusammenhang auch von SEO Marketing.

Was ist SEO Marketing?

Die Abkürzung SEO steht für Search Engine Optimization – also Suchmaschinenoptimierung. Dabei werden Webseiten so gestaltet, dass sie von Suchmaschinen (allen voran Google) bei bestimmten Suchanfragen weit oben platziert werden. Es geht darum, Kunden über Suchanfragen auf die eigene Webseite zu bringen.

Vorteile

- Anfangs viel, später wenig Aufwand
  Der große Vorteil von SEO Marketing ist, dass eine gut optimierte Webseite nicht mehr viel Arbeit benötigt. Natürlich hängt das auch von der Nische ab, aber in der Regel reichen wenige Stunden im Monat, um die Platzierung zu halten oder sogar auszubauen.

- Vertrauenswürdig für Kunden
  Webseiten, die bei Google unter den ersten drei Plätzen angezeigt werden, werden auch von Kunden als vertrauensvoll und wichtig wahrgenommen.

- Keine Extrakosten
  Eine optimierte Webseite verursacht keine zusätzlichen Kosten. Die Klicks über die Suchmaschine sind kostenlos.

Nachteile

- Keine Bauchladen Strategie

SEO Marketing braucht eine klare Nische. Nur wenn eine Webseite genau auf ein Thema zugeschnitten ist, kann diese schnell und gut bei Google gerankt werden.

- Schwer ausbaubar
  Ist die Webseite erstmal Platz 1 auf Google, ist es schwer, die eigene Nische noch auszubauen. Die Anzahl der Suchanfragen kann man nicht beeinflussen, daher muss man neue Keywords definieren und entsprechend optimieren.

Für wen ist SEO geeignet?

Suchmaschinen-Marketing eignet sich für Selbstständige sowie für kleine und große Unternehmen - auf Google sichtbar zu sein schadet nie. Vor allem lokale Unternehmen profitieren sehr davon. Allerdings gibt es ein paar Dinge zu beachten.

Eine der Voraussetzungen ist, dass es eine geeignete Nische gibt, die auch der Größe des Unternehmens entspricht. Zum Beispiel ist es für selbstständige Coaches leicht, für ihr Thema in der eigenen Stadt gut zu ranken, da die Konkurrenz nicht besonders groß ist. Für eine neue Online-Videoplattform hingegen wird es schwierig, da diese Nische bereits von großen internationalen Unternehmen besetzt ist.

SEO Marketing ist immer dann geeignet, wenn man eine Dienstleistung oder ein Produkt hat, das online gesucht wird, aber nicht übermäßig viel Konkurrenz hat.

Schritte zum SEO Marketing

Um SEO Marketing für das eigene Unternehmen umzusetzen, braucht es nur wenige Schritte, die aber alle in der genannten Reihenfolge erfüllt werden sollten. Bei SEO ist es wichtig mit einem klaren Prozess und einem klaren Ziel an die Arbeit zu gehen, sonst geht sehr viel Zeit und Energie verloren.

Bestimmen der Nische

Der erste (und vielleicht auch wichtigste) Punkt ist eine klare Nische. Eine Webseite kann nur dann auf bestimmte Suchanfragen optimiert werden, wenn die Nische bestimmt wurde. Diese Nische muss aus dem „red ocean" kommen. Als „red oceans" werden im Marketing gesättigte Märkte bezeichnet, charakterisiert durch Konkurrenz, also Mitbewerber, die ähnliche Produkte oder Serviceleistungen anbieten. Im Unterschied dazu sind die „blue oceans" unberührte Märkte oder Industriezweige, die wenig bis gar keinen Wettbewerb aufweisen – und aus diesem Grund kaum gesucht werden.

Wenn ich meine Webseite auf mein neues Produkt „SEO Self Strategy Masterclass" optimiere, wird das nicht viel bringen, da niemand dieses Keyword bei Google suchen wird. Mit „SEO Beratung" hingegen sieht die Sache schon anders aus.

Ebenso hilft es nichts, wenn man mehrere Nischen gleichzeitig abdecken möchte. Ein Life Coach, der nebenbei auch Nahrungsergänzungsmittel verkauft, wird es schwer haben, beides gleichzeitig bei Google zu ranken.

Keyword Recherche

Den größten Fehler, den die meisten bei SEO machen, ist die fehlende Keyword Recherche. Suchmaschinenoptimierung passiert in den wenigsten Fällen zufällig. Stattdessen sollte man sich anhand der eigenen Nische Suchbegriffe überlegen, wie beispielsweise SEO Beratung Wien, Hochzeitsplaner Niederösterreich, Online-Reifenhändler, usw.

Diese Keywords sollten mögliche Suchanfragen von Wunschkunden widerspiegeln. Damit ist es aber noch nicht getan, denn man weiß noch nicht, ob diese Keywords tatsächlich gesucht werden bzw. wie viel Konkurrenz in der Nische herrscht.

Um das herauszufinden, nutzt man Keyword-Analyse-Tools, wie z. B. UberSuggest oder beauftragt SEO Berater, diese Analyse durchzuführen. Bei der Keyword-Analyse werden nun die Suchbegriffe geprüft auf:

1. Suchanfragen pro Monat
2. Konkurrenz im Suchbegriff

Die Suchanfragen pro Monat sind wichtig, um herauszufinden, ob sich der Suchbegriff überhaupt lohnt. Das hängt immer vom Angebot ab. Ein Ernährungscoach wird weniger Suchanfragen für seine Nische benötigen als z. B. ein Reifenhändler.

Die Konkurrenz im Suchbegriff ist wichtig, um herauszufinden, ob eine neue Webseite in dieser Nische überhaupt auf die erste Seite bei Google kommen kann. Bei manchen Suchbegriffen, wie etwa *Videoplattform,* wird es nicht viel Sinn machen, die eigene Webseite dafür zu optimieren, da die Konkurrenz mit YouTube und Co. zu stark ist. Ob eine Webseite die Konkurrenz überholen kann, hängt von der Domain-Autorität ab (die weiter unten behandelt wird).

DIE GESUNDE WEBSEITE

Damit die Webseite überhaupt ranken kann, muss sie gewisse Grundvoraussetzungen erfüllen. Dazu gehört:

- Crawlbarkeit der Seite
- Korrekte Meta-Angaben
- Vorhandene SiteMap
- Mobile Version der Seite
- Schnelle Ladegeschwindigkeit
- Korrekte Seiten-Struktur
- uvm.

Diese Punkte können durch den richtigen Aufbau einer Seite bzw. mit Plugins (z. B. Meta-Angaben) erfüllt werden. Einen guten Check für die Gesundheit der Webseite bietet die Seite seobility.com mit ihrem SEO Check. Dort bekommst du auch eine genau Liste mit Verbesserungsvorschlägen.

Relevanter Inhalt

Die Basis, auf der Google deine Webseite einschätzt und schließlich auch rankt, ist der Inhalt. Dabei geht es vor allem um den Text. Jedoch werden Bilder, Videos usw. auch berücksichtig. Der Inhalt der Webseite sollte sich immer um den oder die Suchbegriffe drehen. Irrelevanter Inhalt sollte vermieden werden.

Im Allgemeinen gilt: Je mehr Inhalt auf der Webseite desto besser, solange dieser relevant und von guter Qualität ist. Daher macht es Sinn, neben der Hauptseite auch Unterseiten und einen Blog einzurichten.

Webseiten-/Domain-Autorität

Zu guter Letzt muss noch die Domain-Autorität gestärkt werden. Diese wird von 0 bis 100 gemessen, wobei 100 der höchste und gleichzeitig beste Wert ist. Suchmaschinen bestimmen damit die Relevanz der Webseite für die jeweilige Nische. Je höher die Autorität desto besser, da die Webseite auch in Nischen mit höherer Konkurrenz ranken kann.

Die Autorität setzt sich aus den Backlinks (so bezeichnet man Links von einer fremden, externen Seite zur eigenen Website) und deren Domain-Autorität zusammen. Das bedeutet, dass es Sinn macht, die Webseite möglichst oft von anderen verlinken zu lassen bzw. so guten Inhalt zu bieten, dass diese es von selbst tun. Mit jeder Verlinkung steigt dann die Autorität entsprechend der Autorität der verlinkten Seite.

Die Webseite *beispiel1.com* hat viele Backlinks, die auf sie verlinken. Daher ist ihre Autorität mit 62 recht hoch. *beispiel1.com* verlinkt nun die Webseite *beispiel2.at*, die nur wenige und vor allem wertlose Backlinks hat. Durch den neuen Backlink mit einer Domain-Autorität von 62 steigt nun die Domain-Autorität von *beispiel2.at* von 1 auf 5 an. Damit kann *beispiel2.at* leichter mit anderen Webseiten im Bereich der Autorität um 5 herum konkurrieren.

Das Aufbauen der Domain-Autorität ist ein Marathon und kein Sprint. Nach und nach sollten Backlinks für die eigene Seite erschlossen werden (z. B. durch Gastbeiträge, guten Inhalt, Infografiken, Partnerseiten, usw.). Je höher die Autorität der Webseite allerdings ist, desto schwieriger wird es auch, diese weiter zu steigern. Auf jeden Fall sollte die Autorität über 2 hinausgehen, da alles darunter von Suchmaschinen als wenig vertrauenswürdig wahrgenommen wird.

Eine Möglichkeit, die eigenen Domain-Autorität zu überprüfen, ist der Backlink-Checker von ahrefs.com.

Datenauswertung

Sobald die Webseite auf Google gut rankt, geht es darum, diese für die Kunden zu optimieren. In erster Linie stellt sich die Frage, wie viele der Suchanfragen pro Monat aus der Keyword-Recherche tatsächlich auf die Webseite klicken. Dabei hilft auch Google mit der Google Search Console weiter, die konkrete Daten zu Keywords, Impressionen und Klicks liefert. Je nach Platzierung sind mehr oder weniger Klicks zu erwarten. Die meisten Klicks bekommen die Webseiten, die auf den ersten drei Plätzen ausgespielt werden, während die anderen Webseiten auf der ersten Google-Seite weniger Klicks bekommen. Fast keine Klicks gehen dann an die Webseiten, die auf der zweiten Google-Seite bzw. noch weiter hinten gerankt sind. Bleiben die Klicks unter den Erwartungen, sollten die Meta-Daten (der Titel und die Beschreibung, die auf Google sichtbar sind) überarbeitet werden.

In weiterer Folge ist es wichtig, das Verhalten der tatsächlichen Seitenbesucher zu verstehen. Es geht darum zu beobachten, wie viele Nutzer auf die Webseite kommen, auf welche Links sie klicken und wie viele sich tatsächlich melden. Bleibt das unter den Erwartungen, können die Texte verbessert bzw. die Kontaktmöglichkeiten überprüft und mit Handlungsaufforderungen, Kontaktformularen o.ä. ausgebaut werden.

ABSCHLUSSWORTE

Eine Webseite ist heutzutage ein Muss für Selbstständige bzw. Unternehmen, um vertrauenswürdig zu sein. Daher kommt man nicht umher, eine zu bauen oder in Auftrag zu geben. Und wenn du dir schon den Aufwand macht, solltest du dies auch nutzen und interessierte Kunden mittels Suchmaschinenoptimierung auf deine Seite bringen. Der Aufwand dafür ist anfangs etwas mehr, zahlt sich bei einer guten Wahl der Suchbegriffe aber vollkommen aus. Ist die Webseite erstmal gut gerankt, generiert sie regelmäßig Kundenanfragen ohne weiteres Zutun – und das über Monate, wenn nicht sogar Jahre.

Niels Cimpa

Seit 2018 baut Niels Cimpa Webseiten und beschäftigt sich mit Online-Marketing. Er brachte viele Blogbeiträge und Webseiten bei Google auf Platz 1, wodurch er neben Kundenanfragen auch Interview-Anfragen von großen Zeitschriften erhielt.

Als SEO-Berater zeigt er Selbstständigen und Unternehmern, wie sie selbst Webseiten bauen, optimieren und als Marketing-Tool verwenden können.

https://seo-beratung-wien.at

KAPITEL 5

NEWSLETTER-MARKETING

Lass Wörter zu deinen stärksten Verkäufern werden

von Paul Jessenitschnig

INHALT

Zielgruppe:	Newsletter-Marketing ist für alle geeignet, die gerne mit Automatisierungen oder als Form von Performance-Marketing an eine meist größere Zielgruppe persönlich herantreten möchten.
Voraussetzungen:	Um Newsletter oder Marketing-E-Mails verschicken zu können, braucht es ein Newsletter-Tool sowie E-Mailadressen von Interessenten bzw. Kunden.
Erfahrungen:	Keine Vorkenntnisse notwendig.

Wenn wir über das Thema Newsletter-Marketing sprechen, gilt es am Anfang immer folgende drei Fragen zu klären:

1.) Wie funktioniert eine E-Mail-Liste?
2.) Wie kommt meine Zielgruppe in meine Liste?
3.) Wie werden aus meiner Zielgruppe Kunden?

Bevor wir uns nun den Antworten im Detail widmen, möchte ich dir in einigen Zeilen erklären, was Newsletter-Marketing eigentlich ist. Worin seine Stärken liegen, worin die Schwächen und wann es am besten zum Einsatz kommt.

Also, legen wir los.

WAS GENAU IST NEWSLETTER-/E-MAIL-MARKETING?

Konkret handelt es sich dabei, wie das Wort schon vermuten lässt, um alle Marketingmaßnahmen, die im Zusammenhang mit E-Mails und Newslettern stehen.

Dabei kann vor allem zwischen den zwei großen Bereichen Newsletter und Automatisierung unterschieden werden. Unter einem Newsletter wird eine Reihe von E-Mails verstanden, für die sich Interessenten freiwillig eintragen und die über verschiedenste Themen informieren oder infotainen. Freiwillig insofern, da man sich von Newslettern jederzeit wieder abmelden kann und somit keine weiteren Mails erhält. Ein solcher Newsletter kann einmal im Monat oder mehrmals die Woche in deinem Postfach erscheinen. Ganz davon abhängig, was das Ziel ist, und was beworben wird. Dabei unterscheiden sich die Inhalte von Branche zu Branche sehr stark.

So sind Newsletter von Coaches, Trainer:innen, Speaker:innen und ähnlichen Personen meist sehr textlastig. Es werden Inhalte, Mehrwert und Persönlichkeit übermittelt. Vergleicht man dies mit den Newslettern von Online-Versandhandelsketten, wird man feststellen, dass es sich bei diesen inhaltlich oftmals rein um Gutscheine, Rabattcodes, Aktionen usw. dreht.

Newsletter werden vor allem zur stetigen und langfristigen Konvertierung von Kunden verwendet. Newsletter-Marketing ist im Vergleich zu anderen Methoden - wie etwa dem Schalten von Ads auf Facebook und Google oder dem Empfehlungsmarketing - ein langsameres Tool. Andererseits ist eine gut funktionierende „Liste" eine sich immer wieder füllende Schatzkiste, die nicht viel Aufmerksamkeit braucht, um auch langfristig Gewinne einzufahren.

Du wirst schnell merken, dass uns das Wort „Liste" durch das ganze Kapitel begleiten wird. Was genau diese magische Liste ist und warum sie so wichtig ist, dazu später mehr! Davor schließe ich noch das Thema hinsichtlich des Unterschieds zwischen Newsletter und Automatisierungen ab.

Während es sich bei einem Newsletter also um eine immer neu geschriebe Mail-Serie handelt - ähnlich einem Podcast oder YouTube-Videoreihe, nur kompakter - sind Automatisierungen eine vorprogrammierte E-Mailserie.

Automatisierungen sind vorgefertigte E-Mails, die in einer bestimmten Reihenfolge und unter genau bestimmten Voraussetzungen versendet werden. Wenn du dich schon einmal in ein „Freebie" eingetragen oder dich für ein gratis Webinar angemeldet hast, warst auch du bestimmt schon mal in einer Automatisierung und hast laufend E-Mails von diesem Absender bekommen. Sie haben den Vorteil, dass sie unglaublich gut messbar sind und daher vergleichbar und anpassbar an das gewünschte Ergebnis. Bei einem Freebie handelt es sich um ein Stück deines Wissens, welches du in Form eines E-Books, Reports, Videos etc. im Tausch gegen die E-Mailadressen deiner Interessenten anbietest.

Eine der bekanntesten Automatisierungen im E-Mail-Marketing ist die Welcome-Journey bzw. Willkommensmail. Das sind meist 1-5 Mails, die dazu genutzt werden, neue Interessenten in der Liste willkommen zu heißen und zu ersten Aktionen zu bewegen. Sei es, dass sie einen Gesprächstermin mit dir ausmachen, sich ein Video von dir ansehen oder einen Blick auf dein Produkt oder deine Dienstleistung werfen.

Andere bekannte Automatisierungen, die dir deinen Marketing- und Verkaufsalltag erleichtern können, sind Retargeting-, Sales- oder Webinarsequenzen. Je nachdem, welches Ziel verfolgt wird, werden diese Sequenzen aus 3, 4, manchmal auch bis zu 8 oder 9 Mails zusammengesetzt, die automatisiert verschickt werden.

Doch jetzt genug von den theoretischen Erklärungen über Newsletter und ihren Einsatz als Marketing-Tool im E-Mailpostfach deiner Kund:innen und E-Mail-Automatisierungen, um deine Arbeit zu verringern und deine Interessenten messbar zu machen. Denn am Ende ist im Newsletter-Marketing eine Sache relevanter als alles andere: deine Liste.

DIE MAGISCHE LISTE

... und warum du sie pflegen solltest wie gute Freundschaften

Eine Sache habe ich lange nicht verstanden bzw. selbst kaum bis nur sehr schwer auf die Reihe bekommen; hätte es mir aber gewünscht. Je älter ich werde und je mehr Verantwortungen zu übernehmen sind, umso schwieriger wird es, auch alle Freundschaften regelmäßig zu pflegen. Die Anrufe werden immer weniger, die gemeinsamen Abende liegen immer weiter auseinander und man beginnt, sich aus den Augen zu verlieren. Und doch gibt es immer wieder diese Personen, die es trotzdem schaffen, mit einer Vielzahl ihrer Freunde mehr als nur in losem Kontakt zu bleiben.

Eines Tages überkam es mich bei einem gemeinsamen Kaffee mit einer Freundin, die zu diesen Personen zählt. Ich konnte nicht mehr anders, als Julia zu fragen, wie sie es schafft, auch über viele Jahre hinweg so viele gute Freundschaften aufrechtzuerhalten? Ich verzweifelte in manchen Monaten schon mit meinen engsten Freunden, bei ihr hingegen schien es trotz ihres zeitaufwändigen Jobs überhaupt keine Herausforderung zu sein. Worin lag also der Unterschied?

Die Antwort darauf war so einfach und doch so genial. Mit leicht gesenkter Stimme flüsterte sie mir zu, dass sie eine Liste hätte. Eine Liste mit ihren wichtigsten Freunden und Bekannten und einem einfachen System, wie oft sie mit wem in Kontakt sein möchte. Ob ein Anruf, ein Treffen oder gemeinsam irgendwo hinfahren, alles wurde abgedeckt und dann versucht, im Kalender einzuplanen. Auch wenn es nicht immer perfekt aufging, so war es doch um ein Vielfaches einfacher und auch bequemer, mit Freunden mehr gemeinsame Zeit zu verbringen.

Ähnlich wie Julia ihre Liste von Freunden pflegt und sich darum kümmert, sollte jeder, der mit E-Mail-Marketing startet, sich eine solche Liste zulegen und sich überlegen, wie oft diese Interessenten von einem hören sollen. Natürlich sprechen wir hier nicht von einer Liste deiner engsten Freunde. Es handelt sich dabei um eine Liste aller E-Mailadressen von Menschen, die sich für dich, deine Dienstleistung oder dein Produkt interessieren.

Das können auch mehrere Listen sein, aufgeteilt in verschiedene Kategorien, Interessen oder Demographien. Wenn du mit Newslettern und Automatisierungen etwas verkaufen möchtest, dann ist es wichtig, deine Interessenten-Liste wie eine Liste guter Freunde zu behandeln.

Ein konkretes Beispiel für eine solche Listenorganisation finden wir leicht bei Mode-Versandhäusern. Kunden werden hier nach gekauften Produkten in Listen gegliedert. Wer sich Schuhe kauft, kommt in die "Schuhe-Liste". Wer sich einen Schal bestellt in die "Accessoires-Liste" und wer sich im letzten Winter eine Daunenjacke gegen die Kälte zugelegt hat, in die "Wintermode-Liste".

Ist eine solche Struktur erst einmal etabliert, ist es einfach, je nach Zielgruppe unterschiedliche Angebote, Rabattaktionen und die Vorstellung der neuen Kollektion zuzusenden. Denn wer sich für deine Wintermode interessiert, wird sich auch für die passenden Winterstiefel interessieren und umgekehrt.

WIE FUNKTIONIERT EINE E-MAILLISTE?

Du hast Kunden, die sich für dein Unternehmen, deine Produkte sowie auch deine persönliche Geschichte interessieren? Dann gib sie in eine Liste und schreibe ihnen, wie du zu dem Menschen wurdest, der du heute bist. Du hast Kunden, die gerne mehr über deine Produkte wissen möchten? Dann mache eine eigene Liste für Käufer:innen und Interessenten der jeweiligen Produkte. Oder kannst du mit deiner Dienstleistung ein konkretes Problem lösen? Dann lege dir eine Liste an mit all jenen, die eine Lösung dafür suchen.

Dabei kannst du in zwei konkreten Schritten vorgehen.

1. **Beginne mit deinen bestehenden Kunden und Interessenten**
   Eine Möglichkeit, mit deinem eigenen Newsletter zu starten, ist es, deine bestehenden Kunden und Interessenten in ein Newsletter-Programm einzupflegen und ihnen deine ersten Newsletter zukommen zu lassen.

2. **Begeistere Menschen, damit sie mehr von dir lesen wollen**
   Die zweite Möglichkeit und auch jene, auf die wir noch zu sprechen kommen, ist es, Menschen durch Werbung, Social-Media-Kanäle, Freebies und mehr dafür zu begeistern, sich in deinen Newsletter einzutragen.

Möglichkeit 1 bietet einen leichten Einstieg in das Thema. Möglichkeit 2 ist der Weg, der immer gegangen werden muss. Denn nur so kann eine Liste nachhaltig und gut wachsen und dir auch langfristig Verkäufe bringen. Denn irgendwann haben in einer gleichbleibenden Liste alle gekauft, die etwas kaufen wollen.

Ein Punkt ist mir an dieser Stelle noch besonders wichtig. In der Europäischen Union und speziell im DACH-Raum überschneiden sich die Bereiche von E-Mail-Marketing mit den Gesetzen der Datenschutzgrundverordnung. Lies dich daher gut in das Thema ein oder nimm dir die Zeit und sprich mit einem DSGVO-Experten über dein Projekt und worauf du dabei achten musst.

Hast du hier einmal den Entschluss gefasst, über E-Mails in die Herzen deiner Kunden zu fliegen, dann wird es Zeit, dass wir uns nun den drei Fragen vom Anfang dieses Kapitels widmen.

Und was habe ich davon?

Die Motivation von uns Menschen ist schon etwas Eigenartiges. Das durften auch die beiden Nachbarn Markus und Thomas feststellen. Sie beide arbeiten bei größeren Firmen in hohen Positionen. Daher konnten sich auch beide ein recht großes und beachtliches Haus für sich und ihre Familien leisten. Aus einer eher zurückhaltenden Nachbarschaft entwickelte sich über die Jahre dann doch eine Freundschaft. Dabei mussten sie feststellen, dass sie beide von Grund auf verschieden waren.

Markus fährt ein elegantes Auto, lässt seinen Pool in der Nacht teilweise beleuchtet und schmeißt gerne die eine oder andere Party in seinem Haus. Thomas hingegen fährt lieber seinen Familyvan, genießt die Sonntage im kleinen Kreis und auch der Pool im Garten ist mehr ein kleiner Schwimmteich als ein groß angelegtes Schwimmprojekt. Wie kam es also dazu, dass sie beide ein großes Haus in der gleichen Straße kauften, wenn sonst nicht viel gleich war?

Markus kaufte sich sein Haus, weil er sich und anderen beweisen wollte, dass er mehr konnte. Er wollte schon immer mehr und hatte auch stets sein Ziel vor Augen. Für ihn war es klar, dass es etwas Großes sein musste. Thomas wiederum wollte nur eine einzige Sache mit dem Haus erreichen: Er wollte sichergehen, dass er nie wieder in einem Wohnwagen leben musste.

Für die meisten unserer Taten gibt es zwei Gründe. Entweder wir tun etwas, weil wir uns von etwas wegbewegen wollen oder wir tun es, weil wir etwas erreichen wollen. Einige gehen ins Fitnesscenter, weil sie sich einen stählernen Körper und Gesundheit wünschen. Die meisten Besucher:innen jedoch fürchten sich mehr vor den Folgen, wenn sie es nicht tun und ziehen daraus ihre Motivation. Das gleiche gilt für den Kauf von teuren Uhren. Die einen wollen sich damit einen Wunsch erfüllen, den sie schon lange hegen. Andere wiederum glauben, dass sie ohne teure Uhren, Autos oder Schuhe von ihren Mitmenschen nicht genug geschätzt werden.

Die Liste an Beispielen ist fast unendlich. Denn bei allem was wir tun, können wir uns fragen, warum wir es tun. Und aus dieser einfachen Annahme leitet sich eine der wichtigsten Regeln für eine gesunde E-Mailliste ab:

Frage dich immer: "UWHID? Und was habe ich davon?"

Wie kommt meine Zielgruppe in die Liste?

Du hast dich dazu entschlossen, deine erste große E-Mailliste zu füllen. Du hast deine Zielgruppe gefunden und jetzt geht es nur noch darum, deine Liste immer weiter wachsen zu lassen. Doch vor allem der Anfang scheint oft schwieriger, als er ist. Viele starten diesen Prozess mit den falschen Fragen. Was soll ich denn überhaupt schreiben? Wie oft kann ich etwas verkaufen? Wird meine Zielgruppe sich für meine Mails interessieren? Was, wenn ich nur alle zwei oder drei Wochen eine Mail schaffe?

Alle diese Fragen haben ihre Berechtigung. Doch wenn du dir deine eigene Liste aufbauen möchtest, dann konzentriere dich vor allem auf "UWHID?" Diese einfache Frage aus der Sicht deiner potenziellen Kund:innen ist die beste Grundlage für alle Werbungen, Postings und auch Mails, die es braucht, um deine Liste zu füllen.

Überlege dir von Anfang an, welchen Mehrwert du mit deinen Mails liefern möchtest und welche Probleme du damit löst oder welche Wünsche du damit erfüllst. Wenn du diese eine Nachricht gut kommunizierst, wird sich deine Liste auch füllen. Denn am Ende des Tages interessiert uns Menschen meist eine Sache – nämlich, was man selbst davon hat.

Hast du diesen einen Grund gefunden, warum Menschen deine Mails lesen sollten, dann kannst du damit überall neue Leser:innen finden. Ich habe dir hier eine kleine Liste zusammengefasst, mit derzeit üblichen Methoden:

Social-Media-Kanäle

Konzentriere dich dafür auf einen der Kanäle wie Facebook, Instagram oder LinkedIn und biete Mehrwert, der zeigt, dass du viel Wissen vermitteln kannst. Dann lass deine Follower wissen, dass du auch einen Newsletter hast, in welchem du ihr Problem noch intensiver löst.

Freebie

Das Freebie ist nach wie vor eine der meistgenutzten Optionen. Es ist der einfachere Weg, Menschen zur Eintragung in deine Liste zu motivieren. Der Weg dahin ist klar. Du packst einen Teil deiner Problemlösung in ein E-Book, eine Checkliste oder einen Report und bietest diese kostenlos im Tausch gegen einen Vornamen und eine E-Mailadresse an.

Über die Website

Ein weiterer Weg ist, auf deiner Website ein Pop-Up-Fenster zu installieren, welches es deinen Besucher:innen ermöglicht, sich direkt in deine Liste einzutragen. Der Vorteil dabei ist, dass viele, die auf deine Website kommen, sich schon für dein Thema interessieren.

Werbung als Startschuss

Ein weiterer großer Hebel ist bezahlte Werbung. Dabei schaltest du in den wenigsten Fällen gezielt Werbung auf deinen Newsletter, aber du nutzt die gewonnen E-Mailadressen zusätzlich dafür. Du planst gerade ein Webinar und schaltest dafür Werbung? Die so gewonnen Mailadressen werden auch für deinen

Newsletter verwendet. Du schaltest Werbung auf ein mögliches Erstgespräch? Die so gewonnen Mailadressen werden auch für deinen Newsletter verwendet. Du schaltest ... Ich bin mir sicher, du weißt bereits, was ich meine.

DON'T TELL THEM – SHOW THEM

Wer sich dazu entscheidet, selbst Copywriter oder Werbetexter:in zu werden, der wird viel mit Büchern, Online-Kursen und Podcasts zu tun haben. Das Schöne daran ist, viele Copywriter sind sehr gut darin, Leitgedanken zu finden, die hängenbleiben. Eine meiner Lieblingsaussagen, die sich für mich durchaus als Tatsache herausgestellt hat, lautet, dass wir Menschen uns zwar unglaublich gerne etwas kaufen, dieses etwas aber nie verkauft bekommen wollen.

Das Bild von Verkäufer:innen hat sich in den letzten Jahren kaum verbessert. Es wird vom schmierigen Versicherungsmakler gesprochen, der manipulativen Autoverkäuferin oder dem Online-Guru und leider steckt auch immer ein Fünkchen Wahrheit in solchen Übertreibungen. Der große Unterschied zu vor 30 Jahren ist jener, dass viele jüngere Leute bereits mit dieser mentalen Überschwemmung von Werbung groß geworden sind und schon sehr früh gelernt haben, Misstrauen aufzubauen. Wer kennt nicht den berühmten Satz: "Und wenn Sie jetzt gleich anrufen, dann ..."? Was daraus resultiert, ist, dass wir schon sehr früh sehr stark hinterfragen, ob der Inhalt der Werbung auch wirklich wahr sein kann.

Aus diesem Grund war es noch nie wichtiger, Menschen echten Mehrwert zu bieten und ihnen zu zeigen, dass du als Expert:in deines Faches mit deinem Wissen auch wirklich helfen kannst. Und das funktioniert am besten, indem du deinen Leser:innen nicht nur sagst, was du machst, sondern es ihnen vor allem zeigst und beweist. Oder anders gesagt: "Wer gibt, gewinnt!"

WIE WERDEN AUS MEINER ZIELGRUPPE KUNDEN?

Hast du mit deinem eigenen Newsletter erst einmal gestartet und deine ersten Leser:innen gefunden, dann müssen wir jetzt nur noch klären, wie aus deinen Interessenten auch wirklich Kund:innen werden.

Hier auf alle Möglichkeiten einzugehen, würde den Rahmen dieses Kapitels sprengen. Über den Verkauf in Newslettern sprechen hunderte Bücher. Das kann über strategisch überlegte Produkt-Launches funktionieren, über das Abhalten eines Webinars oder über kleinere Call-to-Actions am Ende deiner Mails. Jeff Walker, Russel Brunson und Jim Edwards sind drei der bekannten Autoren, die zu diesem Thema einen guten Einstieg bieten.

Die 3:1 Regel

Was ich dir hier aber unbedingt mitgeben möchte, ist die 3 zu 1 Regel, die dir ein gutes Verständnis dafür gibt, wie Verkauf über E-Mails am besten funktioniert. Denn bei dieser Regel geht es im Wesentlichen darum, dass du dir merkst:

- 3 Teile Mehrwert und
- 1 Teil Verkauf.

Deine Leser:innen kommen in deinen Newsletter, weil sie ihre Probleme gelöst haben wollen. Dafür werden einige auch bereit sein, Geld zu bezahlen. Da wir uns aber meist schon mit viel Misstrauen durch die Werbewelt bewegen, müssen wir Vertrauen schaffen und zeigen, dass wir auch viel geben. Wir erschaffen ein ehrliches Gefühl der Reziprozität und zeigen, dass das, was wir anzubieten haben, das halten kann, was wir versprechen.

Wenn du also damit beginnst, deine E-Mails zu schreiben, dann überlege dir immer, welchen Mehrwert du mit ihnen schaffen kannst. Mit dieser Intention füllst du deine E-Mails und mit der 3 zu 1 Regel entscheidest du, wie viel in den Mails verkauft wird. 3 Mails werden mit Mehrwert gefüllt und nur kleinen Verweisen auf dein Produkt, deine Dienstleistungen oder dein nächstes Event. Jede 4te Mail, die natürlich auch mit Mehrwert gefüllt ist, zielt jedoch (ganz offen und ehrlich) darauf ab, deine Leistung in den Mittelpunkt zu stellen.

Schreibe auch deine Verkaufsmails authentisch und versuche nicht zu verbergen, dass du etwas verkaufen möchtest. Du weißt, dass du anderen mit deiner Leistung hilfst und andere wissen, dass du das nicht kostenlos tust. Sei also ehrlich und sprich offen über deine Angebote, es wird sich rentieren.

BILDER SCHAFFEN EMOTIONEN UND WORTE SCHAFFEN BILDER

E-Mail-Marketing ist keinesfalls die Allround-Lösung. Ich weiß, das ist kein Satz, der sich sonderlich gut eignet, um dieses Kapitel abzuschließen. Das Problem: Haben die Newsletter-Abonnenten einmal das Vertrauen in den Absender einer Mail verloren, wird dieses auch nur schwer wiederkommen.

Andererseits bietet so gut wie kein anderes Tool so viel Transparenz, so viel Interaktionsmöglichkeiten und gleichzeitig Nähe zum Kunden, ohne dabei ganze Tage deiner Zeit zu verschlucken. Für mich persönlich sind E-Mailsequenzen und Newsletter die perfekte Verknüpfung zwischen vielen weiteren

Marketingbereichen. Es verbindet die Landingpage mit deinem Webinarfunnel. Es verbindet deine Werbung mit dem Product-Launch und es verbindet deine Kund:innen mit dir.

Egal ob du deine E-Mailkontakte sammelst, um irgendwann deinen eigenen Newsletter zu starten, oder ob du in deinen Gedanken schon mittendrin bist. Ein gut geschriebener Newsletter schafft Expertise, Vertrauen, Autorität sowie das Gefühl einer Gemeinschaft und das über einen langfristigen Zeitraum. Hast du es geschafft, diesen einmal zu etablieren, kann dir das niemand streitig machen. Denn deine Liste voller Fans kann dir niemand targetieren oder abwerben. Das wird sich auch in Zukunft nicht ändern.

In diesem Sinne wünsche ich dir viel Spaß bei der Umsetzung und vergiss nicht dich zum Abschluss noch einmal zu fragen:

„ UWHID? Was hatte ich von diesem Kapitel?"

ANHANG: EIN KURZER TOOL-ÜBERBLICK

Hast du dich einmal dazu entschieden, mit deinem eigenen Newsletter oder E-Mail Marketing zu starten, wirst du bald vor der Frage stehen: „Welches Tool verwende ich dafür am besten". Du weißt bereits, dass du E-Mails automatisieren, Newsletter an tausende Personen gleichzeitig verschicken und deine Interessenten auch in verschiedene Kategorien unterteilen kannst.

Damit du dir im ersten Schritt schon ein wenig Zeit sparst, möchte ich dir abschließend noch drei Newsletter-Tools vorstellen. Diese sind alle gut geeignet für den Einstieg und können, bis du 100.000 Interessenten hast, auf jeden Fall alles lösen, was du benötigst, um mit deinen Mails Geld zu verdienen.

An sich kannst du zwischen zwei Arten unterscheiden, deine Kontakte zu sortieren. Du kannst sie mit Tags versehen und sie sozusagen „beschriften". Ein Beispiel wäre, dass jeder Kontakt, der bei dir einen neuen Wintermantel bestellt, mit dem Tag „Wintermode" versehen wird. Bestellt er ein paar Monate später noch eine Sonnenbrille bekommt er die Tags „Strandmode" und „Brillen". Auf diese Weise kannst du dann immer gezielt nach den jeweiligen Tags versenden, wenn du einmal spezifischere Mails verschickst.

Die zweite Variante ist die Unterteilung in Listen. Hast du zum Beispiel unterschiedliche Coaching-Angebote, dann kannst du dafür unterschiedliche Listen anlegen. Eine Liste für alles rund um deine Einzelcoachings, eine Liste für deinen Online-Kurs und eine dritte Liste für das Thema Paarberatung – so könnte deine Ordnung dann aussehen. Natürlich kann auch ein Kontakt mehreren Listen zugeteilt werden.

Nun zu den drei Tools, die für den Einstieg gut geeignet sind:

ActiveCampaign

Active Campaign ist wohl eines der meistgenutzten Newsletter-Tools überhaupt und hat den großen Vorteil, dass es mit vielen anderen Programmen (Kajabi, Digistore, Zapier) automatisiert werden kann. Es arbeitet mit Tags oder Listen und funktioniert von Minute 1 ohne große Herausforderungen. Der Nachteil, das Unternehmen hat keinen Sitz in Europa, weshalb es eigene Schritte für die DSGVO zu setzen gibt.

SendInBlue

Dieses Tool kann sehr gut mit ActiveCampaign verglichen werden. Es arbeitet aber ausschließlich mit Listen und ist noch nicht so gut an andere Anbieter angebunden, arbeitet ansonsten aber sehr verlässlich. Der große Vorteil hierbei, es ist eine Firma mit Sitz in Deutschland, die sehr großen Wert auf DSGVO-Richtlinien legt.

Mailchimp

Dieses Tool erwähne ich hier noch, da es immer ein sehr großes FREE Programm hat und dadurch erlaubt, lange ohne große Kosten zu arbeiten. Ich persönliche finde die Benutzeroberfläche jedoch nicht sehr intuitiv und die Automatisierungen sind teils sehr umständlich. Außerdem ist auch hier der Sitz in den USA.

Alles in allem, kann aber auch jedes andere Tool wie Clever-Reach oder Klicktipp verwendet werden. Wichtig ist nur, dass du den Schritt wagst und mit deinem ersten Newsletter beginnst.

Paul Jessenitschnig, BSc

Paul ist Wortenthusiast und Experte auf dem Gebiet des Werbetextens. Dabei liegt sein Hauptaugenmerk auf dem Schreiben und Aufwerten von Texten, die direkt mit dem Performance-Marketing zusammenhängen. Höhere Conversions, schnellere Anmeldungen, besserer Umsatz – das sind die Zahlen, die es zu steigern gilt.

Außerdem gibt es eine Sache, die man bei all dem nicht vergessen darf, auch das Texten muss Spaß machen. Vor allem wenn Kundinnen und Kunden selbst gerne ihre Ideen in verkaufsstarke Texte verwandeln möchten, muss es immer darum gehen, dass beide Seiten dies mit einer gewissen Freude und Hingabe tun.

Erst durch diese Kombination werden aus einfachen Werbetexten die hauseigenen Verkäufer, die 24 Stunden am Tag, 7 Tage die Woche, für dich verkaufen.

office@pauljesse.at
www.pauljesse.at
www.pauljesse.at/newsletter
www.LinkedIn.com/in/paul-jessenitschnig

KAPITEL 6

SCORECARD-MARKETING

Wertvolle Leads mittels Umfragen und Tests gewinnen

von Chris Adel

INHALT

Zielgruppe:	Alle Unternehmen, unabhängig davon, ob sie Dienstleistungen oder Produkte anbieten, können mit Scorecard-Marketing den konkreten Bedarf ihrer Kunden erfragen und Leads generieren.
Voraussetzungen:	Als Experte in deinem Business hast du eine klare Zielgruppe im Kopf. Zudem brauchst du eine Marketingstrategie, mit der du deine Tests und Umfragen bekannt machst.
Erfahrungen:	Keine Vorkenntnisse notwendig.

SCORECARD-MARKETING: „MACH DEN TEST!"

Stell dir vor, du hättest einen Lead und wüsstest – noch bevor du mit ihm ein einziges Wort gesprochen hast! –, was seine tatsächlichen Probleme sind und wieviel Geld er bereit ist auszugeben. Du wüsstest, wie er sich selbst einschätzt und warum. Stell dir vor, du hättest ein Dashboard für jeden einzelnen dieser potenziellen Kunden, mit dem du diese Informationen abrufen könntest? Diese Informationen würden jedes Verkaufsgespräch stark vereinfachen und abkürzen – denn du könntest dich auf das Wesentliche konzentrieren!

Hast du eine größere Menge dieser Daten gesammelt, bist du in der Lage, effektivere Marketing-Kampagnen in Bezug auf die typischen Probleme der Leads zu kreieren. Dies führt zu glücklicheren Kunden, die das Gefühl haben, verstanden zu werden, da du alles Wesentliche über sie weißt. Das ermöglicht dir, schneller, persönlicher und somit effizienter zu dienen.

Wenn man dies konsequent weiterdenkt, wird der Erfolg planbar, du könntest eher deine Preise erhöhen und schneller deine Community erweitern.

Wer von uns träumt nicht von so einem Marketing-Werkzeug?

Was ist eine Scorecard?

Eine Scorecard kann ein Test, Quiz oder eine Umfrage sein, deren Antworten mittels Punktevergabe bewertet werden und ein individuelles Ergebnis für den Lead anzeigen.

Für wen eignen sich Scorecards?

Jeder, der eine Dienstleistung oder ein Produkt anbietet, kann Scorecards verwenden: mit Hilfe von passenden Fragen werden die Probleme identifiziert und bewertet. Ein Test, ein Quiz oder eine Umfrage ist in jeder Branche, zu jedem Thema oder Problem durchführbar. Einfache Persönlichkeitstest sind auch sehr beliebt.
Ich, zum Beispiel, befrage meine Leads, d.h. Unternehmer und Experten, ob sie bereit für ihr Business sind und erfahre dabei ihre Probleme, ihren Expertenstatus und wie motiviert sie tatsächlich sind.
Ein zweiter Test zeigt mir, um welchen Typ es sich beim Lead handelt – das gibt mir die Möglichkeit, ihm oder ihr individuelle Hilfestellungen zu geben.

Braucht man Vorkenntnisse?

Um eine Scorecard zu erstellen, benötigst du keine speziellen Vorkenntnisse, du musst dich naturgemäß mit deinem Business und den Kundenbedürfnissen eingehend auseinandergesetzt haben, um die passenden Fragen stellen zu können – was wollen meine Kunden wirklich? Wie sieht mein perfekter Kunde aus? Welche Probleme haben meine Kunden? Etc.

Scorecards als Marketing-Werkzeug eignen sich sehr gut für Anfänger und Einsteiger. Du kannst zum Beispiel eine Umfrage erstellen, um herauszufinden, ob die eigene Business-Idee gut genug ist, inwiefern du sie abändern, oder ob du es doch mit einer anderen Idee probieren solltest.

Welches Problem löst Scorecard-Marketing?

Scorecard-Marketing gibt dir die Möglichkeit, passiv und automatisiert Leads mitsamt ihren Informationen zu generieren. Wenn du – auf welche Weise auch immer – eine E-Mail-Adresse gesammelt hast, weißt du für gewöhnlich nichts oder nur sehr wenig über diese Person. Die Lösung ist normalerweise Content-Marketing-Videos, Podcasts, Blogbeiträge usw. – in der Hoffnung, dass sich der Lead für dich und dein Angebot zu interessieren beginnt. Dabei lernt der Lead alles über dich, du erfährst hingegen nichts.

Doch das ändert sich mit einem Test, Quiz oder einer Umfrage: Gemeinsam mit einer E-Mail-Adresse erfährst du nun zusätzlich im Vorfeld die Informationen, die für ein mögliches Verkaufsgespräch zu deinem Produkt oder deiner Dienstleistung notwendig sind: deren Motivation, Frustration, ihre Schwachstellen (oder Stärken) und kannst darauf ganz individuell eingehen, ohne in einem oft mühsamen ersten Gespräch all diesen Daten nachzuspüren. Du kannst so vorab die Spreu vom Weizen trennen.

Ich bin zum Scorecard-Marketing gekommen, weil ich als Introvertierter alle möglichen Ausreden habe, Video-Content oder Podcasts zu meiden: Ein Test oder Quiz gibt mir die Möglichkeit, unterhaltsame und informative Inhalte zu liefern.

Das Erstellen einer einfachen Scorecard kann schnell gehen; oder man investiert Zeit und Geld ins Testen diverser Variationen, die einem über einen längeren Zeitraum Leads und ihre wertvollsten Informationen liefern.

WIE FUNKTIONIERT SCORECARD-MARKETING?

Schlummerndes Problem

Du kennst das: Wir alle haben Probleme, deren Lösung zu mühsam, zu teuer oder zu komplex scheint, und wir tun nichts dagegen. Abnehmen. Oder ein Buch schreiben.

Vielleicht hat man in der Vergangenheit schon oftmals versucht, das Problem zu lösen, aber man ist immer wieder gescheitert. Vielleicht es ist nicht so dringend oder schmerzhaft wie andere Probleme. Oder das Ergebnis ist den Aufwand nicht wert. Es kann sein, dass der potentielle Kunde der Meinung ist, dass er gar nicht in der Lage ist, das Problem zu lösen.

Das ist ein sogenanntes „schlummerndes Problem".

Entgegen der Logik, dass man einen Lead abholt, wenn er sich entschieden hat, sein (schlummerndes) Problem zu lösen, indem er eine Dienstleistung in Anspruch nimmt oder ein Produkt kauft, ist es wahrscheinlich für dich schon zu spät. Der potenzielle Kunde hat sich schon entschieden, wo bzw. bei wem er kauft, und vergleicht nur noch Details oder Preise der etablierten und bekanntesten Unternehmen.

> *Daher:*
>
> ist es wichtig, ihn abzufangen, wenn er sich dazu noch nicht entschieden hat! Ihn mit den wesentlichen Fragen bei der Entscheidung zu unterstützen, etwas gegen sein schlummerndes Problem zu tun, und ihn direkt bei dieser inneren Kauf-Entscheidung abzuholen – das ist das Ziel der Scorecard!

Die Schwierigkeiten des Content-Marketings

Die klassische Lösung für die Kundengewinnung ist Content-Marketing.

Das bedeutet, potenzielle Kunden mit einer großen Menge an qualitativ hochwertigen Inhalten zu versorgen: Videos, Checklisten, Whitepapers, Blogeinträgen, Newsletters, Social-Media Inhalten, Podcasts usw., um nur einige zu nennen – und dabei gleichzeitig mit Gratisangeboten deren E-Mail-Adressen (ohne weitere Infos) zu sammeln.

Das Schwierige dabei ist, langfristig qualitativ hochwertig und allgegenwärtig zu sein. Es braucht oftmals mehr als zehn Interaktionen mit den Leads, bis diese sich endlich entscheiden, dein Angebot in Betracht zu ziehen.

Die bekannten Tech-Firmen lösen das Problem mittels Algorithmen: Sie lernen, was die Leute interessiert und empfehlen ihnen dann ähnliche Inhalte, wir kennen das alle von YouTube, Amazon, Facebook usw.

Der Hook

Selten wird jemandem langweilig, wenn er sich bei einem schnellen Quiz zu einem Thema selbst einstuft, sein Wissen abfragt oder einen amüsanten Persönlichkeitstest macht. Wichtig dabei ist, dass die Scorecard von einem ausdrucksstarken Aufhänger („Hook") begleitet ist, ähnlich einem Untertitel bei einem Sachbuch, zum Beispiel:

- Schadet deine Ernährung deiner Gesundheit? Mach den Test und beantworte 15 Fragen zu deinen Essgewohnheiten.

- Bist du bereit, dein Business zu starten? Der Test gibt dir klare und individuelle Antworten zu dem Thema Selbstständigkeit und ob es zu diesem Zeitpunkt das Richtige für dich ist.

- Beantworte 10 Fragen zu deinem Beziehungsverhalten – bist du bereit für eine langfristige Partnerschaft?

Gib es zu, wenn du diese Überschriften liest, würdest du gerne den Test dazu machen, nicht wahr? Du willst wissen, wie du abschneidest und wie du dich verbessern kannst. So geht es auch deinen Leads. Es werden nur diejenigen deine Scorecard ausfüllen, die sich für dein konkretes Thema interessieren. So kommen genau die Richtigen zu dir und die gesammelten Daten haben eine hohe Qualität.

Die große Kunst der richtigen Fragen

Potenziellen Kunden bei der Entscheidung zu helfen, etwas gegen ihr schlummerndes Problem zu tun, funktioniert mit den immerwährenden Wiederholungen des Content-Marketings – oder mit den richtigen, vielleicht indirekten Fragen, die die Frustrationen oder Wünsche der Leads aufdecken. Dabei sollte man aber behutsam vorgehen, insbesondere, wenn es sich um Themen handelt, die dem Lead unangenehm sein könnten, wie z. B. Übergewicht, Armut oder ähnliches.

> Potenzielle Kunden kaufen eher bei denen, die ihre „schlummernden Probleme" auf sorgfältige und emphatische Weise mittels indirekten, einfachen Fragen enthüllen und individuelle Empfehlungen mit Mehrwert abgeben.

> Die große Kunst ist es, die richtigen Fragen zu stellen: Indirekte Fragen beginnen ein Gespräch, das zu den tieferen Problemen vordringt.

Was sind die schlummernden oder unangenehmen Probleme deines typischen Kunden? Mit welchem Resultat wäre dein typischer Kunde tatsächlich glücklich? Was hindert deine typischen Kunden daran, ihr Problem selbst zu lösen?

Dynamische Inhalte

Mittels Scorecard-Marketing schaffst du es, anhand der Ergebnisse ganz individuelle Inhalte zu präsentieren und personalisierte Empfehlungen an eine große Anzahl von Leads auszusprechen. Wenn diese die Fragen beantworten, liefern sie entsprechende Informationen über sich, mittels eines Punktesystems – daher der Name „Scorecard" – werden Ergebnisse mit dynamischen Inhalten gezeigt: niedrige, mittlere und hohe Punkteanzahl führen zu den entsprechenden, unterschiedlichen Inhalten.

Viele Leute sind gewillt, Informationen über sich preiszugeben, wenn es ihnen hilft, Zeit oder Geld zu sparen bzw. individuelle Empfehlungen für ihre schlummernden Probleme zu erhalten.

Ein Test, Quiz oder Fragebogen ist somit das perfekte Werkzeug, bei dem du etwas über den Lead erfahren und zur selben Zeit eine individuelle Empfehlung für deren nächsten Schritte abgeben kannst.

WIE ERSTELLE ICH EINE SCORECARD?

Was benötigt man für eine Scorecard:

- Ein Programm, mit dem du die Scorecard erstellst.
- Eine schön designte Landing Page (mit Lead-Formular).
- Eine Reihe qualifizierter Fragen, die deinen Lead zum Nachdenken anregen, und ihm gleichzeitig klarmachen, dass du kompetent bist, seine Probleme verstehst und ihm bei der Lösung helfen kannst.
- Eine Ergebnis-Seite mit konkreten Zahlen, wie der Lead abgeschnitten hat und dazu dynamischen Inhalt und individuelle Empfehlungen für die nächsten Schritte.
- Eine Marketing-Strategie für die Scorecard: Wie bewerbe ich sie, sodass sie von meinen potenziellen Kunden gefunden wird.

Mit welchem Programm kann ich eine Scorecard erstellen?

Es gibt eine ganze Reihe an Programmen, mit denen man entweder ganz einfache oder qualitativ hochwertige Scorecards oder Quiz-Funnels erstellen kann, wie z. B. den gratis „Quiz Maker" bei Canva. Die Google-Suche ist diesbezüglich recht ergiebig und man findet diverse Anbieter, aber nicht alle ermöglichen dynamische Ergebnisse.

Die primitivste Version wäre wohl eine Landing Page, die zu einem geteilten Google-Dokument verlinkt, und nach dem Ausfüllen erhält der Lead einen individuellen Report zugeschickt. Vielleicht sammelst du damit ein paar E-Mail-Adressen und Infos, aber Kunden wirst du so kaum gewinnen.

Ich verwende ScoreApp, ein Programm, bei dem ich alles selbst unter Kontrolle habe, angefangen vom Design der Landing Page, der Art der Fragen bis hin zu den dynamischen Inhalten. ScoreApp ist trotzdem nicht besonders kompliziert, und der Art der Scorecards sind aufgrund der großen Anzahl an Vorlagen kaum Grenzen gesetzt. Für einen Aufpreis kann man pdf-Reports generieren und vieles mehr.

Was muss eine gute Landing Page können?

Die Landing Page einer Scorecard unterscheidet sich kaum von Landing Pages anderer Inhalte. Die zentrale Frage ist immer: Welche Inhalte fördern die Interaktion? Alles auf der Landing Page ist darauf ausgerichtet, dass der Lead die Scorecard - d.h. den Test, das Quiz oder die Umfrage - beginnt.

Das Konzept der Scorecard basiert darauf, zu welchem Thema sich dein perfekter Kunde gerne testen würde.
Bist du Fitness Trainer, will dein Kunde bestimmt abnehmen, Muskeln aufbauen und sich großartig fühlen. Ein Autoren-Coach will wissen, was den Lead daran hindert, sein Buch zu schreiben, welche Ziele er verfolgt und wie motiviert er ist. Sehr beliebt sind auch einfache Persönlichkeitstest oder Tests, bei denen der Lead sein Wissen abfragen kann. Zu Sachbüchern (wie diesem) könnte ein Quiz oder ein Test erstellt werden – um sein Wissen zu testen und als Antwort zu Wissenslücken das Sachbuch anzubieten!

Was denkst du, worin sich dein potenzieller Kunde am liebsten testen will? Beispielfragen der Art:

- „Bist du bereit für …?"
- „Welche Art von … bist du?"
- „Verbessere deine …"
- „Teste dein Wissen zu …"

sind sehr beliebt und hilfreich.

Du kannst dir unterschiedliche Konzepte überlegen und deine Community befragen, welches ihr am besten gefällt.

Ähnlich wie bei einem Buch-Cover ist die Überschrift mit dem Untertitel, der dem Aufhänger („Hook") entspricht, wesentlich – es muss den Lead direkt ansprechen, am besten mit einer Frage oder Aufforderung.

> *Zum Beispiel:*
>
> **Bist du „Book-Ready"?**
> Fühlst du dich bereit, endlich dein Buch zu schreiben und dich in deiner Branche als Experte zu positionieren?

Auf der Landingpage sind folgende Informationen essenziell:

- warum es für den Lead von Vorteil ist, den Test zu machen
- das Ergebnis verschafft dem Lead Klarheit für die nächsten Schritte
- es gibt nach Ende des Tests einen gratis Bonus (Gratisgespräch, E-Book ...)
- es ist schnell und einfach durchzuführen („weniger als 2 Min.")
- über dich: was machst du, welche Erfahrung hast du
- und warum ist gerade dein Unternehmen zuverlässig (falls es inhaltlich passt)

Wichtig ist auch das Design der Landing Page, das stark von der Art deines Business abhängt, und den Lead ansprechen muss. Für wen ist es designt?

Leads wollen sich auf der Landing Page wiedererkennen, reagieren auf lächelnde Gesichter und Augenkontakt. Sie lassen sich eher auf die Inhalte ein, wenn man Fotos von Menschen präsentiert, die ihnen ähneln.
Alternativ könnte man im Zusammenhang mit seiner Business-Beschreibung auch ein professionelles Foto von sich zeigen.
Falls du das Geld hast, empfiehlt es sich, einen Webdesigner zu engagieren.

Der „Call-to-Action"-Aufruf sollte natürlich auffallen und nicht zwischen all den Infos untergehen. Und vielleicht fällt dir etwas Besseres ein als „Mach den Test!".
Auch hier gelten die Regeln des direkten Marketings: Es lohnt sich auf jeden Fall, mehrere Versionen seiner Landing Page zu erstellen und zu testen. Welches Bild hat die Leute motiviert, den Test zu machen? Welcher Text war überzeugend? Usw.

Wenn der potenzielle Kunde nun tatsächlich die Scorecard beginnen will, gibt es noch eine Hürde zu überwinden: das Lead-Formular, bei dem er oder sie Name und E-Mail-Adresse angibt.

Falls es dir bei dem Test weniger um die E-Mail-Adresse, sondern mehr um die Daten geht, könntest du dir überlegen, das Lead-Formular ganz wegzulassen.

Forderst du den Lead erst nach dem Test auf, Namen und E-Mail-Adresse anzugeben, solltest du behutsam vorgehen: Falls das Resultat nur gezeigt wird, nachdem der Lead seine Daten angegeben hat, könnten er oder sie es als „Erpressung" verstehen – und den Test abbrechen.

Mir ist das schon öfter passiert und ich bin kein Fan davon. Kürzlich habe ich bei jemandem einen Test gemacht, der vor dem Ergebnis nach Bezahlung verlangt hat: Davon würde ich eher abraten (außer, du bietest einen auf Forschung basierenden und validierten Persönlichkeitstest an).

Worauf muss ich bei den Scorecard-Fragen achten?

Wenn der potenzielle Kunde nun auf den „Mach den Test!"-Knopf drückt, beginnt die Magie der Scorecard: Es erscheinen Fragen, die deine Leads zum Nachdenken anregen, ihre Gewohnheiten hinterfragen und zu deren Situation Informationen preisgeben.

Dieser Prozess sammelt die Daten, die du wissen musst, um deinem Lead optimal zu helfen. So kannst du ihm individuelle Empfehlungen geben, die relevant für seine Ziele sind. Letztendlich erlaubt es dir, dein Produkt oder deine Dienstleistung deinem perfekten Kunden vorzustellen!

Am besten ist es, wenn die Fragen schnell zu beantworten, lehrreich und unterhaltsam sind. Wenn du deine Leads dazu bringst, über deren Situation genauer nachzudenken, dann weckst du schlummernde Probleme!

Beim Formulieren der Fragen ist es hilfreich, eine Checkliste zu deren Inhalt zu erstellen, zum Beispiel:

- Was will ich über den Lead wissen, das mir ermöglicht, ihm besser zu dienen?
- Wie kann ich potenzielle von unwahrscheinlichen Kunden unterscheiden?
- Mit welchen Problemen hat mein Lead zu kämpfen?
- Welche Voraussetzungen benötigt er, um sein Ziel zu erreichen?
- Wie wird er sich fühlen, wenn er sein Problem gelöst hat?

Je nach Thema eignet sich diese Art der Fragen am besten:

- Ja/nein (vielleicht)-Fragen („Willst du nachts durchschlafen?")
- Gleitskala von 1-10 (z. B. „Wie wertest du … auf einer Skala von 1-10 …")
- Ankreuz-Felder (z. B. „Welche der folgenden Antworten trifft auf dich zu?") mit einer oder gleichzeitig mehreren Antwortmöglichkeiten
- Offene Frage mit Antwortfeld

Man kann statt ja/nein auch ein wenig kreativer werden und Antwortmöglichkeiten wie „auf jeden Fall!" oder „Das würde ich gerne näher diskutieren!" oder sogar „bei diesem Thema bräuchte ich Hilfe!" anbieten – das macht es einem später leichter, den Kunden darauf anzusprechen.

Aber es gibt auch Fragen, auf die man eher verzichten sollte:

- Fragen, die darauf hindeuten, dass man etwas verkaufen will. „Bist du bereit, das Produkt zu kaufen?" ist schon sehr direkt und wird die meisten abstoßen.
- „Bist du frustriert, keinen besseren Fitness-Trainer zu haben?" wäre besser indirekt gefragt.
- Alles meiden, das den Lead zwingt aufzustehen oder am Computer (Handy) einen neuen Reiter zu öffnen – es besteht das Risiko, dass er das Interesse verliert und den Test abbricht.
- Alle Fragen, die Experten-Wissen zu einem Thema beinhalten, bei dem der Lead selbst kein Experte ist, werden ihn eher verwirren. Wenn ich zu detaillierte fachspezifische Fragen stelle, werden sie vielleicht nicht wissen, wovon ich genau rede – dabei wird kein Vertrauen aufgebaut (und sie werden mich höchstwahrscheinlich für einen Angeber halten).
- Zu viele offene Fragen mit Antwortfeldern mindern den Antwort-Fluss.
- Ungewollt aggressive, penetrante oder irrelevante Fragen stöbert man auf, indem man jemand Branchenfremden um Feedback bittet.

Es ist oftmals sinnvoll, Fragen in Kategorien zusammenzufassen, zum Beispiel in der Gesundheitsbranche „Fitness", „Ernährung" und „Schlaf". Auf diesem Weg kann das Ergebnis in diese unterschiedlichen Kategorien unterteilt werden und so aufzeigen, in welchen Bereichen der Kunde die meiste Hilfe benötigt.

Die Anzahl der Fragen (bzw. Kategorien) hängt davon ab, wen du erreichen willst:

- Sprichst du völlig kalte Leads an, z. B. über Facebook oder Instagram Ads, und möchtest du sie für dein Business erwärmen, dann sollte die Scorecard möglichst kurz und einfach sein (10-15 Fragen).

- Willst du Leads befragen, mit denen du schon interagiert hast und die sich für dein Business zumindest entfernt interessieren, dann können die Fragen schon mehr in die Tiefe gehen und sie konkret für ein Verkaufsgespräch vorbereiten (15-30 Fragen).

Wie der Name „Scorecard" andeutet, werden für jede Antwortmöglichkeit unterschiedliche Punkte vergeben. Diese werden zusammengezählt und das dynamische Ergebnis für niedrige, mittlere und hohe Punkteanzahl angezeigt.
Es gibt auch vereinzelt Fragen, die unter Umständen nichts mit der Branche und einer konkreten Kategorie direkt zu tun haben, aber deren Antwort trotzdem

wertvoll ist, z. B. Fragen in einem Persönlichkeitstest, die nichts mit dem Persönlichkeitstest zu tun haben – diese sollten bei der Berechnung des Ergebnisses weggelassen werden (d.h. es werden keine Punkte vergeben).

Worauf muss ich bei dynamischen Ergebnissen achten?

Dein potenzieller Kunde hat sich von deiner Landing Page neugierig machen lassen, hat nun den Test oder das Quiz gemacht – jetzt will er Resultate mit Mehrwert sehen!

Dies funktioniert am besten mit sogenannten „dynamischen Inhalten" – im einfachsten Fall gibt es ein Ergebnis für jeweils eine niedrige, mittlere und hohe Punkteanzahl. Bei einem Persönlichkeitstest mit acht unterschiedlichen Profilen sind es entsprechend acht unterschiedliche Ergebnisse. Die Details sind natürlich stark von der Branche und den Zielen abhängig.

- Eine niedrige Punkteanzahl kann bedeuten, dass der Lead in einer bestimmten Kategorie Verbesserungsbedarf hat – der perfekte Grund, ihn darauf hinzuweisen und ihm ein Angebot zu machen. Oder es bedeutet, dass er wenig Ahnung von der Branche oder keine Motivation hat, zumindest kannst du ihn dann zu deinen Inhalten umlenken, um sich mehr Infos und/oder Motivation bei dir zu holen.

- Eine hohe Punkteanzahl kann bedeuten, dass der Lead einen hohen Standard oder ein großes Branchen-Wissen hat. Er wird nur mit Unternehmen mit ebenso hohem Standard zusammenarbeiten wollen, und erwartet sich entsprechend großen Mehrwert; in diesem Fall sollten Ergebnisse hervorragende Einsichten liefern, die direkt auf ihn zugeschnitten sind – wirklich beeindrucken wirst du ihn dann nur mit ausgezeichneten Empfehlungen, Videos, PDF-Berichten und einem passenden Angebot.

Falls du bei den Fragen z. B. zwischen Anfängern und Fortgeschrittenen unterscheiden willst, dann macht es sich gut, für Anfänger und Fortgeschrittene jeweils ein eigenes Video zu produzieren.

Hast du es geschafft, den Lead in einen zahlenden Kunden zu verwandeln, kannst du ihm vorschlagen, den Test mehrmals im Jahr zu wiederholen, um seine Fortschritte zu verfolgen. Es gibt nichts Schöneres, als seinen eigenen Fortschritt zu sehen.
Und für dich motivierte Kunden, die dich weiterempfehlen!

Was sind die nächsten Schritte?

Der Lead hat nun seine Ergebnisse und du hast ihm individuelle Empfehlungen für die nächsten Schritte zur Lösung seines Problems gegeben, am besten über Call-to-Actions. Typische nächste Schritte wären:

- gratis Kennenlern- bzw. Verkaufsberatung,
- gratis Webinar oder E-Books,
- wenn du merkst, der Lead ist noch nicht so weit, dann kann es sich lohnen, ihm Inhalte auf deiner eigenen Webseite oder deinem YouTube-Kanal zu empfehlen,
- eine Kaufempfehlung für ein bestimmtes Produkt, das die Probleme des Leads löst – dies funktioniert aber nur, wenn es sehr spezifisch ist und der Lead nicht das Gefühl hat, dass jeder, der den Test gemacht hat, dieses Angebot bekommt.

Wie kann es sein, dass der Lead das entsprechende gratis Angebot, das mit der individuellen Empfehlung verknüpft ist, nicht annimmt?

Ein Grund wäre zum Beispiel, dass der Lead das Gefühl hat, die Scorecard existiere nur, um ihm etwas zu verkaufen – das stimmt zwar, jedoch solltest du die Marketing-Texte sorgfältig wählen und nicht gleich mit „unwiderstehlichen Angeboten" aufwarten.

Selbst wenn dein Lead das gratis Angebot (noch) nicht annimmt: Du hast anhand der Scorecard die Möglichkeit zu entscheiden, welcher der Leads noch nicht bereit ist bzw. wer dein Angebot nicht benötigt – und wen du auf jeden Fall direkt kontaktieren musst. Diese Daten sind wertvoll und sonst nur bei einem direkten Gespräch erhältlich.

Anhand der Antworten hast du wichtige Informationen gesammelt und kannst den potenziellen Kunden anschreiben – er oder sie erhält von dir eine Nachricht, die auf seine individuellen Schwächen und Probleme eingeht. Diese Art der persönlichen Kontaktaufnahme wird üblicherweise nicht als Spam, sondern als hilfreich empfunden.

Nun hast du eine fertige Scorecard, mit einer schön designten Landing Page, die die richtigen Leads dazu einlädt, den Test, das Quiz oder die Umfrage zu machen. Diese Leads werden von den wohlüberlegten Fragen zum Nachdenken angeregt – und das Ergebnis mit seinen individuellen Empfehlungen überzeugt sie, dass du ein kompetenter Branchenkenner bist und ihnen helfen kannst.

Nun gibt es nur noch ein letztes, aber klassisches Problem zu lösen:

WIE UND WO FINDET MEIN PERFEKTER KUNDE MEINE SCORECARD?

Mein größtes Online-Marketing-Problem ist meine Branchen-Blase: Es sind hauptsächlich Vertreter meiner oder einer verwandten Branche in meiner Social-Media-Bubble.

Mein Test hat aber eine völlig andere Zielgruppe: nämlich Menschen, die sich mit ihrem Marketing schwertun. Das bedeutet, wenn ich meinen Test für Unternehmer und Experten poste, dann sehen ihn hauptsächlich diejenigen, die ihn nicht brauchen – sie machen ihn aber trotzdem, so aus Neugier, wodurch die Qualität der Daten sinkt. Auf der anderen Seite eignen sich gerade die Kollegen für Feedback, und tatsächlich waren einige sehr hilfreiche Verbesserungsvorschläge dabei.

Wenn man seine Scorecard veröffentlicht, beginnt erstmal die Test-Phase: Wird der Test oder das Quiz oftmals vorzeitig abgebrochen? Gibt es Fragen, die häufig ausgelassen werden? Werden die Ergebnisse als wertvoll empfunden, oder sind sie verbesserungswürdig?

Solange man eine Scorecard hat, die nicht besonders begeistert, sollte man kein Geld für Werbung ausgeben. Besser ist es, sie so lange zu testen, bis sich der Zugriff auf die Landing Page entsprechend erhöht und die dynamischen Ergebnisse zumindest kleine Erfolge zeigen.

Typische Orte, wo der potenzielle Kunde die Scorecard finden sollte:

- auf der Webseite als Banner, Button oder Pop-up
- E-Mail-Signatur
- Newsletter bzw. E-Mail-Marketing
- Social-Media-Profil und Posts, Stories
- Erwähnung in Inhalten (Podcast, Blog, Video, E-Book ...)
- Partnerschaften, um Leads auszutauschen
- Workshops/Webinar
- sobald Leads generiert werden: bezahlte Werbung (Social Media, Google)

Macht man Scorecard-Marketing richtig, ist es ein großartiges Werkzeug, um automatisiert und passiv Leads zu generieren. Zugebenermaßen ist dafür eine gewisse Vorarbeit vonnöten, aber wenn der Test, das Quiz oder die Umfrage funktioniert, dann läuft es wie von selbst und man kann sich seine besten Leads anhand der Informationen, die man von ihnen selbst erhalten hat, aussuchen.

Weiterführende Leseempfehlung:
„Scorecard-Marketing" von Daniel Priestley mit Glen Carlson – dabei geht es um deren entwickelte ScoreApp zur Erstellung von Scorecards.

Chris Adel

Hi, I am Chris Adel.

Seitdem ich Scorecard-Marketing für mich entdeckt habe, bin ich Feuer und Flamme für diese Art, Leads zu generieren.

Ich bin zertifizierter Flow Consultant für den Talent-Dynamics Persönlichkeitstest und biete dazu ein abschließendes Gespräch an. Wie mir der Test geholfen hat? Gemäß meinem Persönlichkeitsprofil bin ich "Mechanic": das bedeutet, dass ich zwar kreativ wäre, allerdings weniger eigene Ideen habe, sondern ich bin gut darin, die Ideen anderer zu verbessern – eine gute Voraussetzung für einen Coach. Als Introvertierter besitze ich kaum natürliches Talent für Video-Marketing und Public Speaking – auch aus diesem Grund passt das Scorecard-Marketing perfekt zu mir.

Geht es dir auch so? Dann lass es mich wissen! Will man ein Quiz oder Test erstellen, macht ScoreApp es einem leicht: https://share.scoreapp.com/fe67b358

Hier gelangst du zu meinen Angeboten, Büchern, Blog und Social-Media-Profilen:

www.chrisadel.com

KAPITEL 7

PRESSEARBEIT

Der Dinosaurier im modernen Marketing-Mix. Oder doch die Königsdisziplin?

von Doris Hoy-Sauer

INHALT

Zielgruppe:	Pressearbeit sollte jedes Unternehmen, jede und jeder Selbständige, jede Organisation und jeder Verein betreiben.
Voraussetzungen:	Bevor du anfängst, eigene Pressemitteilungen zu schreiben, zu Pressekonferenzen einlädst oder dich für Interviews zur Verfügung stellst, musst du dir darüber im Klaren sein, was du wem kommunizieren willst. Du solltest dir also eine Strategie zurechtlegen, ein Konzept im Kopf haben, was genau in wessen Kopf ankommen und hängen bleiben soll. Du solltest einen angenehmen Schreibstil haben, leicht zu lesen und doch informativ, mit deiner Sprache sicher umgehen können – und natürlich solltest du auch wissen, wovon du sprichst.
Erfahrungen:	Es erfordert neben einem gewissen Talent und der Liebe zur Sprache schon ein bisschen Übung, „gut und stilsicher" zu schreiben. Und den bewussten Umgang mit Werkzeugen, von denen ich dir gleich das eine oder andere vorstelle. Mit einem guten Thema, fachlicher Expertise und etwas Handwerkszeug kann´s losgehen. Nur Mut!

Zugegeben, auf den ersten Blick kommt der Begriff der „Pressearbeit" nach all den spachlich-chicen Online-Themen, die in diesem Buch vorgestellt werden, etwas angestaubt daher. Du meinst es zu spüren, das schwere Gewicht gedruckter Texte, umweht vom unverwechselbaren Duft frisch abgerollter Matrizen. Ist das so?

Weit gefehlt, meine liebe Leserin, mein lieber Leser. Ganz ehrlich?! Wir sprechen über Pressearbeit – die Basis und zugleich die Königsdisziplin modernen Marketings. Jedenfalls sollte das so sein. Und ich hoffe, am Ende dieses Kapitels gibst du mir in diesem Punkt recht.

WAS GENAU IST PRESSEARBEIT?

Zu Beginn ein bisschen Theorie …

Wie so oft im Leben, lohnt ein Blick zurück, um das Hier und Heute besser zu verstehen. Wenn wir also fragen, wann das mit der Pressearbeit los ging, gehen wir tatsächlich weit zurück. Sehr weit. Jahrhunderte, zurück zu Gutenberg (um 1400-1468) und zum Beginn des Buchdrucks. Seit Nachrichten und Neuigkeiten mit Hilfe gedruckter Buchstaben der gebildeten Bevölkerung zugänglich gemacht wurden, entstanden Wunsch und Wille, diese Neuigkeiten im besten, vor allem im eigenen Sinne zu verbreiten. Die Macht der Medien, Meinung zu machen, war und ist die Schlüsselintension einer – mehr oder weniger – professionellen Pressearbeit. Das ist heute nicht anders als im 15. Jahrhundert.

Dennoch sollte es noch etwas dauern, bis System und Strategie in die Geschichte kamen – und das geschah zu Anfang des 20. Jahrhunderts mit Ivy Lee (1877-1934) in Amerika. 1904 eröffnete der damalige Zeitungsreporter die dritte PR-Agentur der Vereinigten Staaten – und die erste, die aktive Pressearbeit betrieb. Die erste (bekannte) Pressemitteilung eines Unternehmens entstammt seiner Feder – die Idee, die Berichterstattung der Zeitungen im Sinne des Unternehmens durch Transparenz und Kommunikation zu beeinflussen, war ebenso verlockend wie vielversprechend. 1906 veröffentlichte Lee die *„Declaration of Principles"* – und definierte damit Standards der modernen Public Relations (PR) [1]

Apropos…

IST PRESSEARBEIT EIGENTLICH PR – UND IST DAS ALLES WERBUNG?

Lass mich hier gleich zu Beginn für Klarheit sorgen: Ja, Pressearbeit ist PR – aber PR ist so viel mehr als Pressearbeit. Zur PR (Public Relations) zählen qua Definition alle Bemühungen, ein positives Image für ein Unternehmen, eine Person oder eine Organisation zu schaffen und aufrecht zu erhalten, und ein wichtiger Teil hiervon ist die Pressearbeit – heute eigentlich besser: die Medienarbeit, die transparent Informationen zur Verfügung stellt. Vereinfacht gesagt, sorgt eine erfolgreiche PR dafür, dass positiv über das Unternehmen, die Organisation oder die jeweilige Person gesprochen, gedacht oder eben geschrieben wird.

Das ist übrigens ein ganz entscheidender Unterschied zur Werbung – auch so ein Punkt, der gern zu Verwechslungen führt. Natürlich, hier wie dort wird kommuniziert. Doch steckt die Differenzierung im Detail: Während die PR den Dialog sucht, Beziehungen aufbaut, Kontakte pflegt und das Image poliert, kommuniziert Werbung klar absatzorientiert, in der Regel one-way und meistens auch etwas lauter.

Anders gesagt: Wenn ein Kerl abends an der Bar steht und seinem Kumpel nebenan erzählt, was er für ein toller Hecht ist, ist das Werbung. Wenn zwei Tische weiter eine Frau ihrer Freundin erzählt, dass sie mit dem Kerl an der Bar neulich einen total spannenden Abend verbrachte, dass er belesen und witzig sei und dass es sich lohne, ihn kennen zu lernen – dann ist das PR.
Und ja, immer, wenn wir Stereotypen bedienen, werden Unterschiede deutlich – deshalb bitte ich dich, mir dieses eine platte Beispiel durchgehen zu lassen. Ich verspreche, es bleibt bei diesem einen. Und damit zurück zum Thema.

Kurz & Knapp

- Pressearbeit ist die wohl älteste Form der modernen Public Relations (PR).
- Moderne PR entstand zu Beginn des 20. Jahrhunderts, als einer der Begründer gilt Ivy Lee, der als erstes Pressemitteilungen als aktives Kommunikationsmittel für Unternehmen einsetzte.
- Werbung ist nicht gleich PR: PR fördert das Image, die Werbung den Absatz.

Was verstehen wir unter Pressearbeit?

Wie oben schon beschrieben, ist der Begriff der „Pressearbeit" heute eigentlich nicht mehr ganz treffend – lasst uns deshalb im Weiteren von „Medienarbeit" sprechen. Doch – welche Medien bedienen wir überhaupt? Ganz grob kann man hier von drei Hauptkategorien sprechen:

- Printmedien
- Online-Medien
- Audio-Visuelle-Medien

Und um es vorwegzunehmen: Wenn du Medienarbeit für dein Unternehmen betreiben möchtest, führt kein Weg daran vorbei, dich mit jedem dieser Bereiche anzufreunden.

Printmedien: Das Rauschen im Blätterwald

Du fragst dich vielleicht, ob es noch lohnenswert ist, sich mit Printmedien zu befassen, weil Print „sowieso" am Aussterben ist? Wo angesichts der jüngsten Ausverkaufswelle bei G+J reihenweise Magazine vor dem Aus stehen? Die Antwort hierauf ist klar: Ja, es lohnt sich! Denn erstens wird Print die nächsten 30 Jahre sicher nicht aussterben, auch, wenn sich die Medienhäuser verändern (müssen – was allerdings nicht das Einstampfen von Magazinen meint). Und zweitens lohnt es sich definitiv, weil wir über „heute" sprechen. Und heute lesen Menschen Medien im Print.

Eine sehr breit angelegte und gut aufbereitete, wenn auch nicht mehr ganz aktuelle Überblicksarbeit des „Haus der Pressefreiheit" [2] belegt deutlich, dass die Printmedien-Nutzung zwar rückläufig ist, aber nach wie vor im Medien-Konsum eine erhebliche Rolle spielt. Danach lesen rund 85 Prozent der Befragten regelmäßig Zeitschriften – übrigens auch 73 Prozent in der Gruppe der 14- bis 29-Jährigen. Die reine Nachrichten-Information verlagert sich ins Internet – die Geschichte hinter der Nachricht wünscht sich der Leser noch immer schwarz auf weiß (und auf Papier).

Noch bemerkenswerter – weil für uns Medienarbeiter so relevant – sind übrigens die Ergebnisse zur Glaubwürdigkeit von verschiedenen Medien im selben Betrieb. Informationen, die über das Medium Print laufen, werden signifikant als glaubwürdiger wahrgenommen als Informationen derselben Quelle, die über digitale Medien kommen. Anders gesagt: Was im Spiegel steht, fühlt sich wahrer an als der gleiche Beitrag auf Spiegel online. Klingt komisch, ist aber so.

Warum ist das nun so spannend? Zur Erinnerung: Zentrales Ziel einer professionellen Pressearbeit ist es, durch Transparenz und Information ein positives Image aufzubauen und zu pflegen. Es soll Vertrauen entstehen zwischen dem Leser (also deinem potenziellen Kunden) und dem Unternehmen – und Vertrauen braucht Glaubwürdigkeit. Und diese Glaubwürdigkeit findet der Mensch nach wie vor im gedruckten Wort.

Diese Entwicklung bietet uns in der Medienarbeit Chancen, stellt uns aber auch vor Aufgaben: Der gelieferte Content – und nichts anderes ist ein Pressetext – muss heute hochwertiger sein, darf erzählerisch herankommen, soll fesseln. Storytelling ist das Zauberwort, und das stellt höhere Anforderungen an unser schriftliches Können. Wer liest schon gern schlecht erzählte Geschichten?

Natürlich passt nicht jede Geschichte in jedes Blatt, und du solltest auch nicht den Anspruch haben, mit deiner Pressemeldung direkt im Manager Magazin zu landen – oder eben im Spiegel. Was genau wo erzählt werden muss, dazu kommen wir gleich noch.

Kurz & Knapp

- News & Informationen holen sich Leser heute online.
- Glaubwürdige Geschichten werden nach wie vor in Printmedien gelesen.
- Storytelling ist in der modernen Medienarbeit Stilmittel Nr. 1

Onlinemedien: Wegweiser ins Digi-Tal

Um es vorwegzunehmen: Ohne online geht es nicht. Wer meint, um „dieses Online-Texten" im Medienmix seines Unternehmens rumzukommen, der sollte sich dringend seine Kundenstruktur anschauen. Die Menschen informieren sich selbstverständlich online, und es liegt an dir, ob sie dich und die gesuchte Information in deinem Content finden. Ob du diese Medien „magst", ist dabei absolut irrelevant – wenn dein potenzieller Kunde die gesuchten Infos nicht bei dir, sondern beim Wettbewerb findet, wird er sich kaum für dich entscheiden.

Zu Online-Medien zählen übrigens nicht nur die Internetangebote renommierter Medienhäuser – sondern auch deine Website, Social-Media-Kanäle oder BLOGs. Wie du deine Website am besten gestaltest und die Sozialen Medien zielführend für dich einsetzt, haben die Kolleginnen und Kollegen in ihren Kapiteln bereits ausführlich beschrieben. Bitte höre meinen dringenden Appell: Nimm dir das zu Herzen! Wer online nicht stattfindet, findet nicht statt. Oder um Paul Watzlawick zu zitieren: „Man kann nicht nicht kommunizieren!" Bist du online nicht präsent, ist auch das eine Botschaft, die dein Kunde wahrnimmt.

> *Pressebereich auf der eigenen Website*
>
> Natürlich gehören deine Pressemitteilungen auf deine Website – wo sonst sollten Journalisten danach suchen? Idealerweise hast du auf deiner Webpage sogar einen eigenen Pressebereich eingerichtet, wo du dein Logo zum Download (hochauflösend für print, weboptimiert für online) zur Verfügung stellst, vielleicht auch Fotos von dir, aus deinem Unternehmen, einen kurzen Steckbrief. Dazu bereits verbreitete Pressetexte, vielleicht auch kurze Statements.
> Bitte vergiss auf keinen Fall, hier einen Ansprechpartner zu nennen. Wenn du dafür keine eigene Stelle geschaffen hast, ist es absolut in Ordnung, hier auf dich selbst zu verweisen. Biete einen E-Mail-Kontakt, Namen und

Wie vorhin schon beschrieben, fühlen sich die online verfügbaren Informationen für die Leser – also für deine Kunden – flüchtiger an, weniger verlässlich. Andererseits hat die Online-Kommunikation auch einen ganz entscheidenden Vorteil: die Geschwindigkeit. Online kannst du schnell, direkt und zielgerichtet kommunizieren. Aktualität ist vielleicht nicht immer zwingend nötig, manchmal aber von Vorteil. Das gilt insbesondere in der Krisenkommunikation, aber auch bei aktuellen Anlässen, wenn du beispielsweise ein Ereignis kommentierst, das eben stattfand. Aber Vorsicht: Wer jede seiner Aussendungen mit dem Vermerk „EILMELDUNG" versieht, wird schnell unglaubwürdig – oder riskiert, als Wichtigtuer wahrgenommen zu werden (was weder zu Vertrauensbildung noch zu Transparenz beiträgt).

Texten fürs Web unterscheidet sich handwerklich übrigens von Texten für Printmedien. Deine Sätze sollten kürzer sein, prägnanter. Natürlich spielt SEO eine große Rolle – aber (und die Kollegen mögen mir verzeihen) nicht die einzig wichtige. Die Google-Algorithmen sind schlau (ok, wirklich schlau sind sie natürlich nicht …), erkennen aufmerksamkeitsfördernde Texte und strafen Redundanzen ab. Anders gesagt: Wenn du im ersten Absatz 46-mal dein Unternehmen nennst, gefällt das weder der Leserschaft noch Google. Als Faustregel beantworte dir die Frage: Würdest du deinen Text lesen, wenn es nicht deiner wäre? Wenn du das mit „ja" beantworten kannst, ist das schon mal ein sehr guter erster Schritt.

Übrigens: So charmant der schnelle Schuss in den Online-Medien auch scheint, so wohlüberlegt möchte er sein. Texte, Postings, Beiträge, die am Ende leicht und fluffig daherkommen, erfordern eine ganze Menge Hirnschmalz – wenn sie funktionieren sollen.

Kurz & Knapp

- Zu Online-Medien zählen neben den digitalen Auftritten renommierter Medienhäuser auch deine Website, Social-Media-Kanäle und BLOGs.
- Nutze deine Website und richte hier einen eigenen Pressebereich ein.
- In puncto Aktualität sind Online-Medien unschlagbar.

Audiovisuelle Medien: News in Bild und Ton

Vielleicht (noch) nicht für jeden und jede zwingend, aber doch eine immer wichtiger werdende Säule der Unternehmenskommunikation bilden audiovisuelle Medien, also die Kommunikation mithilfe bewegter Bilder und O-Tönen. Je nach Relevanz der Themen kann es sich anbieten, ein Statement vor der Kamera abzugeben und/oder zu verbreiten, ein Telefoninterview fürs Radio zu führen oder mit Kurzvideos in die Sozialen Medien zu gehen. „Bewegtbild bewegt" – eine Binsenweisheit, die stimmt. Bewegte Bilder transportieren Emotionen, lassen Nähe entstehen, ziehen den User direkt ins Thema. Auch hierzu findest du in diesem Buch immer wieder Hinweise. Insofern möchte ich das Thema hier nur anschneiden – einfach, weil´s dazu gehört.

HOW TO DO – DIE ÄRMEL HOCH, LOS GEHT´S!

Wir kennen uns ja nun bereits seit einigen Seiten, und vielleicht denkst du dir: „Alles schön und gut – aber wie fang´ ich das mit der Pressearbeit jetzt an?" Also lass uns die Geschichte praktisch angehen. Und mit dem Wichtigsten beginnen.

Zielgruppe: Wem erzähle ich was – und wo?

Wie jede andere Marketingmaßnahme setzt auch die Medienarbeit eine sehr konkrete Zielgruppenanalyse voraus. Hierzu wurde bereits im ersten Kapitel dieses Buches einiges gesagt, deshalb hier nur zum Auffrischen:

Stelle dir bitte **vor Beginn** einer jeden Medienmaßnahme folgende Fragen (und beantworte sie sehr sorgfältig):

- **WEN** genau möchte ich ansprechen?
  Die Antwort auf diese Frage verdient ein bisschen Zeit – ist die erste Person, die dir hier einfällt, *wirklich* deine Ansprechpartnerin? Gibt es „Mittler", bei denen es sich lohnt, sie ebenfalls im Auge zu behalten? Nimm dir die Zeit, bewege diese Frage und stelle sie immer wieder. Ohne hierauf eine zufriedenstellende Antwort zu haben, kannst du dir – mit Verlaub – den Rest schenken.

- **WO** informiert sich diese Person?
  Auch hier: Werde so konkret wie möglich. Ist deine Zielperson eher der „online-Typ", liest sie gern Zeitschriften oder informiert sie sich in Fachpublikationen? Ist sie vielleicht in einem Berufsverband engagiert, dessen Mitgliederzeitschrift du nutzen kannst – und solltest? Du kannst dir viel Zeit, Geld und Energie sparen, wenn du mit deiner Medienarbeit zielgerichtet die Kanäle bespielst, die deine Wunschkunden regelmäßig nutzen.

- **WIE** möchte diese Person angesprochen werden?
  Ob du´s glaubst oder nicht – das ist tatsächlich einer der häufigsten Fehler in der Medienarbeit: die richtige Ansprache. Das geht bei der

Grundsatzfrage „Du" oder „Sie" los, erstreckt sich über Fachjargon (oder die Vermeidung desselben) und endet noch lange nicht bei mehr oder weniger komplex verschachtelten Textpassagen. Flapsig oder konservativ, bildungsdeutsch oder breitentauglich, kurz und knackig oder gern ausführlich: Auch hier lohnt sich ein genauer Blick, bevor du loslegst.

Praxis-Tipp: Fokus Fachmedien

Beziehe bei deinen Überlegungen zum „Wo" unbedingt Fach-Publikationen mit ein. Hier schlägst du gleich mehrere Fliegen mit einer Klappe: Gerade kleinere Nischen-Magazine haben häufig wenige Stammautoren und freuen sich über gut (!) geschriebene Texte. Außerdem kannst du deinen Expertenstatus mit Branchenkenntnissen unterstreichen – und du erreichst deine Wunschkunden dort, wo sie sich routinemäßig mit ihren Business-Themen auseinandersetzen.

In einer aktuellen Umfrage erklärten 57 % der befragten Entscheider aus dem Mittelstand, sich *regelmäßig* in Fachzeitschriften (Print oder als E-Paper) zu informieren [4] – warum also diesen Kanal nicht nutzen? Das gilt übrigens auch für Publikationen von Berufsverbänden und anderen Organisationen, die sich stark mit einer Branche befassen.

Timing ist alles – deine Medienstrategie

Nehmen wir nun an, du hast dich mit all diesen Fragen auseinandergesetzt und sie zufriedenstellend beantwortet – und dann? Dann brauchst du vor allem eines: einen guten Plan. Hier solltest du im Idealfall ca. sechs Monate vorausplanen. Sechs Monate?! Ja, ich weiß – natürlich kannst du nicht alles ein halbes Jahr im Voraus planen, was du aktuell kommunizieren willst. Du kannst aber einplanen – und solltest das auch tun – wann du ein neues Produkt auf den Markt bringen, wann du dich z. B. zu einem bestimmten „Tag der/des …" äußern möchtest oder ob du ein saisonrelevantes Thema hast.

Praxis-Tipp

Wenn du die für dich und deine Zielgruppe relevanten Medien identifiziert hast, besorg dir am besten deren Themenpläne. Entweder findest du diese online (häufig auch unter „Mediapläne"), oder du rufst einfach in der Redaktion an und bittest um Zusendung. Gerade (Fach-)Zeitschriften setzen häufig unterschiedliche Themenschwerpunkte in ihren Ausgaben. Welche passt am besten zu dir und deinem Unternehmen? Zu welchen Themen kannst du dich als Experte positionieren? Notiere dir den jeweils relevanten

Redaktionsschluss (diese Daten stehen normalerweise auch im Mediaplan) und achte darauf, diesen sehr pünktlich einzuhalten – lieber ein paar Tage zu früh als zu spät. Nimm frühzeitig mit der Redaktion Kontakt auf und biete einen Beitrag zum Thema an – für das Magazin kostenfrei.
Und dann: schreibe.

So entsteht dein persönlicher Redaktionsplan – berücksichtige darin unbedingt auch deine anderen Marketingmaßnahmen. Am besten ergänzen sich die verschiedenen Kanäle, befeuern sich gegenseitig und bringen dir so maximalen Nutzen. Dazwischen bleibt dir Gelegenheit, spontan auf Aktuelles zu reagieren und dann – vermutlich am besten online – ein Statement oder eine Pressemeldung zu publizieren (z. B. als Reaktion auf Marktveränderungen, Branchennews). Fokussiere dich aber stets auf nur **ein Thema** pro Pressetext. Diese Methode ermöglicht dir, eine der wichtigsten Regeln in der Medienarbeit zu berücksichtigen: „Sei relevant!"

Die Redaktion – da musst du durch

Einen Pressetext solltest du nur versenden, wenn du wirklich etwas mitzuteilen hast – und zwar nicht (nur) aus deiner, sondern vor allem aus journalistischer Perspektive. Vergiss nie, dass dein Text zunächst die Redakteurinnen und Redakteure überzeugen muss – um überhaupt Gelegenheit zu haben, deine Kunden zu begeistern. Das kann ein wenig tricky sein, weil du ja eigentlich für deine Zielperson schreibst. Die Journalisten sind hier „Mittler" – und an ihnen führt kein Weg vorbei.

Deshalb solltest du beim Schreiben auch immer im Auge behalten, dass die Redaktion mit deinem Beitrag möglichst wenig zusätzlichen Aufwand hat. Das steigert deine Chancen, ins jeweilige Blatt oder auf die jeweilige Plattform zu kommen – und unterstreicht ganz nebenbei deine Kompetenz in Sachen Kommunikation.

Übrigens: Es lohnt sich immer, Kontakte in relevante Fachredaktionen aufzubauen. Du musst jetzt nicht gleich Geschenkkörbe versenden (und besser lässt du davon auch direkt die Finger), doch schadet es sicher nie, freundlich zu sein. In Redaktionen sitzen Menschen, die einen engen Zeitplan haben, die wahrscheinlich gedanklich in ganz anderen Themen stecken, die meist unter Zeitdruck Texte produzieren und liefern müssen. Es empfiehlt sich deshalb, Telefonate vorzubereiten, die richtigen Ansprechpartner bereits vorab online zu recherchieren, schnell zum Punkt zu kommen und auch mal die Frage zu stellen: „Kann ich Sie zu diesem Thema irgendwie unterstützen?"

Eine weitere Möglichkeit, Kontakte in Fachredaktionen aufzubauen, sind Branchenevents oder lokale Veranstaltungen. Die meisten Fachjournalisten bewegen sich im eigenen Themenkontext – du wirst hier immer wieder auf die gleichen Kolleginnen und Kollegen treffen. Wenn du bei solchen Gelegenheiten bereits Kontakte aufbaust und pflegst, fällt es dir später deutlich leichter, deinen Pressetext zu platzieren.

Kurz & Knapp

- Deine Pressemitteilung muss zunächst die Redaktion überzeugen – nur so kann sie die Leserinnen und Leser überhaupt erreichen.
- In Redaktionen herrscht meistens Zeitdruck – gehe deshalb sorgsam mit der Zeit deines Gegenübers um.
- Knüpfe und pflege Kontakte in für dich und dein Business relevanten Fachredaktionen – beispielsweise auf Branchenveranstaltungen.

DER PRESSETEXT – WORT FÜR WORT

Eine wichtige Voraussetzung für die Veröffentlichung deines Textes ist seine sprachliche (journalistische) Qualität. In jeder Redaktion hält sich die Freude über Pressemitteilungen in Grenzen, die umformuliert, korrigiert, vielleicht ganz neu geschrieben werden wollen. Dabei folgt der Aufbau einer Pressemitteilung einer klaren Struktur (man spricht vom Pyramidenprinzip) – egal, um welches Thema es sich handelt:

1. Die Headline

Die Headline (Überschrift) soll neugierig machen, informativ und treffend sein – und das möglichst kurz. Als Faustregel gilt: Keine Headline über 60 Zeichen – online wie offline. Je kürzer und prägnanter, desto besser. Dabei ist übrigens – und das gilt ausschließlich für die Headline! – auch erlaubt, keinen vollständigen deutschen Satz abzuliefern. Wortspiel, Alliteration, Zuspitzung: erlaubt ist, was begeistert – und in den Text zieht.

2. Die Subline

Diese „Unterüberschrift" ergänzt die Headline mit weiteren Informationen. Spätestens hier sollte der Name deines Unternehmens fallen – allerdings nur einmal. Erzeuge Aufmerksamkeit und locke die Leserschaft, indem du dein Thema anreißt. Doch Vorsicht: Dein Text muss halten, was die Schlagzeile verspricht. „Mit Schlagzeilen erobert man Leser, mit Information behält man sie." (Alfred Charles William Harmsworth Northcliffe, britischer Verleger). Recht hat er.

3. Der Vorspann (Lead)

Der Lead dient als „Einleitung" deiner Pressemitteilung – und beantwortet alle wichtigen „W-Fragen" in einem Absatz: Wer? Wo? Was? Wann? Warum? Wie? Sämtliche Informationen stecken also in diesem Vorspann – der Leser muss spätestens hier erfassen können, was du ihm zu sagen hast. Häufig wird der Lead mit einer sog. „Spitzmarke" eingeleitet, die Ort und Datum der Pressemitteilung angibt: „*Berlin, DD.MM.YY*". Wichtig: Anhand des Leads entscheiden Redakteure, ob sie den Text aufgreifen wollen.

4. Information im Fließtext

Nun sollten zwei, drei Absätze mit Informationen folgen. Schreibe möglichst klar, formuliere bildhaft und verwende aktive Formulierungen im Präsens (also: „XY launcht neues Produkt" anstatt „XY hat das Produkt auf den Markt gebracht"). Zitate lassen deinen Text lebendig wirken – achte aber zwingend darauf, dass der oder die Zitierte den Text vor der Veröffentlichung sieht und (am besten schriftlich) freigibt. Erkläre deinen Lesern, wer hier spricht, und erzeuge so Nähe. Sorge für Abwechslung zwischen Fakten, direkter und indirekter Rede – und vermeide es, durch Gedankensprünge, Schachtelsätze und eine Vielzahl an Zitatgebern zu verwirren. Und schließlich: Behalte im Hinterkopf, dass vielleicht nicht für den gesamten Text Platz in deinem Wunschmedium ist. Jede Pressemitteilung muss von hinten nach vorn gekürzt werden können, ohne den Sinn zu verlieren.

5. Der Abbinder

Hier findet die Redaktion sämtliche Kontaktdaten auf einen Blick – das ist sozusagen der Service-Absatz. Vielleicht möchte die Redaktion noch mehr zum Thema wissen, ein Interview mit einem der Ansprechpartner führen oder eine aufkommende Frage direkt klären? Dann erleichtere der Journalistin oder dem Journalisten die Arbeit, mit einem Klick in der Mailbox zu landen – oder dich direkt ans Telefon zu bekommen. Ergänzen können den Abbinder – als kleiner Zusatzservice – Informationen zum Unternehmen, zur Firmengeschichte oder die Definition komplexer Fachbegriffe.

Kurz & Knapp

- Wähle eine aussagekräftige Headline (max. 60 Zeichen), die du mit einer Subline ergänzen kannst.
- Spätestens nach dem Vorspann entscheiden Redaktionen, ob sie deinen Text aufgreifen möchten – erzeuge Spannung!
- Formuliere bildhaft, aktiv und lebendig. Zitate erzeugen Nähe. Vermeide es, zu verwirren.

UND WAS GEHT SONST NOCH? JOURNALISTISCHE DARSTELLUNGSFORMEN.

Neben der klassischen Pressemitteilung bietet sich eine ganze Reihe weiterer Darstellungsformen an, dich und dein Unternehmen in die relevanten Medien zu bringen: Veranstaltungsberichte machen dein Unternehmen oder deine Organisation erlebbar, nehmen die Leser direkt mit in die Eventlocation. Statements oder Kommentare unterstreichen deine Expertise, Interviews oder Portraits wichtiger Unternehmensmitglieder erzeugen Nähe.

Im Prinzip gelten hier die gleichen Schreib- und Sprachregeln wie bei der Pressemitteilung. Versuche dich daran, wenn du Freude am Schreiben und Lust auf etwas „mehr" hast. Erzähle eine Geschichte, die auch du gern hören würdest, würze sie mit sprachlicher Abwechslung und garniere sie mit starken Sprachbildern – dann kann eigentlich fast nichts schief gehen.

Sonderform: Krisen-PR

Eine Krise im Unternehmen erfordert eine besondere Form der Medienarbeit: Produktrückrufe, Entlassungswelle, Sanierungsfall – all das können Situationen sein, die besonderes Fingerspitzengefühl (auch) in der Kommunikation erfordern. Einerseits ist schnelles Handeln wichtig, im Extremfall für das Unternehmen existenziell, andererseits kommt es hier ganz besonders auf ausgewählte Formulierungen an. Aufrichtig, authentisch und transparent: So gestaltest du Krisenkommunikation. Meine ganz klare Empfehlung: Hol dir in einem solchen Fall unbedingt professionelle Unterstützung. Weil dir wahrscheinlich die Erfahrung hierfür fehlt, ganz sicher aber fehlt dir die Zeit. Und am allerbesten stellt sich dir diese Frage sowieso nie.

Auf den Punkt gebracht gilt für alle journalistischen Darstellungsformen: „Schreibe kurz – und sie werden es lesen. Schreibe klar – und sie werden es verstehen. Schreibe bildhaft – und sie werden es im Gedächtnis behalten." Joseph Pulitzer (1847-1911).

Stille Post?

Nun hast du also einen Pressetext verfasst, der alle Kriterien erfüllt, der zum richtigen Zeitpunkt das richtige Thema aufgreift, der deinen Expertenstatus unterstreicht und deine Leser begeistern wird. Und wie kommt der Text nun in die Zeitung?

Wenn du deinen Text per E-Mail an die Redaktion versendest, solltest du in jedem Fall noch einen „Anreißer" als Begleittext verfassen – kurz, charmant, informativ. Achte außerdem auf eine aussagekräftige Betreffzeile, in der du auf jeden Fall den Namen deines Unternehmens nennst. Sende deinen Pressetext als PDF, als Textdokument und kopiere den Text zusätzlich in die E-Mail (nach deiner Signatur). Manche Provider verhindern E-Mail-Anhänge, so stellst du sicher, dass dein Text in jedem Fall ankommt.

Unterstütze die Redaktion weiter, indem du geeignetes Bildmaterial zur Verfügung stellst (Achtung: Liefere Bilder zwingend in druckfähiger Auflösung und gib die Bildquelle, also die Fotografen und/oder Rechteinhaber, an). Wenn´s nur ein Foto ist, kannst du die Datei der E-Mail anhängen, ansonsten stelle besser einen Link zum Download zur Verfügung (Du machst dir sicher keine Freunde, wenn du die Postfächer der für dich relevanten Redaktionen mit Bildern von mehreren MB vollknallst).

Vor allem aber: Informiere dich vorher über den richtigen Ansprechpartner für dein Thema. Sprich die Redakteurin oder den Redakteur mit deiner Mail direkt an und unterstreiche so dein aufrichtiges Interesse. Du kennst das sicher: Eine E-Mail, die in deiner persönlichen Mailbox landet und die dich mit Namen anspricht, vielleicht sogar mit einer pfiffigeren Grußformel als „Sehr geehrte Frau Meier", wirst du wahrscheinlicher lesen als eine Mail, die die „Sehr geehrten Damen und Herren" im info@-Postfach anspricht.

Kurz & Knapp

- Bewirb deinen Pressetext mit einem kurzen, charmanten Teaser.
- Biete ergänzendes Bildmaterial zum Text an – mit Quellangabe und in Druckauflösung (oder weboptimiert für Online-Medien).
- Finde die richtigen Ansprechpartner – und unterstreiche so dein ehrliches Interesse.

DINOSAURIER ODER KÖNIGSDISZIPLIN?

Ich habe nun versucht, dir mit diesem Kapitel die Presse-, nein, die Medienarbeit, ihre Rolle im modernen Marketing und ihre Bedeutung für dein Unternehmen etwas näher zu bringen. Ja, diese Art der Kommunikation gibt es schon lange, gefühlt ewig. Und ja, sie hat Substanz – und das Potenzial, dich, dein Unternehmen oder deine Organisation mit deinen Wunschkunden in den Dialog zu bringen, die Menschen für dich zu begeistern. Sie erfordert Hirnschmalz, Hingabe und Strategie, die Liebe zur Sprache und auch ein bisschen Mut. Und sie kann dich – quasi nebenbei – als den Experten oder die Expertin deiner Branche etablieren. Königsdisziplin, oder?

Literatur:

[1] Kunczik, M., Public Relations. Konzepte und Theorien. 4. völlig überarbeitete Auflage Böhlau Verlag, Köln 2002

[2] Weser A., Haus der Pressefreiheit, Empirische Ergebnisse zur Mediennutzung und Medien-Bewertung der deutschen Bevölkerung, 2017

[3] Köcher, R., Institut für Demoskopie Allensbach (IfD) / VDZ, IfD-Umfrage 11062

[4] LAE (Leseranalyse Entscheider) 2020 – Sonderauswertung Fachmedien (Deutsche Fachpresse), planung & analyse 4/2021

Doris Hoy-Sauer

Doris Hoy-Sauer ist Gründerin und geschäftsführende Gesellschafterin der A HOY PR Agentur- und Verlagsgesellschaft in Augsburg/Deutschland. Gemeinsam mit ihrem Team – übrigens allesamt Kolleginnen mit journalistischem Hintergrund – widmet sich die gebürtige Regensburgerin seit 2004 der Presse- und Öffentlichkeitsarbeit von KMUs, Vereinen und Verbänden. A HOY PR unterstützt Unternehmen und Organisationen bei der Medienarbeit und agiert für verschiedene Verbände als eigenständige Pressestelle. Neben der reinen Pressearbeit begleitet A HOY PR ihre Kunden in allen Fragen der Öffentlichkeitsarbeit, erstellt PR-Konzepte und koordiniert deren Umsetzung. Mit dem eigenen Label „dentevent by ahoy-pr" realisiert A HOY PR nationale und internationale Fortbildungsveranstaltungen und Kongresse, online, live oder hybrid.

Neben ihrem Business brennt Doris Hoy-Sauer für die Wissensvermittlung – wenn auch etwas anders: Mit ihrem Herzensprojekt, dem gemeinnützigen Verein Kidzangoni e.V., und einem Schulpartner vor Ort ermöglicht Hoy-Sauer Kindern in einem kenianischen Dorf den Zugang zu hochqualifizierter Bildung. 2022 eröffnete Kidzangoni e.V. die 1. Online-Bush-School Kenias – um diesen Kindern eine selbstbestimmte Zukunft zu ermöglichen, Chancen zu schenken.

A HOY PR Agentur- und Verlagsges. mbH

https://ahoy-pr.de
https://dent-event.com
www.kidzangoni.de
www.facebook.com/doris.hoysauer
www.instagram.com/hoysauer
www.LinkedIn.com/in/doris-hoy-sauer-79157b117

KAPITEL 8

SPEAKER-MARKETING

Trage Deine Botschaft in die Welt und werde als der Experte wahrgenommen, der du bist.

von Jeannine Tieling

INHALT

Zielgruppe: Fachexperten aller Branchen, Trainer, Coaches, Berater.

Voraussetzungen: Du bist Experte in deinem Business und weißt, wovon du redest. Du stiftest deiner Zielgruppe Mehrwert durch dein fachliches Know-how; oder du hast prägende Erlebnisse durchlaufen und besondere Erfahrungen [ich nenne dich in diesem Kapitel „Lebenserfahrener"] gemacht, aus denen du Mehrwert für dein Publikum schöpfst.

Erfahrungen: Wenn du begabter Autodidakt bist, schaffst du es womöglich alleine, dein Marketing voranzutreiben und umzusetzen. Meist ist es ratsam, sich Unterstützung zu holen – wenn auch nur punktuell.

In diesem Kapitel verrate ich dir, was du alles brauchst, um als Speaker erfolgreich zu werden. Vielleicht ernüchtert dich das an der einen oder anderen Stelle. Wenn das der Fall ist, so behalte deine Leichtigkeit und unbedarfte Herangehensweise, die du bis hierher mitbringst. Denn Neugier und einfach Loslegen ohne großes Zerdenken werden oft belohnt.

Wenn du zu denjenigen gehörst, die schon länger mit einer Tätigkeit als Speaker liebäugeln, sich aber bisher nicht herangetraut haben, so schenkt dir dieses Kapitel eine umfassende Übersicht. Du erfährst, welche Schritte du auf deinem Weg zum erfolgreichen Speaker machen oder zumindest andenken darfst und welche Bühnen es für dich und deine Botschaft gibt.

DER REDNERMARKT BOOMT WIE NIE ZUVOR

So groß die Angst der Menschen vorm öffentlichen Reden ist, so groß sind Hoffnung und Sehnsucht vieler Experten, Trainer, Coaches und Berater, mit ihrer Botschaft die Bühnen dieser Welt zu erobern. Das schnelle Geld, hohe Umsätze, große Bekanntheit und die Welt verändern; Impact liefern, einen Unterschied machen, einen unverwechselbaren Beitrag leisten für Fortschritt in den Unternehmen und für ein positives Miteinander in der Gesellschaft und für so viel mehr. Die Motivation der Redner und angehenden Bühnenprofis ist vielfältig.

In den vergangenen Jahren hat der Rednermarkt noch einmal einen enormen Auftrieb erfahren. Viele Speakerseminare sind ausgebucht, der Run auf Webinare und Online-Trainings ist groß, manche Redneragenturen sind voll und nehmen niemanden mehr auf.

Seit im Zuge der Mikrobenkrise im Jahr 2020 und 2021 viele Veranstaltungen in Präsenz nicht mehr stattfinden konnten und unzählige Unternehmer und Selbständige ihre Dienstleistung eine Zeit lang gar nicht mehr oder nur noch online anbieten konnten, schwappte eine erneute Welle durch die Branche. Diesen Schluss lassen eine intensive Beobachtung des Marktes, viele Gespräche mit Marktkennern und angehenden Speakern zu. Objektive Zahlen, die diese Entwicklung bestätigen, sind nicht zu finden.

Bedarf an Impulsgebern wächst

Immer mehr Business-Events finden demzufolge heute online oder hybrid statt. Weil hierbei aufgrund der geringeren Aufmerksamkeitsspanne vor dem Bildschirm die Programmbestandteile und Rednerslots oft kürzer sind als bei Präsenzveranstaltungen, ist die Nachfrage nach Speakern gestiegen. Dies mag unter anderem eine Ursache für den Boom sein.

Gleichzeitig befindet sich die Gesellschaft, jeder einzelne Mensch in einer rasanten Entwicklung und sieht sich vor teils großen Herausforderungen in nahezu allen Lebens- und Arbeitsbereichen. Das steigert den Bedarf an Hilfestellung, Motivatoren und Kommunikation für Privatpersonen, Mitarbeiter und Unternehmen. Um mit den Unwägbarkeiten unserer Zeit umgehen zu können, braucht es Experten und Impulsgeber, die Halt und Zuversicht auf vielen Ebenen geben – sei es beispielsweise im Bereich Persönlichkeitsentwicklung, Finanzen, Gesundheit, Ernährung, Partnerschaft, Mitarbeiterbindung, Businesswachstum, Künstliche Intelligenz, Zukunftsforschung, Nachhaltigkeit und andere.

Öffentliches Reden gilt als die häufigste und größte Angst der Menschen. Das besagt ein 1977 in „The Book of Lists" veröffentlichtes Studienergebnis: 41 Prozent der Befragten gaben an, sich vor dem Reden vor einer Gruppe zu fürchten.

Statista hat diese Zahlen in einer 2013 veröffentlichten Übersicht noch einmal bestätigt. Der Angst vor dem öffentlichen Reden folgen Höhenangst (32%), Angst vor Geldmangel, tiefem Wasser und Ungeziefer (jeweils 22%). Die Angst vor Krankheit und dem Tod belegen Rang sechs (19%).

Aus meiner Erfahrung heraus kann ich bestätigen, dass nach wie vor sehr viele Menschen – auch Hochgebildete und Intellektuelle – große Angst haben, sich bei einem Auftritt vor Publikum zu blamieren oder zu versagen.

Gleichzeitig stellen sich immer mehr Menschen dieser Herausforderung. Der Ruf nach beruflichem Erfolg und Erfüllung sowie der Drang, in der Welt etwas bewegen zu wollen, sind bei vielen inzwischen so groß, dass sie gewillt sind, die Redeangst zu besiegen.

Neue Speakerszene kreiert sich

Neben dem über Jahrzehnte etablierten klassischen Speakermarkt bildet sich gleichzeitig ein neuer Markt heraus, den sich Businessprofis, Lebenserfahrene und [angehende] Speaker seit einigen Jahren selbst erschaffen. Sie kreieren ihre eigenen Bühnen, entweder im Internet oder in eigenen großen Seminaren. Die Anbieter – meist Trainer, Coaches, Berater – sind hier unabhängig von Buchungen durch Großkonzerne, Unternehmen, Wirtschaftskammern, Verbänden oder sonstigen Institutionen, die einen Redner für ihre Veranstaltung suchen.

Wenngleich dieser neue, parallele Markt von den Platzhirschen des klassischen Speakergeschehens vielfach belächelt wird, gilt hier wie in anderen Bereichen auch: Wo Nachfrage und Bedarf sich mit passenden Angeboten decken, ist beiden

Seiten gedient. Der sich selbst schaffende Markt fernab des bislang Üblichen trifft auf eine beachtliche Zielgruppe und hat längst seine Berechtigung.

Diese öffentlich wirkenden Experten und Lebenserfahrenen nenne ich ebenfalls Speaker, da sie entweder im Internet teils fast täglich zu ihrer Zielgruppe reden, oft bei hoher Reichweite, oder auf ihren eigenen Events ebenfalls vor teils beachtlichem Publikum sprechen.

Unterschied hier: Dein Publikum kommt nahezu ausschließlich freiwillig, um sich von dir motivieren und inspirieren zu lassen, um von dir zu lernen. Wohingegen klassische Keynote-Speaker, die als Ergänzung oder Top-Act eines Events gebucht werden, auch mit Zuhörern rechnen müssen, die an Vortrag und Thema nicht interessiert sind.

Verschiedene Märkte, verschiedene Zielgruppen

Als Speaker dieser neuen Zeit bestimmst du deine Zuhörerschaft aktiv selbst. Du richtest dein Marketing in der Regel direkt an den Menschen, an Privatpersonen oder Unternehmer und Selbständige.

Als klassischer Speaker, der hauptsächlich für Keynotes bei Veranstaltungen online wie in Präsenz gebucht werden möchte, richtest du dein Marketing genauso an deine Zielgruppe, die von deiner Botschaft profitiert. Gleichzeitig musst du all diejenigen ansprechen, die für ihre Events einen Speaker benötigen wie Unternehmen, Institutionen, Vereine oder Verbände, sowie alle an der Organisation von Veranstaltungen Beteiligten wie Eventagenturen, Messe- und Kongressveranstalter und weitere.

Bei Veranstaltungen im Business- und öffentlichen Kontext, ganz gleich, ob sie online digital oder analog in Präsenz stattfinden, bist du als Redner abhängig von mehreren Faktoren und Beteiligten: Von der Nachfrage nach Rednern generell, vom Themenwunsch und Interesse des Veranstalters und seines Publikums, vom Budget oder von Event- oder Redneragenturen, die dich vermitteln. Je besser dein allumfassendes Marketing, desto besser bist du im Geschäft. Doch auch wenn du überwiegend in dieser Szene als Redner aktiv bist, gilt es, Marketing für deine Zuhörerschaft zu betreiben. Denn nur, wenn du gehört werden möchtest und deine Botschaft für eine entsprechende Masse oder auch Nische Relevanz hat, werden die Veranstalter dich buchen.

Als Speaker der neuen Zeit, der sich seine Bühnen selbst kreiert, ist die einzige Komponente, von der du abhängig bist, deine Zielgruppe. Diese bespielst du mit deinen Marketingaktivitäten aktiv komplett selbst und hast keine zwischengeschaltete Hürde, die du erst noch überzeugen musst. Im neuen Speakermarkt hast du selbst direkten Zugang zu deinem Publikum, das du -

gewusst wie - in seinen Bedürfnissen abholen kannst: und zwar online genau dort, wo es sich gerade aufhält.

Nutze beide Märkte für dich

Selbstverständlich gibt es eine Schnittmenge beider Rednermärkte. Zum einen kommen die Keynote-Speaker aus dem bisher klassischen Markt nicht mehr umhin, im Internet präsent zu sein und sich dort mit ihrer Botschaft zu zeigen. Wenn sie in der Masse des Rednermarktes gefunden werden und Buchungen erhalten wollen, müssen auch sie den neuen Markt für sich nutzen. Denn ohne große Online-Sichtbarkeit und sonstiges Marketing werden wohl nur noch ganz spezifische Fachexperten mit kleiner Nische das Glück haben, als Redner einen Auftrag zu erhalten. Ansonsten ist der Markt sehr voll und du als Speaker musst dafür sorgen, dass du Aufmerksamkeit erzeugst.

Zum anderen wollen viele Speaker der neuen Szene genauso für große Keynotes im klassischen Markt oder beispielsweise als Experte auf (Online-) Kongressen gebucht werden.

Entscheide du, welcher Markt deiner ist – wahrscheinlich beide. Einerseits kommen die Experten, Trainer, Coaches und Berater als Redner kaum mehr an beiden Spielwiesen vorbei. Du hast nahezu keine Wahl mehr, was gut so ist. Denn so dürfen und müssen sich die Redner mehr und mehr über ihre Botschaft und Positionierung bewusstwerden und klar kommunizieren. Andererseits gibt es fast kein „Entweder-Oder" mehr. Wir leben jetzt in einer Zeit, in der wir das verbindende „Und" leben dürfen. Wir dürfen und können alle verfügbaren Kanäle und Plattformen nutzen und uns alles ermöglichen, was wir für wichtig und richtig erachten.

> *Wenn sie in der Masse des Rednermarktes gefunden werden und Buchungen erhalten wollen, müssen auch klassische Keynote-Speaker den neuen Markt für sich nutzen.*

DEINE POSITIONIERUNG IST DEIN HAUS

Als Speaker – egal auf welchem Markt du zuhause bist – brauchst du eine klare Positionierung. Das bedeutet nicht, dass du von deinen Gaben und Fähigkeiten, von deinem Know-how und deiner Expertise etwas wegschneiden oder verstecken musst und nicht alles ausleben darfst, was dich ausmacht. Vielmehr ist deine Positionierung dein Haus, das alle Zimmer unter einem Dach vereint. Beim

Anstrich deines Hauses gilt es zu schauen, dass du einen eingängigen, unverwechselbaren, am besten signalfarbenen Anstrich wählst.

Nun kann es sein, dass es bereits einige Häuser mit ähnlicher Farbwahl und Architektur gibt. Deswegen ist so wichtig, dass du deine Besonderheiten ganz genau definierst: Was ist deine Expertise, was sind deine speziellen Erfahrungen, die du weitergeben möchtest, wie ist deine persönliche Geschichte, aus der deine Erkenntnisse resultieren, wem genau nützen dein Wissen sowie deine Tipps und Impulse, welche Probleme kannst du damit explizit bei deiner Zielgruppe lösen?

Dein Haus als Place-to-be

Das sind die wichtigsten Fragen, die es bei der Positionierung zu beantworten gilt. Bist du reiner, absoluter Fachexperte, der über Know-how und Lösungsansätze in einer ganz spezifischen Nische verfügt, gelingt das meist leichter. Trainer, Coaches, Berater als sogenannte Lebenserfahrene tun sich da oft deutlich schwerer, auch wenn sie Ausbildungen und Zertifikate vorweisen können. Doch sind sie häufig kreative Freigeister mit vielen Gaben und passen deswegen in keine Schublade. Doch auch sie müssen sich mit ihrer Positionierung beschäftigen. Denn stehst du nicht für ein konkretes Thema [dein Haus] und gibt es dafür womöglich keinen Markt, sprich keine Nachfrage, weil es niemanden interessiert, wirst du es als Speaker schwer haben, an Buchungen zu kommen.
Auch im „neuen" Markt, den du dir selbst kreierst, musst du für dein übergeordnetes Thema samt Problemlösung für eine Zielgruppe stehen und dies entsprechend kommunizieren.

In einzelnen Fällen kann es sein, dass dein Haus zu umfangreich ist oder einige Bereiche davon zu unübersichtlich oder uninteressant für deine Zielgruppe sind. Du kannst in deiner üblichen Arbeit zwar alle Räume nutzen, du solltest dann aber für das Speakerbusiness ein Zimmer besonders herausputzen und dieses im Marketing als Thema vorne dran stellen. Dann finden deine Bühnenshows eben dort statt. Dein Haus oder eben deine VIP-Suite sind der unbedingte Place-to-be für deinen Rednererfolg.

Für deine Positionierung definiere deine Zielgruppe, ihr Problem, deine Lösung und damit deine Nische.

Dein Warum und deine Story catchen

Gerade als Lebenserfahrener, Trainer oder Coach solltest du dein Warum kennen. Das Warum, das dich antreibt, die Menschen als Redner und Öffentlichkeitsperson zu inspirieren, sie zu fordern und zu fördern. Hier kannst du dich ruhig mehrmals fragen. Die erste Antwort auf dein „Warum du tust, was du tust" und „Warum deine Botschaft genau diese Botschaft ist" ist in der Regel nie dein wahres Warum. Frage weiter und weiter und weiter, grabe am besten sieben Mal tiefer und frage dich bei jeder neuen Antwort wieder „Warum?". So kommst du deinem wahren inneren Antrieb, deinem Feuer auf die Spur. Genau hierin stecken deine Leidenschaft und die Liebe zu deiner Zielgruppe, die du aus tiefstem Herzen bereichern und ihr Leben positiv verändern möchtest. Das macht dein authentisches Ich aus.

Wenn du dein wahres Warum ganz echt und pur auf deinen Bühnen lebst und zum Ausdruck bringst, dann ziehst du deine Zuhörer in deinen Bann und zündest sie mit deiner Botschaft an. So bist du auf dem besten Weg in ein erfüllendes Speakerbusiness. Das sind Speaker der neuen Zeit. Denn sie sind es, die die Menschen im Herzen berühren und ihnen zu wahrer Transformation verhelfen wollen.

An dein Warum schließt deine persönliche Geschichte an. Sie ist Grundlage und meist Ursache deiner Mission und Vision. Sie hat dich zu dem Lebenserfahrenen gemacht, als der du nun andere Menschen inspirieren willst. Deine Story kann aus Erlebnissen, Erfahrungen, gelösten Herausforderungen, besonderen Momenten, Entwicklungsprozessen oder beispielsweise Erfolgen bestehen. Willst du als Fachexperte die Speakerbühnen erobern, so mag sich deine Story zum Beispiel aus fachlich gelösten Problemen, speziellen Entwicklungen oder Verfahren, Erkenntnisgewinnen, Lösungsansätzen, Zukunftsprognosen, Karrierewegen oder sonstigen Erfolgen schreiben.
Auch bei deiner Geschichte darfst du tief graben und bis ins Mark in dich hineinspüren, damit du die wahre Story hinter der Story erfasst, die dich echt macht.

Deine persönliche Geschichte verpackt in gekonntes Storytelling und dein Warum lassen zusammen deine Keynote und deine sonstigen Redeauftritte zum einzigartigen Inspirationsquell für deine Zuhörer werden.

Mit deinem wahrhaftigen Warum sprichst du die Menschen im Herzen an.

Vortragsthemen mit Lust auf mehr

Für den klassischen Speakermarkt brauchst du nun ein Rednerprofil, eines oder mehrere Vortragsthemen, Vortragstitel und Vortragsbeschreibungen. Diese dienen dir auch als Speaker der neuen Zeit, sofern du beispielsweise als Experte auf Kongresse oder zu Interviews eingeladen werden möchtest.

Der Abgleich deiner Positionierung mit dem Bedarf deiner Zielgruppe bestimmt dein Vortragsthema. Je nachdem wie umfangreich dein Themengebiet ist, können auch mehrere Vortragsthemen entstehen. Bei mehreren Themen kann es eine Idee sein, für den internen Gebrauch ein grobes Vortragsthema zu definieren und für die Vermarktung dafür mehrere Vortragstitel für den jeweils spezifischen Bedarf einer spezifischen Zuhörerschaft zu finden. Greifen deine Expertise und dein Erfahrungsschatz weiter, spricht selbstverständlich nichts gegen mehrere völlig verschiedene Vortragsthemen und -inhalte, solange diese unter deinem Haus [Positionierung] vereinbar sind.

Steht fest, wie viele Vorträge es von dir geben wird, werden dafür knackige Vortragstitel kreiert. Diese müssen ansprechend sein, können polarisieren, als Eyecatcher fungieren, für positive Irritation sorgen und gerne auch einen Nutzen versprechen.

Genauso knackig, neugierig und Lust auf mehr machend, vielversprechend und Nutzen suggerierend müssen die jeweiligen Vortragsbeschreibungen als Text verfasst sein. Denn uninteressante und nutzlose Vorträge kauft niemand.

Hier schließt sich nun dein Rednerprofil an, das deine Expertise herausstellt, beispielsweise deinen beruflichen Werdegang, deine persönliche Story, deine Fach- und Themengebiete und deine Vortragssprachen nennt sowie dich in einem kurzen Profiltext beschreibt.

Damit bist du nun gerüstet für die Vermarktung deiner Person als Speaker und für die Vermarktung deiner Vorträge. Vortragsthemen, Vortragstitel, Vortragsbeschreibungen sowie dein Rednerprofil kannst du auf deiner eigenen Homepage veröffentlichen oder dich damit bei Redneragenturen, Rednerplattformen und Rednervereinigungen oder sonstigen Online-Portalen listen lassen. Bei vielen Speakern ist es ein Mix aus mehreren dieser Möglichkeiten.

Dein Rednerprofil und deine Vortragstitel müssen Interesse wecken und einen Nutzen versprechen.

VERMARKTUNG DEINER SPEAKERPERSÖNLICHKEIT

Nachdem du bis hierher jede Menge notwendige Vorarbeit für Vertrieb und Marketing geleistet hast, geht es nun an die Vermarktung deiner Speakerpersönlichkeit und deiner Vorträge. Schließlich möchtest du als Redner auf die Bühnen und deine Botschaft in die Welt tragen. Du brauchst also Buchungen, Einladungen, Aufträge und vor allem Auftritte.

Redneragentur – ja oder nein?

Redneragenturen kommen für Speaker im klassischen Rednermarkt in Frage und sind heiß begehrt. Ob Agentur ja oder nein, darauf gibt es keine richtige oder falsche Antwort. Die Listung bei einer professionellen Redneragentur birgt viele **Vorteile**, von denen ich die aus meiner Sicht wichtigsten nenne:

- Du wirst als Redner in einem professionellen Umfeld ausgewiesen.
- Als erster Ansprechpartner für Interessenten fungiert eine Agentur wie dein Büro, das heißt: du bist während der üblichen Geschäftszeiten für Anfragen immer erreichbar.
- Die Agentur übernimmt in der Regel alle Verhandlungen mit Interessenten sowie jegliche Kommunikation und Abrechnung mit dem Auftraggeber.
- Teilweise übernimmt die Agentur auch deine Reisebuchungen oder sonstige Managementaufgaben.
- Einige Agenturen unterstützen dich bei Positionierung, Festlegen von Vortragsthemen und Texten der Vortragsbeschreibungen.
- Manche Agentur entwickelt dich als Newcomer zum Redner, im Idealfall über mehrere Jahre hinweg sogar zum gefragten Keynote-Speaker.
- Du profitierst von der Reichweite der Agentur, sofern sie gutes Social Media, Newsletter-Marketing, Online-PR oder Pressearbeit betreibt.
- Agenturen bieten dich teils aktiv bei ihren Stammkunden oder auch bei neuen Kontakten aktiv als Keynote-Speaker an.
- Du hast für alle deine Fragen rund um das Speakerbusiness stets einen Ansprechpartner.
- Du lernst schnell andere Speaker kennen und hast die Möglichkeit zum Austausch unter Kollegen.

Redneragenturen arbeiten mit Speakern in unterschiedlichen Modellen zusammen. So gibt es beispielsweise Exklusivverträge, in deren Rahmen alle deine Buchungen als Redner über die Agentur laufen. Daneben gibt es Nicht-Exklusivverträge, wobei die Agentur bei einer Buchung vom Honorar beispielsweise 25 Prozent als Provision erhält und du Buchungen auch selbst oder über andere Wege abwickeln kannst.

Drum prüfe, wer sich ewig bindet. Diese Devise gilt auch für dich als Speaker.

Die Konditionen und Vertragsbedingungen sind bei den einzelnen Redneragenturen zu erfragen. Wenn du Interesse an der Zusammenarbeit mit einer Redneragentur hast, so empfehle ich dir, diese auf Herz und Nieren zu prüfen und abzuklopfen, ob ihr vom gemeinsamen Verständnis und euren Werten her zusammenpasst. Im besten Fall wählst du für dich eine Redneragentur, die dich im Markt aktiv vermittelt, anstatt dich als einen von vielen Speakern nur zu verwalten.

Manchmal mehr Schein als Sein?

Es gibt Plattformen und Zusammenschlüsse, die sich als Redneragentur bezeichnen, dich als Speaker jedoch nicht aktiv vermarkten. Hier bist du gegen eine oft nicht unerhebliche Gebühr als Redner gelistet, durchaus in einem hochwertigen und professionellen Umfeld. Viele Speaker nehmen diese Gelegenheit der exklusiven Darstellung als Marketing-Tool gerne in Anspruch – einmal zum Zwecke des Renommees, zum anderen, weil sie sich davon Aufträge versprechen. Einzelne Redner haben mir im persönlichen Gespräch ernüchtert verraten, dass die Listung zwar etwas ist, mit der sie gut für sich werben können, weil es etwas hermache. Buchungen seien darüber aber über einen längeren Zeitraum nicht zustande gekommen.
Erhalten diese „Agenturen" aktiv Kundenanfragen, so vermitteln sie ihre Redner selbstverständlich weiter. Oftmals scheint es sich bei solchen Listungen jedoch – aus meiner persönlichen Sicht! – um ein eher passives Marketing-Tool zu handeln.

Darüber hinaus findest du im Internet jede Menge weitere Portale für Speaker, Trainer, Coaches und Experten, auf denen sie sich registrieren und mit ihrem Angebot darstellen können. Auch hier rate ich dir, dir vorab genau zu überlegen, was du dir davon versprichst, das Umfeld und die Portale zu prüfen und Preis-Leistung gegenüberzustellen, bevor du dich dafür oder dagegen entscheidest.

Mit Marketing einher gehen deine Sichtbarkeit und Reichweite. Sie überschneiden sich und können von der Definition nicht allzu sehr voneinander getrennt werden. Das braucht es auch nicht. Hauptsache, du erhältst Buchungen für Keynotes und sonstige Rednerauftritte.

SICHTBARKEIT UND BEKANNTHEIT ALS ABSOLUTES MUSS

Als Redner oder angehender Redner kommst du nicht umhin, die Verantwortung für dein Marketing, deine Sichtbarkeit, Reichweite und Bekanntheit zu übernehmen. Auch wenn du dich von einer Redneragentur betreuen lässt, du als Speaker irgendwo gelistet bist und dein Rednerprofil ordentlich auf deiner Homepage hinterlegt hast: Du musst darüber hinaus im Marketing selbst aktiv werden, dich bekannt machen und bei deiner Zielgruppe Hunger nach dir wecken. Selbstverständlich kannst du dich dabei von erfahrenen Leuten unterstützen lassen.

Personal Branding – Du bist die Marke

Du als Redner bist die Marke. Sei dir dessen bewusst! Dies ist ein ganz entscheidender Faktor. Als Speaker wirst du freilich für dein Thema und den Mehrwert, den du mit deinem Vortrag stiftest, gebucht. Doch du wirst in den allermeisten Fällen vor allem auch aufgrund deiner Persönlichkeit aus den vielen verfügbaren Speakern ausgewählt. Außer bei Vorträgen, in denen es rein um deine ganz spezielle fachliche Expertise geht, gilt das in der Regel nicht.

Ansonsten will man jedoch dich, dich mit deiner Story, deinem Thema und vor allem dich mit deinem Charisma, mit deiner Energie und deiner Begeisterung. Du hast zwar eine Positionierung, dein Rednerprofil, deine Vortragsthemen. Deine Persönlichkeit und deine Wahrhaftigkeit, mit denen du dein Thema auf die Bühne bringst, sind oftmals weitaus wichtigere Kriterien bei der Auswahl von Rednern. Geht es doch meist darum, dass Speaker motivieren, unterhalten und Leidenschaft für neue Gedankenwelten oder Handlungswege wecken sollen. Dafür braucht es dich als starke Marke!

Doch bitte verbiege dich nicht, lasse nichts weg und nimm nichts hinzu, was du nicht bist.

Bist du noch unsicher, wer du als Marke wirklich bist, wofür du stehst und was dich ausmacht?
Schreibe dir einmal alle dafür notwendigen Aspekte im Zuge eines Selbstbildes auf. Dann befrage einige Menschen aus deinem privaten Umfeld, wie sie dich sehen, wie sie dich beschreiben würden, wofür du aus ihrer Sicht stehst, was sie an dir bewundern usw. Aus Selbstbild und Fremdbild kannst du einige wertvolle Erkenntnisse ziehen.

Des Weiteren mache dir Gedanken über deine Werte als Privatperson und Businessmensch. Was ist dir wichtig, was treibt dich an? Auch daraus kannst du interessante Schlüsse ziehen.
Ebenfalls wirst du Puzzlestücke zu deiner Markenbildung in deiner ureigenen Story und Positionierung finden, die du mit all den anderen Teilen zu einem großen Ganzen zusammensetzen kannst.

So entsteht Schritt für Schritt dein Personal Branding: Schritt für Schritt baust du deine Personenmarke auf und pflegst sie.
Du wirst vielleicht erstaunt sein und dich auf diese Weise neu und noch besser kennenlernen. Hab Spaß dabei und sei dankbar für all deine wundervollen Merkmale, die dich einzigartig und authentisch machen. Dich in dieser Marke trägst du nun nach außen: In all deinen Marketingaktivitäten und bei deinen Bühnenauftritten. Nicht aufgesetzt, sondern echt. Weil du genauso bist und dich als Marke unverwechselbar machst.

Verbiege dich nicht, nur weil das angeblich der Markt und die Zielgruppe brauchen. Dann sind es nicht dein Markt und deine Zielgruppe.

Nutze die bekannten Marketingwege

Jetzt gibt es keine Ausreden mehr: Du musst sichtbar und bekannter werden, wenn du dich zum gefragten Speaker entwickeln möchtest. Du darfst dazu die Klaviatur des Marketings bespielen. Nimm dir dazu ein Stück nach dem nächsten vor. Du musst nicht gleich vierhändig in der Meisterklasse auftreten, sondern mache dir einen Plan, was nach und nach gut für dich umzusetzen geht.

Sei dir klar darüber, dass möglichst alle Marketingaktivitäten auf dein unternehmerisches Ziel einzahlen sollen. Beim Speaker-Marketing müssen sich deine Marketingaktivitäten beispielsweise rund um deine Positionierung, deine Vortragsthemen, deine Expertise, deinen Zuhörernutzen, deine Lösungsansätze und Impulse bewegen und diese thematisch-inhaltlich aufgreifen.
Denn nur so bekommen deine Zielgruppe und deine künftigen Auftraggeber mit, dass es dich gibt und was sie von dir haben.

Nahezu alle in diesem Buch behandelten Marketingstrategien und -tools sind auch für dich als Speaker interessant und eine absolute Empfehlung. Hier eine Übersicht der aus meiner Sicht relevantesten Maßnahmen, um dich als Speaker und deine Keynotes zu vermarkten sowie Sichtbarkeit, Bekanntheit und Reichweite mit Relevanz auszubauen:

- Eigene Webseite und SEO
- Adressliste für Newsletter-Marketing aufbauen
- Netzwerken online und in Präsenz, persönliche Kontakte knüpfen und pflegen
- Social Media: Nutze die für deine Zielgruppe relevanten Kanäle
- YouTube, Story-Videos, Reels, Live-Streams
- Podcast
- Blog
- Online-PR
- Presse- und Öffentlichkeitsarbeit
- Kooperationen, Interviews, Webinare

Achtung: Nutze nicht blindlings alle verfügbaren Marketing-Tools. Wähle diejenigen aus, die zu dir, deinem Thema und deiner Zielgruppe passen. Wähle erst einmal wenige aus, wobei du sicher sein kannst, dass du hier regelmäßig gut in der

Umsetzung bleibst. Erst danach kannst du deine Aktivitäten auf weitere Marketingmaßnahmen ausweiten.

STIMMT DEIN AUFTRITT, BIST DU STIMMIG

Wenn du es nach all dem Marketing nun als Speaker auf die Bühnen von Firmen- und Businessveranstaltungen oder öffentlichen Events geschafft hast oder im Internet in Videos, Podcasts, Interviews oder auf Kongressen auftrittst, gilt es spätestens jetzt, sich auch um das Auftreten als Redner an sich zu kümmern.

In deiner Performance als Speaker zählst du in deiner Power und Echtheit als Marke, als Experte und Impulsgeber. In deiner Performance entscheidet hauptsächlich, wie du deinen Inhalt darbietest. Der bloße Text, die Zahlen, Daten und Fakten sind gut und schön, sie müssen sitzen. Doch dein Publikum begeisterst und inspirierst du vor allem durch deine Stimme und Sprechweise, mit deiner körperlichen Präsenz und deiner Energie.

Kommt alles Marketing zuvor qualitativ hochwertig daher, im Idealfall passend zu deinem Personal Branding, und agierst du dann als Redner vor Publikum auf low Level, dann bist du nicht stimmig. Es stimmt etwas nicht. Du bist für deine Zielgruppe nicht authentisch greifbar und damit nicht glaubwürdig.

Sind deine Rhetorik und Bühnenperformance schwach, wirst du nicht als der Profi wahrgenommen, der du bist. Das schadet im klassischen Speakermarkt erheblich deiner Reputation, im neuen (Online-) Markt wird sich deine Zielgruppe überlegen, ob sie dir noch ein weiteres Mal zuhören und Zeit schenken möchte.

Starte deswegen jetzt mit deinem Speaker-Training – damit du als Marke, als Profi und Experte, als Lebenserfahrener und Impulsgeber auf den Bühnen dieses nach wie vor boomenden und immer voller werdenden Marktes langfristig bestehen kannst.

Stimmen dein Marketing und dein Auftreten auf der Bühne nicht überein, irritierst du dein Publikum. Im schlimmsten Fall kauft es dir deine Expertise und deinen Inhalt nicht ab.

Jeannine Tieling

Jeannine Tieling hat bereits weit über 1000 Menschen zu mehr Authentizität, Charisma, Präsenz und Überzeugungskraft bei ihrem Auftritt vor Publikum auf der Online- und Offlinebühne verholfen.

Über 16 Jahre lang war sie beim Fernsehen und Radio als Redakteurin, Sprecherin und Moderatorin tätig. Darüber hinaus steht sie seit vielen Jahren als Eventmoderatorin auf der Bühne. Sie ist außerdem Expertin im Bereich PR und Presse- & Öffentlichkeitsarbeit sowie Social Media Managerin (FH). Vor einigen Jahren hat sie unter anderem für eine namhafte deutsche Redneragentur Rednerprofile, Vortragsbeschreibungen und News-Meldungen getextet.

Jeannine Tieling verhilft ihren Kunden nicht nur in den Bereichen Authentizität und Ausdruckskraft als Speaker, sondern unterstützt auf Wunsch auch im Bereich Sichtbarkeit. Denn erfolgreiche Redner brauchen eine starke Performance in zweierlei Hinsicht: im Marketing und auf der Bühne.

www.jeannine-tieling.com
www.speaker-akademie.com
www.instagram.com/jeanninetieling_official
www.facebook.com/Jeannine.Tieling.official
www.LinkedIn.com/in/jeannine-tieling
www.YouTube.com/@JeannineTieling

KAPITEL 9

EMPFEHLUNGS-MARKETING

Verkaufst du noch oder netzwerkst du schon?

von Sandra Gneist

INHALT

Zielgruppe:	Die Zielgruppe für das Thema Netzwerken ist sehr breit, da Netzwerken für beinahe jedes Business eine gute Marketingstrategie ist.
Voraussetzungen:	Das Schöne am Netzwerken ist, dass es wenig Voraussetzungen benötigt. Du muss lediglich bereit sein in die Beziehung zu andern zu investieren, und zwar intensiv und nicht nur oberflächlich.
Erfahrungen:	Das Allerbeste ist, dass es keinerlei Erfahrung braucht. Alles, was du für die ersten Schritte im Netzwerken brauchst, erfährst du hier.

Kennst du das? Du bist gerne auf Netzwerkveranstaltungen? Du würdest von dir auch behaupten, ein guter Netzwerker zu sein? Weil du leicht mit Menschen ins Gespräch kommst? Weil du immer jemand kennenlernst? Weil du jedes Mal mit Stapeln von Visitenkarten nach Hause kommst?
Und trotzdem hat noch nie ein Geschäft rausgeschaut bei so einer Netzwerkveranstaltung?

Mit meinen 10 plus 1 goldenen Regeln für effektives Netzwerken gehört das der Vergangenheit an und es wird dir gelingen, dich mit den richtigen Menschen zu vernetzen und die richtigen Gespräche zu führen. Netzwerken kann für beinahe jedes Business ein wichtiges Marketing-Tool sein. Besonders erfolgreich ist es, wenn es dir gelingt, in Netzwerken aktiv zu sein, in denen andere Netzwerker aktiv sind, die denselben Zielmarkt wie du haben, aber ein gegensätzliches Produkt oder Dienstleistung.

Netzwerken ist eine Marketingmaßnahme, die auf so gut wie keiner Universität und keinem Marketinglehrgang gelehrt wird. Es wird irgendwie vorausgesetzt, dass Netzwerken ohnehin jeder automatisch kann. Und ja! Jeder kann einem Netzwerk beitreten oder auf Netzwerkveranstaltungen gehen. Aber was dann dabei herauskommt, ist höchst unterschiedlich. Denn Mitglied in einem Netzwerk oder Besucher auf einer Netzwerkveranstaltung zu sein - das alleine reicht nicht. Netzwerken heißt, sich proaktiv mit den richtigen Menschen zu vernetzen, tiefergehende Beziehungen aufzubauen und strategisch miteinander zu arbeiten, um dann regelmäßige und planbare Empfehlungen zu erhalten.

Manche Unternehmer glauben, man braucht hunderte oder tausende Menschen, um ein erfolgreicher Netzwerker zu sein! Aber das stimmt nicht. Wenn ich Netzwerken als Marketingmaßnahme sehe, um regelmäßig und planbar Empfehlungen für mein Geschäft zu erhalten, genügt eine Handvoll ausgewählter Empfehlungspartner. In diesem Sinne braucht es also keinerlei Erfahrung, um mit dem Netzwerken zu starten. Die einzige Voraussetzung, die du mitbringen musst: Du musst gut sein, in dem was du machst und dir volle Integrität abverlangen. Denn wenn du das nicht bist und mangelnde Qualität lieferst, ist es mit dem Netzwerken und den Empfehlungen schneller wieder vorbei, als es angefangen hat.

Hier sind sie also:

MEINE 10 PLUS 1 TIPPS

zum erfolgreichen Netzwerken und somit zu mehr Empfehlungen für dein Geschäft.

Tipp #1: Ausrüstung

Der erste Tipp und auch die erste Regel, die du beachten musst, ist: Sei stets ausgerüstet und vorbereitet.

Ausgerüstet zu sein bedeutet, Visitenkarten und gegebenenfalls Unterlagen in ausreichender Zahl dabei zu haben. Wenn du sonstige Werbematerialien, Pins oder gebrandete Kleidung hast, gehört das natürlich auch dazu.

Vorbereitet zu sein heißt aber auch informiert zu sein. Du musst wissen, welche Personen dort wahrscheinlich anzutreffen sind, wie lange es dauert, wie der Ablauf ist. Und das Allerwichtigste: Habe deinen Pitch parat! Und zwar in den verschiedensten Varianten von 30 Sekunden bis 3 Minuten.

„Meinen Pitch?" denkst du jetzt vielleicht - und darum möchte ich an dieser Stelle kurz erklären, was das ist und warum es wichtig ist. Pitch ist die Kurzform von Elevator Pitch und kommt aus den USA und aus einer Zeit, in der Aufzüge in Hochhäusern noch wesentlich langsamer unterwegs waren als heutzutage. Man hatte also zumindest eine Minute oder auch mehr, um eine wichtige Person in einem Aufzug zu treffen und diese dann während der Dauer einer Aufzugsfahrt von seiner Idee zu überzeugen. Ist die Idee überzeugend genug vorgestellt worden, wird das Gespräch weitergeführt oder man verabredet sich zu einem weiterführenden Meeting. Ziel jedenfalls ist es, positiv im Gedächtnis zu bleiben. Warum ist das jetzt so wichtig? Genügt es nicht einfach, wenn ich mich vorstelle und sage, was ich mache? Definitiv: nein! Bei so einer Netzwerkveranstaltung hört man zig Namen und die Chance, dass jemand dabei ist, der eine ähnliche oder gar gleiche Profession wie du hat, ist ziemlich groß. Wieso sollte sich also jemand an dich erinnern?

Genau dafür ist der Pitch da. In einen optimalen Pitch gehört:

- der Nutzen, den du für deine Kunden stiftest.

- dein persönlicher USP, also dein Alleinstellungsmerkmal, das dich von allen anderen in deiner Branche unterscheidet.

- eine Information, welche Kunden du suchst.

- und im Optimalfall irgendein Aufhänger, ein Spruch, ein Wortspiel, mit dem du in Erinnerung bleibst.

Ein guter Pitch entsteht nicht so nebenbei, sondern erfordert schon etwas Gehirnschmalz. Ich empfehle dir, deinen Pitch gemeinsam mit einem Coach, Mentor oder jemandem, der dich gut kennt, zu entwickeln. Am Ende des Tages ist es zwar dein Pitch und du musst dich damit wohl fühlen, aber Feedback ist hier wirklich sehr hilfreich.

Tipp #2: Ziel

Angenommen, du willst auf einen Berg gehen. Was ist das Erste, das du dir überlegst? Genau! Du planst ein Ziel. Und genau das solltest du auch beim Netzwerken machen. Denn ganz gleich auf welche Netzwerkveranstaltung du gehst – völlig egal ob vor Ort oder online – gehe niemals dorthin, ohne dein klares Ziel zu haben, wie viele Menschen du kennenlernen möchtest. Ansonsten wird es ein endloser Marathon. Denn wenn du nicht weißt, was das Ziel ist, wie weißt du dann, ob und wann du es erreicht hast?

Nachdem du dich laut Tipp #1 informiert hast, wer denn aller anwesend sein wird und du eventuell auch abschätzen kannst, wie viele Menschen das sein werden – setz dir ein sportliches, aber realistisches Ziel. Und gehe nicht nach Hause, bevor du nicht dein Ziel erreicht hast! Gerne kannst du dich bei der Zielsetzung an der SMART Methode orientieren.

Nach dieser Methode sollte ein Ziel spezifisch, messbar, attraktiv, realistisch und terminiert sein. „Ich will Menschen kennenlernen" ist also definitiv kein ausreichend gut formuliertes Ziel. „Ich möchte bei der Veranstaltung drei Personen kennenlernen, mit denen ich im Nachhinein einen Termin vereinbare und deren Visitenkarten ich mitnehme, um dann über eine weitere Zusammenarbeit zu sprechen" kommt da schon näher hin.

Tipp #3: Gastgeber

Der nächste Tipp klingt lustig, denn er lautet: Verhalte dich wie ein Gastgeber und nicht wie ein Gast!

Das heißt nicht, dass du dich ums Abräumen der Tische kümmern sollst. Aber stell dich ruhig beim Eingang auf und begrüße die Menschen, die reinkommen. Mit dem einen oder anderen wirst du so ins Gespräch kommen.

Oder du fragst in die Runde, wem du noch ein Getränk mitnehmen darfst, wenn du dir selbst deinen Drink holst. Schwupp – schon bist du mit jemandem im Gespräch.

Der Pro-Tipp: Mach dich vorher schlau, was es zu trinken gibt und biete proaktiv die verschiedenen Getränke an. Du wirkst dadurch professionell und dieses Verhalten wird automatisch auch in dein Business übernommen. Sprich: Die Menschen nehmen automatisch an, dass du auch in deinem Geschäft sehr gut bist.

Tipp #4: Zeit

Dieser lautet: Verbringe nicht mehr als 10 Minuten mit jedem Kontakt!

Warum? Ins Detail und ins intensive Kennenlernen kannst du ohnehin auf einer Netzwerkveranstaltung nicht gehen. Aber du hast dir ja ein Ziel gesetzt und das wirst du nicht erreichen, wenn du mit jedem und jeder eine halbe Stunde verbringst. Ziel einer Netzwerkveranstaltung muss immer sein, Erstkontakte zu knüpfen. Was dann weiter passiert, erfährst du in Tipp #10!

Und was machst du, wenn dein Gegenüber dich wie im Schraubstock umklammert und nicht mehr loslässt? Eine elegante Wende ist, zu sagen: „Wir sind ja beide zum Netzwerken und Menschen kennenlernen hier. In diesem Sinne möchte ich gerne handeln und auch noch andere Kontakte knüpfen und vor allem auch Sie dabei nicht aufhalten. Ich schlage vor, wir setzen unser Gespräch zu einem späteren Zeitpunkt fort und sehen jetzt einmal beide, welche interessanten Menschen man hier sonst noch treffen kann." Das hilft üblicherweise und ist für jeden verständlich. Bei den hartnäckigen Zeitgenossen, hilft dann oft nur die Flucht aufs WC!

Tipp #5: Zuhören & Warum

Ein ganz wichtiger Tipp: Höre zu!

Der Gesprächsanteil deines Gegenübers sollte immer höher sein als deiner. Warum? Jeder fühlt sich geschmeichelt, wenn der andere sich für ihn interessiert und er über sich selber sprechen kann. Wie das noch besser geht? Stelle die fünf „W-Fragen". Diese sind: was, wie lange, wo, wie und warum. Warum diese Fragen? Erstens signalisierst du damit Interesse am Gegenüber und zweitens hältst du das Gespräch im Gang. Spätestens bei der „Warum Frage" kommt entweder sehr viel Information oder Verwirrung. Meist eher Zweiteres. Sehr viele Menschen können diese Frage nämlich nicht beantworten und fragen dann nach, wie du das meinst. Hier kannst du einhaken und von deinem Warum erzählen. Und dann bist du schon mittendrin. Und dein Gegenüber geht mit dir und deinem Warum in Resonanz – oder eben auch nicht. Dann ab zum Nächsten, denn wenn du Tipp #2 ernst genommen hast, hast du dir ja ein Ziel gesetzt. Und wenn du Tipp #4 ernst nimmst, sind deine 10 Minuten wahrscheinlich auch schon vorbei.

An dieser Stelle ein kleiner Ausflug zum Warum, da ich es nicht einfach so stehen lassen kann. Ich schreibe oben, du sollst von deinem Warum erzählen. Du stellst dir vielleicht jetzt die Frage, was konkret ich damit meine. Viele Unternehmen haben eine Vision. Also einen „Nordstern", der sie leitet. Ich empfehle jedem Unternehmen, auch jedem Einzelunternehmer, sich die Arbeit zu machen und eine Vision für sich zu erstellen. Erstens ist es eine Arbeit, die sehr viel Spaß macht und zweitens ist es deine Navigation fürs Unternehmertum. Ohne Vision weißt du ja gar nicht wo du hin willst. Da kannst du maximal Umsatzziele definieren. Aber in eine Vision gehört viel mehr hinein.

Deine Vision ist dein Blick in deine Zukunft! Mein Motto dabei ist: Wenn andere deine Vision nicht belächeln, dann ist sie zu klein! Anders ist es mit dem „Warum". Dein Warum ist immer der Blick in die Vergangenheit. Steve Jobs nannte das auch „connecting the dots". Er sagte, dass du die Punkte in deinem Leben nicht verbinden kannst, wenn du nur nach vorne blickst. Du musst dafür zurückblicken. Du musst daran glauben, dass die Punkte aus der Vergangenheit alle eine Verbindung zur Zukunft haben. Das erkennst du nicht auf den ersten Blick. Darum lohnt es sich, einen intensiven Blick in die Vergangenheit zu machen und herauszufinden, warum man das macht, was man macht. Sein eigenes Warum zu finden ist ein langer Prozess, aber ein Prozess, den es sich lohnt zu gehen. Wenn du dein Warum nämlich sauber erarbeitet hast, kannst du mit Menschen auf einer ganz anderen Ebene kommunizieren. Ein Warum kann und darf eine durchaus längere Geschichte sein, die dich zurück führt in deine ganz persönliche Vergangenheit. Aus dieser Geschichte kannst du, je nach Anlass, kleine Teile herausnehmen und beim Netzwerken mit einfließen lassen. Du wirst sofort merken, ob Menschen mit deinem Warum in Resonanz gehen oder eben nicht. Und somit weißt du auch sofort, ob es sich lohnt, in eine Beziehung zu investieren. So ein Warum ist auch immer auf deinen Werten basierend. Wenn also jemand dein Warum interessant findet, ist die Chance, dass ihr ähnliche Werte habt, recht hoch.

Wie bereits geschrieben, ist es ein längerer Prozess, sein Warum zu finden. Gute Ansatzpunkte kann hier *Simon Sinek* geben. Entweder du suchst dir ein paar „Ted Talks" von ihm oder kaufst dir gleich eines seiner Bücher. Erarbeiten musst du dir dein Warum selbst. An dieser Stelle eine klare Empfehlung, diesen Prozess nicht allein zu machen, sondern mit einem Berater, der sich damit auskennt und dich begleiten kann. Feedback ist hier sehr wichtig. Und wenn du die ersten Entwürfe hast, teile sie erst einmal mit deiner Familie oder Freunden. Danach überarbeite alles noch mal. Erst wenn du dich wirklich damit wohlfühlst, kannst du dich auch „raus" wagen. Dann aber werden die Ergebnisse für sich sprechen.

Ein paar gute Fragen, wie du dich deiner Warum-Geschichte annähern kannst, habe ich hier für dich:

- Meine besonderen Stärken in meinem Geschäft sind?
- Welchen besonderen Nutzen sollen meine Kunden durch mich erzielen?
- Welche Kunden kommen von alleine zu mir?
- Welche Anerkennung erfahre ich durch die Arbeit mit diesen Kunden?
- In meiner Kindheit beschäftigte ich mich mit ...
- Ich erinnere mich an einen ganz bestimmten Tag/Erlebnis ...

- Ich fühlte mich dabei ...
- Heute habe ich verstanden, dass es etwas mit meiner eigenen Vergangenheit zu tun hat, wenn ich meine Kunden unterstütze und diese Unterstützung auch gerne leiste.
- Deswegen tue ich, was ich tue.

Du merkst anhand der Fragen schon, dass das nicht schnell mal geschrieben ist und bei manchen Menschen echt tief gehen kann. Diese Reise lohnt aber in jedem Fall. Ich freue mich immer wieder, wenn ich einen Kunden dabei begleiten darf, denn die Essenz meines persönlichen Warums lautet: „Ich begleite Menschen in die Sichtbarkeit, weil ich selbst lange nicht gesehen wurde." Da steckt eine lange Geschichte dahinter, die viel mit meiner Großmutter zu tun hat. Diese zu erzählen, würde den Rahmen dieses Buches sprengen. Aber dieser eine Satz ist ein schönes Beispiel, wie man sein Warum einsetzen kann. Es wird Menschen geben, denen der Satz völlig egal ist. Viele andere aber fragen mich, was das bedeutet, was ich damit meine, was sie sich darunter vorstellen sollen - und dann? Ja dann sind wir drinnen, mitten im Netzwerken!

Tipp #6: Unterstützung

Weiter geht's mit einem Tipp, der ein wenig an den Gastgeber-Tipp anschließt. Und zwar: Biete deine Unterstützung an!

Verknüpfe Personen, die vor Ort sind oder stelle einen Kontakt mit jemanden her und versuche zu helfen und Empfehlungen zu geben. So wirst du als Netzwerker wahrgenommen und die Menschen beginnen, sich für dich zu interessieren, obwohl sie vielleicht noch gar nicht wissen, was du überhaupt anbietest. Aber du hast allein dadurch schon einen Vertrauensvorsprung. Und du unterscheidest dich auch von vielen anderen.

Du kennst das sicher: Es gibt auf jedem Netzwerkevent Personen, die mit dem Gedanken auf so eine Veranstaltung gehen: heute „erlege" ich einen Kunden! Man hat oft das Gefühl, die rüsten sich aus mit Pfeil und Bogen und versuchen dann, jeden zu „treffen" und ihm sein Produkt oder seine Dienstleistung zu verkaufen. Aber ganz ehrlich! Wer geht denn auf eine Netzwerkveranstaltung, um etwas zu kaufen? Die Wenigsten! Wenn aber keiner etwas kaufen will und alle wollen verkaufen, gibt es da ein nicht unerhebliches Problem.

Denn Fakt ist, auf einer Netzwerkveranstaltung gibt es nur selten Personen, die etwas kaufen wollen. Wenn du also die Vertriebskeule auspackst, hast du maximal einen schlechten Eindruck hinterlassen. Es gibt aber ganz viele Personen, die ebenfalls ein großartiges Produkt oder eine tolle Dienstleistung haben. Eine, die sich möglicherweise von deiner vollkommen unterscheidet. Sie sind also keine Konkurrenz zu dir. Sie haben aber möglicherweise dieselbe Zielgruppe.

Ziel so einer Netzwerkveranstaltung soll es also sein, solche Personen kennenzulernen, sich mit ihnen zu vernetzen und zu beginnen, miteinander zu arbeiten - im Sinne von „Wie können wir uns gegenseitig weiterempfehlen"? Um es ein wenig anschaulicher zu machen, ein Beispiel: ein Masseur und ein ergonomischer Büromöbelausstatter. Beide haben völlig unterschiedliche Produkte. Beide haben aber viele Überschneidungen bei ihren Kunden. Denn der Masseur hat viele Kunden, die Verspannungsprobleme haben und der ergonomische Büromöbelausstatter ebenfalls. Wenn also so ein Kunde beim Masseur am Tisch liegt, kann dieser ihn fragen, was er denn für einen Job hat und ob er bei seiner Tätigkeit viel sitzt. Wenn der Kunde das bejaht, ist es ein Leichtes für den Masseur, gesundes Sitzen und ergonomische Büromöbel zu thematisieren und den Büromöbelausstatter ins Spiel zu bringen. Umgekehrt natürlich genauso.

Tipp #7: Kundenproblem

Die nächste Regel ist: Stelle Sinn, Zweck und Nutzen deiner Dienstleistung oder deines Produktes vor. Nur das ist wichtig!

Niemand muss verstehen, wie du das machst oder muss Experte in deiner Profession werden. Aber es ist wichtig, dass du kommunizierst, welchen Nutzen du welcher Zielgruppe bringst. Nur so können die anderen verstehen, an wen sie dich empfehlen können. Zu sagen: „Ich verkaufe X" ist recht banal. Zu sagen: „Ich unterstütze Menschen dabei, X zu erreichen" klingt ganz anders und macht dich empfehlenswert.

Kommuniziere also immer, welches Kundenproblem du durch dein Produkt oder deine Dienstleistung löst Also nicht: „Ich bin Beraterin für Menschen, die sich selbständig machen." Sondern: „Ich unterstütze Menschen am Weg in die Selbständigkeit, damit sie sich auf ihre Kernkompetenz konzentrieren können und erfolgreich sind mit ihrem Produkt oder ihrer Dienstleistung."

Tipp #8: Geiz

Eingangs habe ich gesagt, du musst ausgerüstet sein und Visitenkarten dabeihaben. Aber – und da kommen wir zur nächsten Regel – sei geizig damit!

Damit meine ich, dass du nicht automatisch jedem deine Visitenkarte aufdrängen sollst, sondern nur jenen, die auch danach fragen. Wenn du an jemandem interessiert bist, frag lieber du aktiv nach dessen Karte.

Zu den Karten verrate ich dir auch noch einen kleinen extra Trick: Oft bekommt man ja bei so einer Veranstaltung jede Menge Visitenkarten und am nächsten Tag weiß man gar nicht mehr, wer das war und ob dieser Kontakt interessant war. Ordne die Visitenkarten daher sofort nach einem System, in dem du sie in interessant und nicht interessant einteilst und gleich so einsteckst.

Du kannst dir dazu beispielsweise in der Handtasche zwei Fächer überlegen – vorne kommen die Interessanten rein, hinten die Uninteressanten. Oder du steckst die einen in die rechte Jackentasche und die anderen in die linke. Ganz egal wie - finde dein System und wende es an. Bevor du jedoch die Visitenkarten einsteckst, mach dir Notizen darauf! Vor allem, wenn du etwas vereinbart hast!

Tipp #9: Zusagen

Denn das verschafft dir Glaubwürdigkeit und ist auch schon die vorletzte Regel: Halte Zusagen unbedingt ein – und damit du das auch verlässlich kannst, mach dir eben Notizen.

Zusagen einzuhalten und generell sich an das zu halten, was man vereinbart hat, ist beim Netzwerken essenziell. Am Ende des Tages fällt das alles auf dich und dein Business zurück. Wenn du unpünktlich bist, Zusagen nicht einhältst, dich nicht wie vereinbart meldest – das sind alles Dinge, die eins zu eins nichts mit deinem Geschäft zu tun haben, aber dahingehend umgelegt werden. Sowohl bewusst als auch unbewusst. Und mal ganz ehrlich: Wenn dich jemand versetzt, würdest du diesen mit gutem Gewissen weiterempfehlen?

Tipp #10: Follow up

Und zum Schluss die mit Abstand wichtigste Regel: Mach ein Follow up!

Dafür kannst du gut die 24/7/4 Methode anwenden. Und die geht so: Melde dich innerhalb von 24 Stunden auf kurzem Weg wie E-Mail, WhatsApp oder Ähnlichem und einem ganz kurzen Danke fürs Gespräch. Dies soll dich nur in Erinnerung halten. Nach spätestens 7 Tagen rufst du an und löst deine Zusage ein.

Und nach allerspätestens 4 Wochen meldest du dich noch einmal und rufst dich in Erinnerung. Das ist dann natürlich ein wenig abhängig davon, ob und was in der Zwischenzeit mit diesem Unternehmer schon passiert ist. Aber wenn nach diesen drei Kontaktpunkten nichts geschehen ist, dann dürfte diese Person für dich nicht die richtige sein und du brauchst sie auch nicht weiter zu verfolgen.

Ganz schön viele Regeln? Ja das stimmt.

Wahrscheinlich wird es dir auch nicht gelingen, alle auf einmal einzuhalten oder vielleicht setzt du die ein oder andere auch schon um. Fakt ist, wenn es dir gelingt, diese 10 Tipps konstant anzuwenden, werden Netzwerkveranstaltungen nicht mehr ein bloßes Visitenkartensammeln sein, sondern echtes Netzwerken mit Ergebnissen. Und die Netzwerk-Rookies können ja auch erstmal mit vier oder fünf Regeln starten und dann eine um die andere ergänzen.

Ach ja, es hieß ja 10 plus 1 Tipps! Hier kommt noch der

Pro-Tipp:

Geh zu zweit auf Netzwerkveranstaltungen!

Das hat gleich mehrere Vorteile. Erstens kannst du eventuell deiner Begleitung die Teilnahme an der Veranstaltung ermöglichen und somit jemandem etwas Gutes tun.

Zweitens – und das ist vor allem auf sehr großen Veranstaltungen interessant – könnt ihr euch aufteilen und habt dann doppelt so viele Kontakte. Und das Wichtigste: Ihr könnt euch gegenseitig aufs Silbertablett heben. Denn wenn du dich irgendwo vorstellst, klingt es ja vielleicht etwas überheblich und aufdringlich, wenn du dich selbst lobst. Machst du das aber mit deiner Begleitung und vice versa, hat das eine ganz andere Wirkung.

Wie würde es für dich klingen, wenn jemand auf einer Veranstaltung zu dir sagt: „Darf ich dir die Sandra vorstellen, sie ist Expertin für strategisches Empfehlungsmarketing und verhilft ihren Kunden zu Mehrumsatz durch planbare Empfehlungen. Ich kenne Kunden von ihr, die innerhalb eines Jahres ihren Umsatz verdoppelt haben." WOW – das macht Eindruck, wenn du so präsentiert wirst.

Und ja, das muss man vorher absprechen und trainieren. Und ja, das kann man nur mit jemandem machen, dem man vertraut und zu dem man eine gute Beziehung hat. Kommt das nicht authentisch rüber, dann lieber Finger weg! Aber wenn ihr da ein gutes Gespann seid, ist das unbezahlbar.

So, jetzt aber los, ab ins Netzwerk-Getümmel und viel Erfolg und Spaß mit meinen Tipps!

BONUS

Noch mehr Tipps von mir zum Thema Netzwerken und Empfehlungen erhältst du im Webinar „Empfehlungsoffensive", zu dem ich dich gerne einlade!

Hier kannst du dich kostenfrei für den nächsten Termin anmelden:
www.empfehlungsoffensive.at

Sandra Gneist, MBA

Mein Unternehmen „dieGneist" wurde von mir 2016 gegründet mit der Ausrichtung auf Organisations- und Personalentwicklung.

Auf der Suche nach Kunden bin ich auf das Thema Empfehlungen und Netzwerken gestoßen und habe festgestellt, dass das genau die Art von Marketing ist, die mir am meisten bringt und auch noch Spaß macht. Genau aus diesem Grund habe ich dann 2019 beschlossen, dieses Wissen auch an meine Kunden weiterzugeben.

Heute, viele Ausbildungen und praktische Erfahrungen später, bin ich Expertin für strategisches Empfehlungsmarketing und verhelfe meinen Kunden zu nennenswertem Mehrumsatz und Wunschkunden durch planbare und regelmäßige Empfehlungen.

www.diegneist.com
www.facebook.com/diegneist
www.LinkedIn.com/in/sandra-gneist-118486103

KAPITEL 10

EVENTMARKETING

Wie man mit einzigartigen Ergebnissen das Herz des Kunden gewinnt

von Ben Mayer

INHALT

Zielgruppe:	Unternehmer, die ihre Wettbewerbsposition durch direktere und persönlichere Ansprache der Kunden langfristig stärken wollen.
Voraussetzungen:	Organisationstalent, Kreativität und Einfühlungsvermögen für die Auswahl des am besten geeigneten Events.
Erfahrungen:	Grundsätzlich ist Eventmarketing ein flexibles Instrument, das bereits ohne Vorerfahrungen genutzt werden kann - ein gewisser Grad an Marketingerfahrung ist für die wirkungsvolle Einbettung in eine Gesamtstrategie jedoch hilfreich.

EVENTMARKETING – EIN DEFINITIONSVERSUCH

Veranstaltungen und Events prägen den Alltag von Menschen, und das schon seit langer Zeit. Die antiken Römer hatten Theatervorführungen, Wagenrennen und Gladiatorenkämpfe. Im Mittelalter amüsierte man sich schon auf Jahrmärkten und bestaunte religiöse Prozessionen durch die Stadt. Wir haben heute das Sommerfest mit dem Tennisverein, die Weihnachtsfeier mit den Kollegen, den Besuch des Rockkonzerts und die Fußball-WM.

Es ist nicht überraschend, dass etwas so Prägendes wie Events auch bereits seit geraumer Zeit im unternehmerischen Kontext genutzt wird. Dort finden wir sie als Teil von Schulungen und Konferenzen, als Hauptversammlung, Projekt Kickoff oder Investorentag. Auch wenn ich im Folgenden noch einen Überblick über Arten von Events gebe, ist der Fokus dieses Kapitels insbesondere die Organisation von Events im Rahmen des Marketings. Versuchen wir uns dafür an einer Definition und beginnen mit dem Begriff des Events. Oft werden Event und Veranstaltung im Alltag synonym verwendet, doch der Begriff des Events geht über die Veranstaltung hinaus. Wir erwarten bei einem Event etwas nicht Alltägliches, anders gesagt: ein einzigartiges Erlebnis (1). Mit dieser Unterscheidung lässt sich ein Abteilungsmeeting, in dessen Rahmen über neue Produkte informiert wird, als eine Veranstaltung bezeichnen aber nur schwer als Event im engeren Sinne. Eine Präsentation des neuen Produkts in der Öffentlichkeit, mit Moderation, prominentem Testimonial, engagierter Band zur Musikbegleitung und einem vom Starkoch zubereiteten Dinner hat unübersehbar einen einzigarten Erlebnischarakter und ist damit ein Event im engeren Sinne.

Zum Zweck der Übersichtlichkeit werde ich auch an manchen Stellen in diesem Beitrag Veranstaltungen, als Events im weiteren Sinne, mit betrachten. Dennoch hilft uns die eben vorgenommene Definition, um Eventmarketing besser zu verstehen. Denn wie für die Definition des Begriffs Event selbst ist auch für das Eventmarketing der Erlebnischarakter entscheidend. Ziel ist es, durch ein inszeniertes Ereignis eine erlebnisorientierte Kommunikation für ein Produkt oder eine Dienstleistung zu schaffen (2). Es geht also um Kommunikation! Damit wird auch klar, dass es sich beim Eventmarketing nicht um einen völlig neuen Marketingansatz handelt, sondern lediglich um ein neues Kommunikationsinstrument im Rahmen des Marketings. Und doch hat Eventmarketing in den letzten Jahren einen erstaunlichen Emanzipationsprozess hinter sich gebracht. Lange galt es lediglich als ein „Anhängsel" anderer Kommunikationsinstrumente. Die strategische Neuausrichtung einer Marke durch Werbung sollte eben mit „irgendeinem" Event abgeschlossen werden oder man nutzte das Event, um für die Anzeigenkampagne attraktives Bildmaterial zu erstellen. Diese Zeiten gehören der Vergangenheit an. Eventmarketing ist heute ein eigenständiges Kommunikationsinstrument, das zudem immer weiter an Bedeutung gewinnt.

DER KUNDE ALS MENSCH oder EVENTMARKETING ALS ZUGANG ZUM HERZEN

Wie viele Werbebotschaften hast du heute bereits erhalten? Gemeint ist die Werbung im Radiowecker beim Aufstehen, beim Scrollen durch die News-Seiten im Internet, die Reklame in der Bahn, die Angebote im Supermarkt und die Anzeigen auf den Seiten der Internet-Suchmaschine. Hunderte? Tausende? Experten gehen mittlerweile davon aus, dass wir im Schnitt zwischen 6.000 und 10.000 Werbebotschaften pro Tag erhalten. Unser Gehirn kann vieles, aber diese Masse an Informationen bewusst aufnehmen, übersteigt seine Fähigkeit. Es gibt mittlerweile eine Vielzahl an Kommunikationskanälen und auch die Angebote scheinen immer austauschbarer, der Markt ist vielfach übersättigt. Das Dilemma des Marketings besteht also darin, den Kunden in dieser Flut an Informationen überhaupt noch zu erreichen. Können Emotionen hier helfen?

Es ist keine neue Erkenntnis, dass Entscheidungen zum Kauf eines Produkts oder einer Dienstleistung nicht allein anhand von Fakten getroffen werden, sondern unser Gehirn auch Emotionen mit einbezieht. So funktionieren wir als Kunde und so funktionieren wir vor allem als Mensch! Und so scheint es gerade die Suche nach Emotionen, Nähe und Anerkennung zu sein, die mittlerweile für die Wirksamkeit von Marketingmaßnahmen den Unterschied macht (3). Manch einer sieht bekannte Marketing-Kenngrößen wie „Share of Market" (Marktanteil) und „Share of Voice" (Werbeanteil) bereits abgelöst durch einen „Share of Heart", also eine Maßgröße für erzeugte Emotionen und dafür, wie weit unbewusste Verhaltensmuster des Kunden beeinflusst werden (4). Welche Maßnahme könnte besser geeignet sein, um Emotionen zu erzeugen, als ein Event mit seinem expliziten Erlebnischarakter? Gut konzipiert ermöglicht es, alle menschlichen Sinne der Teilnehmer anzusprechen und dadurch eine nachhaltige Wirkung zu erzielen. Unsere Augen sehen die ansprechende Dekoration der Eventlocation und sind beeindruckt von Lichteffekten. Wir riechen die Blumendekoration, wir riechen und schmecken exquisite Speisen. Unsere Ohren lauschen dem kreativen Storytelling des Redners und der mitreißenden Band und von der Botschaft der Marke, unser Leben zu verbessern, fühlen wir uns mitgenommen.

Die Wirkung eines Live-Events als Kommunikationsmaßnahme wird auch durch neuro-wissenschaftliche Forschung bestätigt. Im Rahmen einer Studie in den Niederlanden wurden bei Teilnehmern eines Lifestyle-Events einerseits und bei Betrachtern der Aufzeichnungen des Events an der Universität Amsterdam andererseits Hirnströme aufgezeichnet. Das Ergebnis zeigte, dass bei der

Teilnahme an einem Live Event Informationen im Gehirn aktiver und bewusster verarbeitet werden. Bei der Bewertung der Fakten eines Angebots oder Produkts halfen den Teilnehmern dabei insbesondere zwischenmenschliche Gesten wie Augenkontakt, Lächeln und andere Mittel der nonverbalen Kommunikation (5).

Neben der Umgehung der Informationsflut durch Schaffung von Erlebnissen und Emotionen erklärt sich die zunehmende Bedeutung des Eventmarketings noch durch einen weiteren Aspekt. In Sinne eines Beziehungsmarketings wird vom Kunden heute Interaktion und Partizipation gefordert statt Kommunikation als Einbahnstraße. Natürlich verschreiben sich dieser Forderung auch andere Kommunikationsmaßnahmen des Marketings, doch kann gut aufgesetztes Eventmarketing auch in dieser Hinsicht besonders punkten. Der Vortrag eines Redners kann zum direkten Dialog werden, in Breakout-Sessions können Themen neu eingeordnet oder in Workshops direkt miteinander erarbeitet werden. Das ganze Eventprogramm kann maßgeblich von den Teilnehmern mitbestimmt werden. Der Schlüssel zum Erfolg liegt in der Einbindung und Aktivierung (6), oder gemäß einem Sprichwort von Konfuzius: Sage es mir, und ich vergesse es. Zeige es mir, und ich erinnere mich. Lass es mich tun, und ich behalte es.

Neben der Bedeutung von Erlebnissen und Partizipation gilt es, sich für das Eventmarketing mit weiteren großen Themen auseinanderzusetzen. Das Thema der Digitalisierung hat mittlerweile eine Vielzahl von Online-Event Formaten entstehen lassen, auf die im nächsten Kapitel separat eingegangen wird. Besonders spannend ist für das Eventmarketing auch der Gedanke der Nachhaltigkeit. Welche Herausforderungen und Chancen dieses Thema birgt, werden wir am Ende dieses Kapitels noch eingehender betrachten.

WARUM UND FÜR WEN EIGENTLICH? ZIELE UND ZIEL-GRUPPEN DES EVENTMARKETINGS

Warum organisieren wir ein Event als Marketingmaßnahme und wen wollen wir damit erreichen? Beginnen wir mit dem zweiten Teil der Frage, die sich mit einer Einteilung in zwei Zielgruppen beantworten lässt: interne und externe Adressaten.

Interne Adressaten sind insbesondere die Mitarbeiter unseres Unternehmens und unsere Kollegen, wobei dieser Adressatenkreis enger oder weiter gefasst sein kann. Es kann sich um eine Kickoff-Veranstaltung für ein Projekt innerhalb des Marketingteams handeln. Eventuell geht es aber auch darum, Kollegen anderer Abteilungen wie Vertrieb und Logistik über neue Produkteinführungen zu informieren oder das Führungsteam des Unternehmens von einer Änderung der Marketingstrategie zu überzeugen.

Eine potenziell größere Zielgruppe sind die externen Adressaten. Neben Kunden kommen für das Marketing hier auch Lieferanten, Absatzmittler wie Zwischenhändler und Vertriebsplattformen, Medienvertreter oder die Öffentlichkeit ganz allgemein in Frage. Ähnlich wie bei den Mitarbeitern und Kollegen kann auch die Kategorie „Kunden" weiter verfeinert werden. Handelt es sich um bestehende Kunden oder Neukunden? Oder zielt das Event nur auf einen ausgewählten Kreis an Topkunden?

Ob interne oder externe Adressaten, für den Erfolg eines Events ist es unerlässlich, die Zielgruppe vorab anhand sozio-demographischer, persönlichkeitsbezogener oder geografischer Merkmale genauer zu beschreiben. Woher kommen die Teilnehmer und welches Alter haben sie? Wie homogen ist die Gruppe und welche Interessen gibt es? Vereinfacht gesagt: Ein Event im Hochseilklettergarten dürfte für eine Gruppe von in der Mobilität eingeschränkten Senioren ebenso fehl am Platz sein wie die musikalische Begleitung eines Events für ein jugendliches Marketingteam durch ein eher steifes Kammerorchester.

Wie bei vielen Marketingmaßnahmen, lassen sich auch die Ziele des Eventmarketings in unterschiedlicher Weise strukturieren. Mit Blick auf die Praxis erscheint mir die folgende Unterteilung in drei Kategorien sinnvoll:

- Wirtschaftlicher Nutzen
- Emotionaler und sozialer Nutzen
- Kognitiver Nutzen

Bei der ersten Kategorie geht es um Events mit primär und unmittelbar wirtschaftlichem Nutzen. Ziele wie Umsatz- und Gewinnsteigerung, das Einleiten einer Preiserhöhung, die Ankurbelung der Kauffrequenz auf Kundenseite oder die Expansion des Geschäfts auf neue Märkte sind repräsentativ für diese Kategorie. Typische Eventformate sind Produktmessen oder interne Incentive-Events zur Motivation der Vertriebsmitarbeiter.

Einen anderen Fokus haben Events zum emotionalen und sozialen Nutzen. Ist das Ziel, persönliche Beziehungen zu Werbepartnern aufzubauen? Oder die Begeisterung für deine Marke beim Kunden zu steigern? Auch das Ziel, die Motivation deines Marketingteams vor dem Start eines herausfordernden Projekts zu verbessern, fällt in diese Kategorie. Bei Events dieser Kategorie steht klar der Aufbau von emotionalen Verbindungen im Vordergrund, wir sind also beim Begriff Event im engeren Sinne. Die Teilnehmer sollen sich wohlfühlen und das Event mit den besten Gefühlen in Erinnerung behalten. Die Kommunikation von Informationen spielt hingegen eine untergeordnete Rolle.

Das ist der entscheidende Unterschied zur dritten Kategorie. Beim kognitiven Nutzen geht es primär um das Bereitstellen von Informationen, wir sind also bei Veranstaltungen oder Events im weiteren Sinne, die insbesondere auf den faktenbasierten Teil unseres Gehirns abzielen. Ändert sich deine Markenstrategie und hast du weitere Erläuterungen dazu für dein Team? Du hast einen neuen Markennamen und willst deine Kunden im Rahmen eines Events darüber informieren? Für den kognitiven Nutzen muss der Inhalt, das Hören und Erfassen bei der Planung deines Events im Vordergrund stehen. Setze hier auf absolute Priorität und verzichte auf zu viele Begleiteffekte.

Obwohl der wirtschaftliche Nutzen bei der ersten Zielkategorie im Vordergrund steht, haben auch Events mit primär kognitivem Nutzen oder emotionsbasierte Events einen wirtschaftlichen Effekt. Denn wenn das Team beispielsweise nicht über die Marketingstrategie informiert ist oder die Motivation leidet, wird sich kaum Erfolg einstellen.

EINMAL ORDENTLICH SORTIERT – ARTEN VON EVENTS

Nachdem wir Ziele und Zielgruppen von Events eingehender betrachtet haben, lassen sich unterschiedliche Events anhand dieser beiden Dimensionen wie folgt sortieren. Wiederum zum breiteren Verständnis finden sich hier auch Beispiele für Events und Veranstaltungen, die nicht nur dem Marketingbereich zuzuordnen sind.

		ZIELGRUPPE	
		Intern	Extern
ZIELE	Wirtschaftlicher Nutzen	- Incentive Event	- Messe - Produkt Launch - Roadshow
	Emotionaler / Sozialer Nutzen	- Teambuilding - Weihnachtsfeier - Firmen- oder Marken-Jubiläum	- Kundenbindungsevent - Netzwerk-Event
	Kognitiver Nutzen	- Betriebsversammlung - Konferenz / Meeting - Schulung / Training - Projekt Kickoff	- Pressekonferenz - Hauptversammlung - Bewerbertag - Investorentag

Wie so oft geht auch mit dieser Einordnung eine Vereinfachung einher, die der Praxis so nicht immer standhält. Nicht selten finden wir Kombinationen von unterschiedlichen Arten in einem Event. Nach einem auf Information ausgerichteten internen Abteilungsmeeting mag sich das Team auf einer Rätselrallye als emotionales Teambuilding Event wiederfinden oder es werden im Anschluss externe Teilnehmer wie Werbepartner oder Topkunden mit eingeladen.

Ziel der beispielhaften Einordnung ist es, ein Bewusstsein für unterschiedliche Ziele und Zielgruppen und damit für die unterschiedliche Ausrichtung von Events zu schaffen.

SELBSTÄNDIG ABER NICHT UNABHÄNGIG – EVENT-MARKETING ALS TEIL DER MARKENSTRATEGIE

Wie zu Beginn beschrieben, hat sich das Eventmarketing, auch durch Informationsflut und das Bedürfnis nach Emotionen und Partizipation, als selbständiges Kommunikationsinstrument im Marketing etabliert. Das bedeutet aber mitnichten, dass Eventmarketing unabhängig von der generellen Marketingstrategie stattfinden kann. Vielmehr ist die Einbettung in den Marketing-Mix ein wesentlicher Erfolgsfaktor für ein wirksames Eventmanagement. Nehmen wir also das ursprünglich von Jerome McCarthy verfasste 4P-Modell zum Marketing-Mix zur Hand und versuchen zu verstehen, was Einbettung des Eventmarketings bedeutet. Auch wenn das 4P-Modell zugegebenermaßen bereits in die Jahre gekommen ist und diverse Erweiterungen erfahren hat, gilt es mit Blick auf den Marketing-Mix immer noch als eines der bekanntesten Modelle. 4P steht dabei für die Dimensionen „Product" (Produktpolitik), „Price" (Preispolitik), „Place" (Distributionspolitik) und „Promotion" (Kommunikationspolitik). Und was bedeutet dies nun praktisch? Einige Beispielfragen sollen dies im Folgenden verdeutlichen:

Produktpolitik

- Rücke ich für mein Event ein bestimmtes Produkt / eine bestimmte Dienstleistung in den Mittelpunkt, eine Marke oder das ganze Unternehmen?
- Nutze ich das Event, um ein neues Angebot zu bewerben oder ein bereits existierendes Produkt wieder bekannter zu machen?
- Welchen Aspekt/welche Funktion meines Angebots möchte ich beim Event besonders betonen?

Preispolitik

- Passt mein Event zu meiner Preisstrategie? Im Hochpreissegment sollte das Event auch exklusiven Charakter haben, im Niedrigpreissegment hingegen Bodenständigkeit ausstrahlen.
- Verknüpfe ich das Event mit besonderen Preisaktionen, Rabatten, Sonderpreisen oder Ähnlichem?

Distributionspolitik

- Sollen beim Event Produkte verteilt werden oder Vorführungen stattfinden?

- Bin ich mir der Hauptvertriebskanäle für meine Produkte / Dienstleistungen bewusst?
- Welche Absatz- und Logistikpartner beziehe ich darauf basierend in das Event mit ein?

Kommunikationspolitik

- Spiegelt das Event wider für was ich mit meinem Produkt/meiner Dienstleistung stehe? Vermittle ich Sportlichkeit, Luxus oder Nachhaltigkeit?
- Ist das Event mit anderen Kommunikationsmaßnahmen im Vorfeld, während des Events und im Nachgang abgestimmt, beispielsweise mit Social-Media-Aktionen, auf der Website und mit klassischer TV- oder Radiowerbung?

Die angeführten Schnittstellen mit den vier Dimensionen nach McCarthy machen nicht nur deutlich, wie wichtig eine Integration des Eventmarketings in die gesamte Marketingstrategie ist, sondern auch, wie unerlässlich die Abstimmung mit anderen Bereichen ist. Finanz- und Personalverantwortliche, aber auch Rechtsexperten und für die Logistik zuständige Kollegen sind an erster Stelle zu nennen.

Wir wissen nun, welches Ziel wir mit unserem Eventmarketing verfolgen, auf welche Zielgruppe wir uns fokussieren und passen im Optimalfall mit unseren Ideen auch perfekt in die Marketingstrategie. Ein einzigartiger Erlebnisfaktor unseres Events ist also garantiert? Seien wir ehrlich, gut gemeint ist noch nicht gut gemacht. Am Ende ist ein Event nur dann eine erfolgreiche Kommunikationsmaßnahme, wenn auch der Ablauf reibungslos funktioniert. Es ist also höchste Zeit, sich eingehender mit den unterschiedlichen Phasen des Eventmarketings in der Praxis zu beschäftigen.

VON DER PLANUNG ZUR NACHBEARBEITUNG – VIER PHASEN DES EVENTMARKETINGS

Mit den bisherigen Ausführungen wurde bereits deutlich, wie groß die Bandbreite an unterschiedlichen Events ist. Eventmarketing kann eine groß angelegte Feier zum Marken-Jubiläum in einer Halle mit mehreren Tausend Teilnehmern sein, aber auch der Besuch einer Kunstausstellung mit persönlicher Führung durch den Künstler für eine ausgewählte Gruppe von 10 Stammkunden. Der Aufwand und der zeitliche Vorlauf, der zur Organisation des Events eingeplant werden muss, können folglich sehr verschieden sein. Trotz dieser Bandbreite lassen sich für alle Arten von Events grob vier Phasen definieren:

- Planung
- Einladung und Anmeldung

- Das Event selbst
- Nachbearbeitung

Die folgenden Checklisten geben für jede Phase einen Überblick der Aufgaben und zu klärenden Fragen.

Eine sorgfältige Planung ist ein entscheidender Schlüssel für den Erfolg des Eventmarketings. Je besser du zu Beginn planst, desto weniger Reibungsverluste entstehen in den nächsten Phasen. Durch eine klare Definition von Ziel und Zielgruppe zu Beginn bekommst du zudem einen roten Faden in die Hand, der dir bis zur letzten Phase die Orientierung erleichtert.

Planung

- ✓ Was sind Ziel und Zielgruppe des Events?
- ✓ Um welche Art von Event handelt es sich?
- ✓ Wer ist mit welcher Aufgabe Teil des Organisationsteams?
- ✓ Gibt es für das Event ein vorgegebenes Budget?
- ✓ Wann soll das Event stattfinden? Welche Jahres- und Tageszeit passt am besten zu meinen Zielen?
- ✓ Wie lange soll das Event dauern? Gibt es ein fixes Ende?
- ✓ Wo soll das Event stattfinden?
- ✓ Was wird für das Event benötigt (z.B. Location, Catering, Bus, Technik, Dekoration) und welche Lieferanten beauftrage ich dafür?
- ✓ Gibt es weitere Begleitveranstaltungen, die zu berücksichtigen sind?
- ✓ Welche rechtlichen Vorgaben müssen beachtet werden (z.B. Anmeldung der Veranstaltung, GEMA/AKM für das Abspielen von Musik)?
- ✓ Wo sollte das Event angekündigt werden? Welche begleitenden Kommunikationsmaßnahmen gibt es?

Ziele und Zielgruppen sind definiert und die Planung steht. Doch der Erfolg eines Events steht und fällt mit den Teilnehmern. Die nächste Phase entscheidet daher, ob sich die Gäste deines Events wohlfühlen und ob sich deine zuvor definierten Ziele am Ende mit Leben füllen lassen.

Einladung und Anmeldung

- ✓ Wer soll eingeladen werden? Sind Partner:innen erwünscht?
- ✓ Wer sind die wichtigsten Gäste mit denen der Termin vorher abgestimmt werden sollte?
- ✓ Gibt es eine Mindest- oder Maximal-Teilnehmerzahl?

- ✓ Womit soll in der Einladung geworben werden? Was kann bereits konkret angekündigt werden?
- ✓ Wie und bis wann können sich Teilnehmer für das Event anmelden?
- ✓ Gibt es einen Dresscode oder Ausstattung die mitzubringen ist?
- ✓ Abfrage von Einschränkungen auf Gästeseite bzgl. Bewirtung oder Mobilität
- ✓ Wie gut wird die Einladung angenommen? Muss nachgefasst werden oder gilt es weitere Personen einzuladen?
- ✓ Wird die Organisation einer eventuell notwendigen Anreise und Unterkunft für die Gäste übernommen? Habe ich von den Teilnehmern alle dafür notwendigen Informationen?

Der große Tag des Events steht vor der Tür. Auch wenn sie unter dem Titel „Tag des Events" aufgeführt sind, sollten viele der im Folgenden genannten Themen, wie zum Beispiel die Erstellung eines detaillierten Ablaufplans, bereits geraume Zeit vor dem Event geschehen.

Tag des Events
- ✓ Gibt es einen detaillierten Ablaufplan?
- ✓ Wer koordiniert alle Maßnahmen vor Ort?
- ✓ Sind alle Anlieferungen und Aufbauten planmäßig erfolgt?
- ✓ Wie wird das Event dokumentiert? Gibt es Filmaufnahmen und Fotos für die Nachbearbeitung des Events? Rechtliche Aspekte wie Datenschutz beachten!
- ✓ Laufen für das Marketing weitere Kommunikationsmaßnahmen parallel zum Event ab (Artikel, Werbeschaltungen, Angebote etc.)?
- ✓ Wie wird das Event offiziell eröffnet, wer übernimmt die Begrüßung?
- ✓ Gibt es Unregelmäßigkeiten im Ablauf? Muss nachgesteuert werden?
- ✓ Wie wird das Event offiziell beendet?
- ✓ Abbau, Abtransporte, Reinigung, Erfassen von Schäden

Der Tag des Events ist vorbei und war ein großer Erfolg? Die Versuchung, es sich nun ermattet auf dem Sofa gemütlich zu machen, ist groß. Doch wer die Nachbearbeitung nur als nachrangig betrachtet, setzt einen beachtlichen Teil des Erfolgs im Eventmarketing aufs Spiel und lässt Potenzial für starke Kommunikationsmaßnahmen und Geschäfte ungenützt liegen.

Nachbearbeitung

- ✓ Dank an die Gäste für die Teilnahme
- ✓ Follow-Up von Gesprächen oder vereinbarten Geschäften
- ✓ Verwertung von Film- und Foto-Material für nachlaufende Kommunikationsmaßnahmen (Pressemeldungen, Artikel, Blog, Social Media, Imagefilme etc.)
- ✓ Sollen Film- und Foto-Materialien mit den Gästen geteilt werden?
- ✓ Auswertungen und Endabrechnungen

EVENTMARKETING – ABER BITTE NACHHALTIG!

Live-Events müssen sich richtigerweise zunehmend die Frage gefallen lassen, welche negative Folgen sie auf die Umwelt haben und wie sich diese begrenzen lassen. Die wachsende Bedeutung von Online- oder hybriden Events ist auch vor diesem Hintergrund zu betrachten. Statt Live-Events jedoch gleich komplett in Frage zu stellen, setzt man im Eventmarketing verstärkt auf sogenannte „Green Events", die dem Motto Vermeidung, Reduktion und Kompensation folgen (7). Live-Events bieten dazu viele Ansatzpunkte. Können Reisetätigkeiten und Transfers reduziert oder ihr negativer Einfluss durch umweltfreundlichere Verkehrsmittel verkleinert werden? Kann Material für andere Events wiederverwendet werden? Werden Flyer und Give-Aways tatsächlich benötigt oder kann auf elektronische Varianten umgestiegen werden? Setzt das Catering einen Fokus auf Lebensmittel aus biologischem und lokalem Anbau?

Nachhaltigkeit im Eventmanagement jedoch lediglich unter dem Begriff der „Green Meetings" auf den ökologischen Aspekt zu reduzieren wäre zu kurz gedacht. Es ist in internationalen Diskussionen unbestritten, dass die Idee von Nachhaltigkeit neben dem ökologischen auch einen ökonomischen, gesellschaftlichen und kulturellen Aspekt beinhaltet. Damit muss sich ein nachhaltiges Event an weiteren Kriterien messen lassen. Sind faire Arbeitsbedingungen im Rahmen des Events garantiert oder kann es zu Ausbeutung von Arbeitskräften und Ressourcen kommen? Werden bei den Teilnehmern und Arbeitskräften Vielfalt in Bezug auf Herkunft, Geschlecht und Alter gefördert? Ist Teilnahme aller Personen, zum Beispiel auch durch Barrierefreiheit gewährleistet? Findet eine Berücksichtigung von kulturellen Gepflogenheiten des Austragungsortes statt?

Es ist richtig, die Planung eines Events wird durch Berücksichtigung des Nachhaltigkeitskonzepts nicht weniger komplex. Doch liegt hierin auch eine Chance, sich endgültig von der Idee zu lösen „einfach irgendein Event zu organisieren". Nicht die Anzahl an Events, sondern der einzigartige und authentische Erlebnischarakter eines Events ist ausschlaggebend. Mit etwas Kreativität sind für ein Kommunikationsinstrument wie Eventmarketing, das sich ohnehin durch Emotionen und menschliche Beziehungen auszeichnet, Aspekte der Nachhaltigkeit also weniger Herausforderung als vielmehr Bereicherung.

FAZIT

Informationsüberflutung beim Kunden und das Bedürfnis nach authentischen Gefühlen, Partizipation und Nachhaltigkeit sind Aufforderungen, das Marketing in neuen Bahnen zu denken. Eventmarketing mit seinem expliziten Erlebnischarakter ist eines der wenigen Instrumente, das eine emotionale und sogar tiefenpsychologische Beeinflussung des Kunden erlaubt (8). Ein Instrument nur für große Unternehmen? Ganz im Gegenteil! Die Flexibilität des Eventmarketings ermöglicht kleine, feine Erlebnisse ebenso wie großangelegte Massenevents und eignet sich somit für den Einzelunternehmer genauso wie für den Großkonzern. Gewinne das Herz des Kunden und mach Eventmarketing zum entscheidenden Wettbewerbsvorteil für dich.

Literatur
(1) Von Graeve, M. 2017. Events professionell managen. 6. Aufl. Göttingen, S.19
(2) Kirchgeorg, M. 2018. Event Marketing, in Gabler Wirtschaftslexikon: https://wirtschaftslexikon.gabler.de/definition/event-marketing-34491/version-257993
(3) Thinius, J., Untiedt, J. 2016. Events – Erlebnismarketing für alle Sinne. 2. Aufl., Wiesbaden, S. V.
(4) Thinius, J., Untiedt, J. 2016. Events – Erlebnismarketing für alle Sinne. 2. Aufl., Wiesbaden, S. 4
(5) Meetings International 2020. Brain Research Shows Added Value in Live Events: https://meetingsinternational.com/mi-magazine/radar/brain-research-shows-added-value-in-live-events
(6) Von Graeve, M. 2017. Events professionell managen. 6. Aufl., Göttingen, S. 202
(7) Jäger, D. 2021. Grundwissen Eventmanagement. 4. Aufl., Tübingen, S. 218 ff.
(8) Thinius, J., Untiedt, J. 2016. Events – Erlebnismarketing für alle Sinne. 2. Aufl., Wiesbaden, S. 6

Dipl.-Kfm. Ben Mayer, E.M.B.Sc

Als Unternehmensberater und staatlich geprüfter Austria Guide bietet Ben Mayer maßgeschneiderte Business-Stadttouren und -Events in Wien und Umgebung an. Ob Change-Management am Beispiel der Ringstraße, Personalführung mit Blick auf Maria-Theresia oder visionäres Management am Stephansdom – auf seinen Touren weckt er Emotionen und macht relevante Business-Themen erlebbar.

Dieses einzigartige Konzept nutzen Unternehmen gerne für Teambuilding-Aktivitäten, Kunden- und Mitarbeiterbindungsevents, Projekt-Kickoffs und zur Coaching-Begleitung.

Neben der Ausbildung zum Austria Guide kann Ben Mayer für seine Business-Touren auf 13 Jahre Management-Erfahrung in einem internationalen DAX-Konzern zurückgreifen, mit Tätigkeiten im Projektmanagement, Finanzbereich, Business Development und Vertrieb.

www.viennayourway.com
www.LinkedIn.com/company/your-way-tours-ywt-e-u
www.facebook.com/viennayourway
www.instagram.com/vienna_yourway

KAPITEL 11

ONLINE KONGRESSE

Expertise und Präsenz zeigen

von Angelika Güttl-Strahlhofer

INHALT

Zielgruppe:	Menschen, die ihre Online-Sichtbarkeit erhöhen oder ihren Expert:innenstatus etablieren möchten.
Voraussetzungen:	Organisationsfähigkeit und Lust, sich in verschiedene Tools einzuarbeiten.
Erfahrungen:	Um Online-Kongresse erfolgreich umzusetzen, braucht es neben einer Webinarplattform noch weitere Tools und Online-Marketing-Instrumente: angefangen mit der Webseite, über Social-Media-Marketing bis hin zu Newsletter-Tools und Projektmanagementwerkzeugen.

WAS SIND ONLINE-KONGRESSE?

Bevor wir uns Online-Kongresse näher anschauen, klären wir vorab, was in diesem Beitrag darunter verstanden wird:

Online-Kongresse sind:

- mehrstündige Veranstaltungen, die
- ausschließlich über das Internet stattfinden
- und bei denen Interaktion möglich ist (Chat, Kommentare, o.ä.)

WARUM ONLINE-KONFERENZEN?

Starten wir damit, die **Vorzüge** von Online-Konferenzen zu beleuchten:

- Reisekosten und -zeiten fallen weg: So ist es möglich, interessante Beiträge ohne lange Fahrtzeiten verfolgen bzw. organisieren zu können.
- Überregionale bzw. internationale Konferenzen sind sowohl einfacher besuchbar bzw. organisierbar. Auch sehr spezielle Themen können durch einen größeren Einzugsbereich ausreichend Interessierte finden.
- Die Organisation von Online-Konferenzen ist kostengünstiger als eine Konferenz vor Ort.
- Austausch ist ohne Ansteckungsgefahr möglich.
- Zusatzinformationen zu Beiträgen sind sehr schnell und kostenschonend verbreitbar.
- Aufzeichnungen der Beiträge sind einfach möglich und langfristig abrufbar.
- Webkonferenzen schonen die Umwelt.

Nachteile von Online-Konferenzen:

- Es braucht entsprechende Ausstattung
- Der „zufällige" persönliche Kontakt („Kaffeepause") ist kaum möglich
- Bestimmte Vortragende wirken im Live-Vortrag stärker

Als Organisation einer Online-Konferenz mit dem Fokus auf Marketing, sind zwei große Ziele im Vordergrund. Einerseits die Content-Entwicklung: zu aktuellen Themen neue Erkenntnisse bündeln, um dadurch zu einer Themenführerschaft zu gelangen, andererseits die eigene Online-Sichtbarkeit zu stärken.

Online-Sichtbarkeit stärken

Über das Vehikel des Online-Kongresses kannst du viele attraktive und inhaltlich spannend gestaltete Online-Beiträge veröffentlichen, von reinen Ankündigungen bis zu Online-Interviews mit den Vortragenden oder Vorabaktionen (z. B. Umfragen, deren Ergebnisse man auf der Konferenz veröffentlichen wird oder #Hashtag-Aktionen). Die Beiträge können

- vorab,
- intensiv während der Veranstaltung und
- auch im Nachhinein veröffentlicht werden.

Auf verschiedensten Social Media, aber auch per Newsletter oder auch auf der Webseite werden Beiträge zusammengestellt. Aufzeichnungen können auf Videoportalen zur Verfügung stehen. All das stärkt deine Online-Sichtbarkeit.

Expert:innenstatus aufbauen

Durch regelmäßige Beiträge in den verschiedenen Marketingkanälen wirst du am Markt als kompetent und relevant zu diesem Thema wahrgenommen und deine Reputation und Glaubwürdigkeit steigt. Kannst du zu deinem Online-Kongress auch noch bekannte Persönlichkeiten aus der Branche gewinnen, wird dadurch deine Themenführerschaft weiter untermauert.

Wunschkund:innen gewinnen

Durch das Interesse, das du durch die Veranstaltung erweckst, kannst du interessierte Personen gewinnen, die sich in deinem Newsletter eintragen. Wenn du das Thema des Online-Kongresses klug gewählt und die E-Mails von Interessierten gesammelt hast, wird es viel leichter, deine Wunschkund:innen zu erreichen. Diese Personen haben bereits Interesse am Thema und auch schon Aktionen gesetzt, um mit dir in Kontakt zu kommen.

Mit einem solchen Kontakt startest du von einem ganz anderen Niveau als bei einer Kaltakquise (Kaltakquise bedeutet, jemanden, den man nicht kennt, erstmals zu kontaktieren). Es wird leichter, weitere Angebote an die E-Mail-Abonnent:innen auszuspielen, und so neue Wunschkund:innen zu erhalten.

FORMATE VON ONLINE-KONGRESSEN

Bei der Einordnung der verschiedenen Formate hilft ein Überblick über häufige Ausprägungen:

Echtzeit

Ein wesentliches Unterscheidungskriterium der Formate ist, ob es sich um ein Live-Online-Format handelt, d.h. die Beiträge werden am Veranstaltungstag live gesendet oder ob die Beiträge vorab aufgezeichnet und dann für eine spezifische Zeit (z. B. 24 Stunden) öffentlich zur Verfügung stehen.

Ein wesentlicher **Vorteil von Live-Online-Formaten** liegt in der **Unmittelbarkeit der Reaktionen der Teilnehmenden**. Ähnlich einem Live-Konzert im Gegensatz zu einer mp3-Datei.

Mit dem Nachteil, dass die Qualität des Beitrages in Bezug auf Internetqualität, Audio-/Videoqualität, Beleuchtung, Hintergrund den Vortragenden überlassen ist. Diesem Nachteil kann man durch die Aufzeichnung in einem Studiosetting, in dem die Beitragenden übertragen, entgegenwirken.

Im Gegensatz dazu geben **voraufgezeichnete** Beiträge **Sicherheit.** Man weiß als Organisation, was man erwarten kann. Auch kann man einen Beitrag mehrmals aufnehmen, solange bis man mit der Aufnahme zufrieden ist. So liegt die Gestaltung des Beitrages stärker in der Hand der Organisation (Qualitätskriterien).

Teilnehmendeninteraktion

Bei voraufgezeichneten Veranstaltungen ist es schwieriger, daraus ein interaktives Gesamterlebnis zu gestalten, da liegen die Vorteile eindeutig bei Live-Online-Kongressen. Dort ist es möglich, die Reaktion des Publikums durch Wortmeldungen, Kommentare aber auch Umfrageergebnisse oder Wortwolken direkt in die Beiträge hereinzuholen. Auch kann ein Online-Kongress durch Workshop-Formate mit Kleingruppenarbeiten, Speed Datings u.ä. deutlich abwechslungsreicher gestaltet werden.

Monetarisierung

Ein weiteres Unterscheidungsmerkmal ist die Art der Monetarisierung bzw. ob überhaupt eine Verwertung in Geld geplant ist. Ist die Veranstaltung als PR-Event gedacht, wird sie eher als **kostenfreie** Veranstaltung angeboten werden. Oft ist die Veranstaltung selbst kostenfrei zu besuchen, die **Aufzeichnungen** danach werden aber hinter eine „Paywall" gesetzt. Diese sind dann erst **gegen Bezahlung** einer Gebühr abspielbar. Dann besteht auch noch die Möglichkeit, Veranstaltungen gegen **Gebühr** anzubieten. Sobald Bezahlung mit im Spiel ist, ist zu bedenken, dass die Abwicklung über einen Zahlungsanbieter geplant werden muss. Eine weitere Form wäre, Sponsoren für die Veranstaltung zu finden.

Sonderformen

Viele interaktive Live-Formate sind - mit entsprechender Planung und Unterstützung der richtigen Plattform - auch online umsetzbar. Vorzüge solcher Formate liegen einerseits in der Möglichkeit der **Unterscheidung** zum wachsenden Angebot an Online-Formaten, andererseits auch darin, dass das aktive Einbringen der Teilnehmenden die Chance bietet, mehr über deren aktuelle Herausforderungen zu erfahren. Alle diese Formate sind als „Stand-alone"-Lösung oder als Teil eines Online-Kongresses möglich.

Barcamp

Ein Barcamp ist eine offene Veranstaltung mit Workshops oder Beiträgen, deren Ablauf von den Teilnehmenden erst zu Beginn der Tagung festgelegt wird. So können kurzfristige Herausforderungen auf die Agenda gebracht werden. Es gibt auch kein Anmeldungsprozedere für die Beiträge, sondern jede/r kann jederzeit den Beitrag wechseln. Hier findest du das Einführungsvideo für Barcamps der Learning Corporation: www.YouTube.com/watch?v=jLnISfPxGWg

World Café

Ein World Café ist eine Methode für Großgruppenveranstaltungen, mit dem Ziel, Teilnehmende vertiefend miteinander ins Gespräch zu bringen. Dazu werden Tische (Breakouts) mit fixen Gesprächsrundenleitungen definiert. In aufeinanderfolgenden Gesprächsrunden von 15 - 20 Minuten werden an allen Tischen gleichzeitig Frage- oder Problemstellungen besprochen. Die Teilnehmenden dokumentieren in jeder Runde das nach ihrer Meinung nach Wichtigste. Nach jeder Runde mischen sich die Gruppen neu.

Die Moderationen bleiben an ihrem Tisch (in ihrem Breakout), begrüßen die Neuankömmlinge, resümieren das bisher Besprochene und bringen den Diskurs erneut in Gang Eine detaillierte Beschreibung der Methode findest du hier www.methodenkartei.uni-oldenburg.de/methode/world-cafe

Virtuelle Messe

Eine virtuelle Messe oder Online- Messe ist eine ortsunabhängige Messe, deren Messestände im Netz oder auch in einer 3D-Umgebung („Metaverse") repräsentiert werden und deren Durchführung zeitlich beschränkt ist.

Hybrid-Kongress

Eine weitere, neuere Entwicklung sind Veranstaltungen, die sowohl live-online als auch in Präsenz besucht werden können, also hybrid. Für die Veranstalter ist diese Form besonders herausfordernd, weil sowohl alle Anforderungen von Live-Veranstaltungen zu berücksichtigen sind (Bühne, Mikrofon usw.), als auch jene von Online-Veranstaltungen (gute Audioverbindung, Video und ev. Interaktion mit dem Publikum).

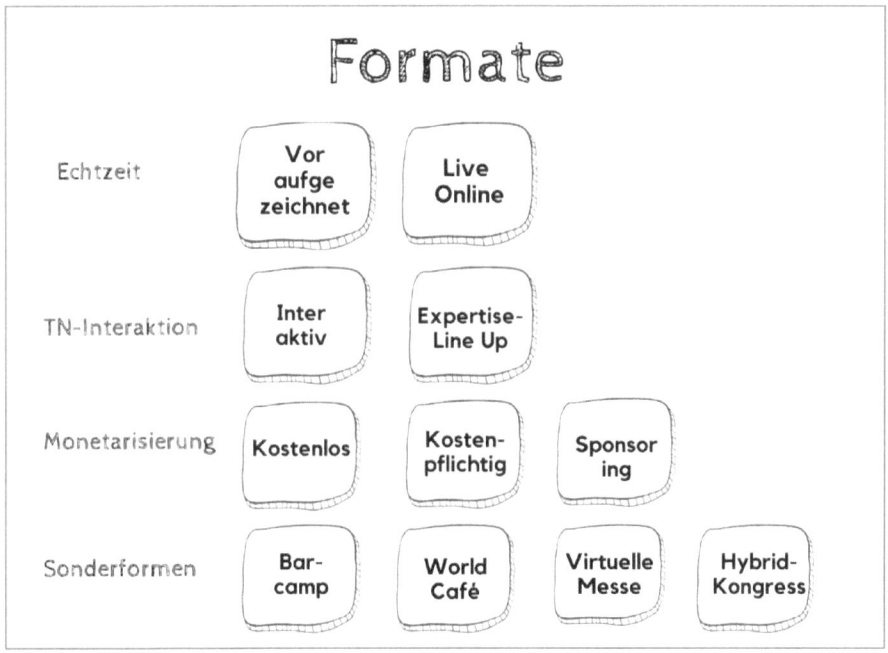

Abbildung 1: Formate und Ausprägungen

VON DER IDEE BIS ZUR ANMELDUNG

Vor Beginn jedes Projektes sind die **Eckpunkte** zu klären:

- Ziele der Veranstaltung
- Zielgruppe
- Termin
- Dauer

Wenn diese ersten groben Pflöcke eingeschlagen sind, gilt es, die Projektgruppe und die Verantwortlichkeiten innerhalb des Projektes zu klären.

Als Richtwert für die **Planung** einer Online-Konferenz sind etwa 10 Wochen zu veranschlagen. Je nach Größe, Verfügbarkeit der Vortragenden und Erfahrung des Organisationsteams kann dieser Zeitraum natürlich noch variieren.

Wer kümmert sich im Projekt „Online-Konferenz" um:

- Projektorganisation (Zeitplanung, Kommunikation)
- Inhaltliche Planung
- Infrastruktur
- (Online)Marketing?

Projektorganisation

Ähnlich anderen Projekten ist auch bei einer Online-Konferenz zumindest eine einfache Projektorganisation sinnvoll. Es gibt einen Projektplan, der regelmäßig überprüft und angepasst wird, und bei Bedarf finden Projektmeetings statt.

Die Teilnehmenden danken es der Organisation, wenn diese auch die **„Customer Journey"** in den Fokus nimmt:

- Wie gelangen Interessierte zur Anmeldung,
- wie läuft diese ab,
- wie werden die Teilnehmenden von den Veranstaltungen informiert,
- wie läuft der Einstieg am Konferenztag ab,
- welche Informationen erhalten die Teilnehmenden im Nachgang.

Projektspace

Für die interne Arbeit im Projektteam sollte ein gemeinsamer Speicherort für Dokumente, Vereinbarungen im Projektteam und Dokumentation des Projektfortschrittes definiert werden. Das kann ein Microsoft-Teams-Kanal sein, ein Webspace (Google Drive, Dropbox, Nextcloud, Trello o.ä.) oder das gute alte, wenn auch etwas unübersichtliche, E-Mail.

Inhaltliche Planung

Nach der Definition des Themas und Beschreibung der geplanten Inhalte ist ein Brainstorming zum Finden der geeigneten Vor- bzw. Beitragenden, die Definition der Formate sowie die Planung eines logischen **Ablaufs** auf der Agenda - inklusive regelmäßiger Pausen - notwendig.

Für die **Programmpräsentation** braucht es Kurzinformationen zu den Inhalten und Profile bzw. Fotos von den Beitragenden, die eingeholt werden müssen. Falls noch finanzielle oder andere **Vereinbarungen mit den Beitragenden** zu treffen sind, sind auch diese hier zu berücksichtigen.

Es ist zu klären, ob Personen für die **Moderation** des Events benötigt werden.

Domain

Ein zentraler Punkt bei einer Online-Konferenz ist eine Repräsentanz im Internet. Jedenfalls ist eine leicht zu merkende **Domain** eine Basisanforderung, die auf eine **Webseite** oder wenigstens zu einer Landingpage mit den Kongressinformationen führt.

Marketing

Das tollste Event ist nichts wert ohne Teilnehmende. Um eine passende Kampagne zu entwickeln, ist im ersten Teil des Marketings einmal Grundsätzliches zu entscheiden:

- Logo
- Claim – Kurzbeschreibung
- CI (Corporate Identity) – Vorgaben über verwendete Farben, Schriften, Designwelt
- Webseite/n / Landingpages texten und gestalten
- Social-Media-Kanäle definieren
- SEO (Suchmaschinenoptimierung) einbinden
- SEM (Suchmaschinenmarketing, d.h. Bewerbung via Google oder auf Social Media) überlegen
- Beiträge in relevanten Newsletters, Blogs, Webseiten entwickeln
- Offline-Marketingmaßnahmen (Postkarten, Flyer, Presse, TV, Radio-Beiträge oder Inserate) definieren und planen.

Die Marketingverantwortlichen entscheiden für alle diese Elemente, ob sie für den geplanten Online-Kongress relevant sind. In einem zweiten Schritt werden diese in einem Marketingplan zusammengestellt und umgesetzt.

Webinarplattform

Wenn du einen Online-Kongress ausschließlich mit voraufgezeichneten Videos planst, kannst du dir die Auswahl einer Webinarplattform ersparen. In diesem Fall wickelst du die Veranstaltung über eine Webseite, Videoplattform (z. B. Vimeo, YouTube, o.ä.) und E-Mails ab.

Entscheidest du dich für eine Live-Online-Variante, steht du vor der Qual der Wahl. Mittlerweile gibt es unzählige Plattformen. Einen ersten Überblick über das Angebot erhältst du hier: www.micestens-digital.de/tools-fuer-videokonferenzen. Eine erste, wichtige Entscheidung bei der Auswahl ist, ob es sich um ein **integriertes System** wie z. B. Hopin https://de.hopin.com handeln soll. Das ist der

Platzhirsch in diesem Segment und schon seit einigen Jahren am Markt. Im Jahr 2022 sind auch Cisco Webex in diesen Markt eingestiegen, indem sie eine bestehende Plattform übernommen haben und auch Zoom ist mit Zoom Events auf den Zug aufgesprungen. Alle diese integrierten Plattformen bieten

- Möglichkeiten zur Anmeldung inkl. kostenpflichtiger Anmeldungen,
- einen Eventkalender und
- Zugangslinks zu den einzelnen Veranstaltungen. Sie beinhalten auch die
- Kontaktaufnahme von Teilnehmenden untereinander sowie
- Features wie Abstimmungen etc.

Entscheidest du dich für eine solche integrierte Plattform, ist auf jeden Fall eine Zusammenarbeit mit einem Event-Anbieter sinnvoll, weil du dabei von günstigeren Lizenzpreisen profitieren kannst (Jahres- versus Einmallizenz).

Selbstverständlich sind solche Plattformen kostenintensiver als die **Webinarplattformen alleine**, für die du dir die notwendigen Komponenten (Anmeldung, Eventkalender, Webinarplattform, Newsletter, Interaktionen) selbsttätig zusammensuchst und auf einer Webseite bündelst. Mehr zu den einzelnen Tools findest du weiter unten.

Bei der Auswahl der Webinarplattform ist es wesentlich, wie die Veranstaltung aussehen soll. Damit lässt sich aus der Vielzahl der Angebote das geeignete Produkt auswählen. Mögliche Kriterien sind:

- Preis
- Aufzeichnung (Speicherort, Kosten)
- Benutzerfreundlichkeit (für Organisation, Vortragende und Publikum)
- Kundensupport bei Fragen
- Interaktionsmöglichkeit (Chat, Q&A, Umfragen)
- Branding (Anpassung der Oberfläche auf Unternehmensfarben, Logo, virtuelle Hintergründe)
- Analysemöglichkeiten nach Veranstaltungsende

Location

Online PUR: Jede Person sitzt vor einem Computer oder mobilen Gerät und nimmt über eine Webinarplattform an der Veranstaltung teil. In diesem Fall ist es auch wichtig, sich im Vorfeld über die Hintergründe, Beleuchtung und Audio der Beitragenden zu unterhalten. Hintergründe können vor Ort mit Rollups, Pflanzen, oder Plakaten gestaltet werden. Oder es können auch virtuelle Hintergründe gestaltet und in der Webinarplattform hochgeladen werden.

Alternativ können die Moderation und die Beitragenden von einem Studio aus übertragen werden und die Teilnehmenden sind einzeln online eingeloggt. Auch bei der Gestaltung des „Studios" ist auf die Gestaltung des Bildausschnitts, die Beleuchtung, die Videoübertragung und den Ton zu achten, dies kann aber zentral erfolgen.

VON DER ANMELDUNG BIS ZUR DURCHFÜHRUNG

Anmeldungen verwalten/Newsletter

Für das Sammeln von E-Mail-Adressen, die Information über die Inhalte, regelmäßige Erinnerungen an die Veranstaltung und die Nachbereitung ist ein Newsletter-Tool sehr empfehlenswert. Angebote von Sendinblue, Mailchimp, Active Campaign etc. sind dafür gut geeignet. Es ist auch empfehlenswert, zu überprüfen, ob die Funktionalität des Newsletter-Tools vielleicht schon in einer anderen Lösung (Bezahlmodul oder Webinarplattform) enthalten ist.

Falls es sich um eine kostenpflichtige Online-Konferenz handelt, braucht diese Anmeldung auch eine integrierte Zahlungsfunktion, mit der Zahlungen via Bank, den gängigen Kreditkarten und Paypal abgedeckt werden.

Fragebogen-Formular

Für Abfragen der Teilnehmenden vor (Erwartungen) und nach (Feedback) der Veranstaltung ist es sinnvoll, sich auch einer Anwendung, die Umfragen abdeckt, zu bedienen (Multiple-Choice: Auswahl aus mehreren Antwortmöglichkeiten und freie Antwort sollte beinhaltet sein). Dazu bietet sich das in Microsoft Teams beinhaltete Forms, Google Forms oder z. B. surveymonkey, um nur einige weit verbreitete zu nennen, an. Auch in Webseiten oder den Webinarplattformen können bereits Abfragemodule enthalten sein.

Interaktions-Tools

Während der Veranstaltung können Fragen, Kommentare und Umfragen über integrierte Werkzeuge durchgeführt werden oder du kannst auf externe Umfragetools wie sli.do, mentimeter oder Schnaq zurückgreifen. Sollen Ergebnisse aus Gruppen für die Nachbearbeitung oder Dokumentation gesichert werden, sind Whiteboards, kollaborative Werkzeuge wie Google Docs, Word oder Padlets geeignet.

Marketing

Beim Marketing in diesem Stadium liegt der Schwerpunkt auf der Gewinnung von Teilnehmenden. Diese müssen über den Online-Kongress informiert und zur Teilnahme motiviert werden. Also wirst du eine Marketing-Kampagne planen und umsetzen, mit einer Auswahl dieser Elemente:

- Social-Media-Beiträge (Kampagne)
- SEO (Suchmaschinenoptimierung)
- SEM (Suchmaschinenmarketing, d.h. Bewerbung via Google oder in Social Media)
- Beiträge in relevanten Newsletters, Blogs, Webseiten
- Offline-Marketingmaßnahmen (Postkarten, Flyer, Presse, TV, Radiobeiträge oder Inserate) in Auftrag geben bzw. verteilen
- (Online-)Pressekonferenz
- Präsentationsvorlagen
- Virtuelle Hintergründe

Abbildung 2: Virtueller Hintergrund

Weiters gehört zu den Informationsmaßnahmen das **Texten und die Gestaltung der Newsletter** und Mailings an die Interessierten bzw. Angemeldeten.

DURCHFÜHRUNG

Vor der Veranstaltung hat sich eine Vorbesprechung/Generalprobe/Technik-Check mit den wichtigsten handelnden Personen, Moderationen, Hauptvortragenden bewährt. Hier kann die Technik überprüft werden, der definitive Ablauf festgelegt, die Einstiegstermine fixiert und geklärt werden, ob weitere Unterstützung nötig ist. Dies wird am besten in einer **Moderationsunterlage** festgehalten.

> *INSIDER-TIPP:*
>
> Dokumentiere den Ablauf der Veranstaltung mit allen Details in einem zentralen Dokument, das alle im Organisations- und Moderationsteam erhalten.

Checkliste für den Konferenztag:

- ✓ Die Konferenzwebseite aktualisieren
- ✓ Teilnehmenden-Mail losschicken: „Jetzt geht's los!"
- ✓ Vortragenden Erinnerungsmail schicken: „So kommen Sie rein!"
- ✓ Webinarräume: Einstellungen überprüfen, Umfragen etc. vorbereiten
- ✓ Im Webinarraum: Rechte vergeben (Host, Moderation, Bildschirm teilen ...)
- ✓ Kontakt halten mit Moderation und Vortragenden für letzte Änderungen, unvorhergesehene Zwischenfälle (ev. auch Extra-Kommunikationskanal wie WhatsApp, Signal, Slack ... öffnen)
- ✓ Ansprechpartner für Probleme bei Teilnehmenden und Beitragenden definieren und kommunizieren
- ✓ Aufzeichnungen (wenn geplant) durchführen
- ✓ Veranstaltung beobachten und bei Problemen intervenieren
- ✓ Feedbackformulare zur Verfügung stellen
- ✓ Webinarraum schließen

INSIDER-TIPP:

Fasse das Orga-Team, die Moderator:innen und die Beitragenden in einem Kommunikationskanal, getrennt vom Webinarraum (z. B. WhatsApp, Slack oder Signal), für kurzfristige Absprachen zusammen.

NACHBEREITUNG

Checkliste für die Nachbereitung von Online-Kongressen:

- ✓ Webseite aktualisieren
- ✓ Debriefing Gespräche mit Moderation, Veranstaltern, Vortragenden
- ✓ Teilnahmebestätigungen versenden
- ✓ Aufzeichnungen aufbereiten und zur Verfügung stellen
- ✓ Abschlussmailings mit weiterführenden Angeboten
- ✓ Feedback auswerten
- ✓ Veranstaltungsdokumentation vervollständigen

FAZIT

Online-Kongresse sind wunderbar geeignete Werkzeuge zur Etablierung als Expert:in und Verbreiterung der Online-Sichtbarkeit. Sie bieten umfangreiche Gelegenheiten, mit interessierten Personen und Zielgruppen in Kontakt zu kommen, sowohl vor, während und auch im Anschluss an die Veranstaltung. Mit der Unterstützung von kompetenten Partner:innen kann auch die Organisation stressfrei ablaufen.

Viel Erfolg bei (be)merkenswerten Online-Konferenzen!

Mag. Angelika Güttl-Strahlhofer

Geschäftsführerin von red-ma Web Events, Agentur für digitale Bildung. Ihr Faible für innovative Bildungsszenarien begleitet sie schon ihr gesamtes Berufsleben. Sie ist fasziniert von Live-Online Veranstaltungen, die trotz räumlicher Distanz interaktiv und mitreißend gestaltet sind und veranstaltet seit 2012 eine internationale Online-Konferenz mit über 1.000 Teilnehmenden aus 80 Ländern.

Als zertifizierte Digital Consultant kann sie diese Expertise in digitale Prozesse einbetten und die Gestaltung von Online-Kongressen, -Kursen und Webinaren von der Idee über die Vermarktung bis zur Umsetzung begleiten. Mit dem Ohr am Puls der Zeit kennt sie auch aktuelle Trends und bietet zusätzlich Touren oder Veranstaltungen in 2D und 3D Umgebungen.

Red-ma Web Events, eine Arbeitsgemeinschaft von Expertinnen, hat sich als weiteren Schwerpunkt dem Thema Digital Human Resources verschrieben. Sie begleiten den Einstieg in die digitale Transformation, unterstützen insbesondere auch Führungskräfte bei den täglichen Herausforderungen von Remote bzw. Hybrid Leadership, begleiten Organisationen bei der Weiterentwicklung und Veränderung und unterstützen beim Kompetenzaufbau insbesondere bei Digitalen Skills in Learning Experience Plattformen.

https://red-ma.eu
https://dafwebkon.com

KAPITEL 12

LINKEDIN

Erobere die wichtigste Businessplattform mit deiner Persönlichkeit

von Marketa Burger

INHALT

Zielgruppe:

Auf LinkedIn dreht sich alles um Austausch, Interaktion und echte Verbindungen. LinkedIn ist deswegen eine ideale Plattform für:

- **Kundensuche** im B2B- und B2C-Bereich: Nahezu alle Unternehmer und Führungskräfte aus DAX-Konzernen sind auf LinkedIn. LinkedIn funktioniert mittlerweile auch sehr gut für Unternehmer, die dort Privatkunden ansprechen, sofern sie den Stil der Plattform wahren. Es entdecken jedoch auch immer mehr Start-Ups und KMUs das Potenzial. Die komfortable Suchfunktion und zusätzliche Salesfunktionen machen es Vertrieblern leicht, die perfekte Zielgruppe zu finden.
- **Mitarbeitersuche,** das Employer Branding und um Corporate Influencer als Botschafter zu etablieren. Unternehmer können hervorragend passende Bewerber erreichen und kostenfrei Stellenanzeigen teilen.
- **Jobsuche** und berufliches Netzwerken für Angestellte: Führungskräfte und Experten haben die Möglichkeit, sich einen Expertenstatus aufzubauen, den verdeckten Arbeitsmarkt zu nutzen und mit potenziellen Arbeitgebern in Kontakt zu treten.
- **Bekanntheit** und Meinungsführerschaft: Menschen finden eine Bühne für ihre eigene Botschaft, können sich als Thought Leader für ihr Thema positionieren, in Podcasts oder Magazine eingeladen und für Speakerauftritte gebucht werden.

Voraussetzungen:

- Du weißt, wer du bist, wofür du stehst und vor allem, wen du auf der Plattform erreichen möchtest.
- Du bist gern in Kontakt mit Menschen und hast Interesse, dich mit deiner Zielgruppe auszutauschen.
- Du hast Lust auf Contentmarketing, also mit Textbeiträgen zu überzeugen.
- Du hast Durchhaltevermögen, denn dein Markenaufbau ist ein Marathon und kein Sprint.
- Du bist lieber der Angler, der den Köder auswirft, statt der Jäger, der seiner Beute unergiebig hinterherhechelt.

Erfahrungen:

- LinkedIn eignet sich sowohl für Anfänger als auch für Fortgeschrittene. Gerade Menschen, die bereits Erfahrung mit anderen Plattformen haben, schätzen die außerordentlichen organischen Möglichkeiten.

Um auf LinkedIn nicht zu verzweifeln, sondern selbstbewusst und erfolgreich aufzutreten, ist es wichtig, sich mit meinem Marketingansatz vertraut zu machen.

Davon bin ich überzeugt:

> *Deine Persönlichkeit schafft deine eigene Nische.*

Es geht nicht darum allen zu gefallen. Nicht jeder ist mein potenzieller Kunde oder Teil meiner Wunschzielgruppe, sondern nur die Menschen, die besonders gut zu mir als Person und zu meiner Lösung passen.

Wenn du also deine Persönlichkeit in deinem gesamten Auftreten auf LinkedIn authentisch zeigst, wirst du bestimmten Menschen besonders gut gefallen und sie anziehen – und unpassende abstoßen. Dadurch entfällt auch die Angst vor Mitbewerbern, denn deine Persönlichkeit ist einzigartig und unkopierbar. Du erschaffst mit ihr dein eigenes Publikum.

ÜBER LINKEDIN: GESCHICHTE, BESONDERHEITEN UND VORTEILE

Als ich vor knapp 4 Jahren auf LinkedIn gekommen bin – mit drei eingerosteten Kontakten, die auch noch ehemalige Kollegen waren, ging meine Transformation los. Damals war es noch sehr einfach, mit einigen wenigen guten Beiträgen die Aufmerksamkeit seiner Zielgruppe zu bekommen. Heute ist LinkedIn zwar kein Geheimtipp mehr, aber definitiv die ergiebigste und effektivste Plattform im Businessbereich.

Woran liegt das?

Aufmerksamkeitsmodus: Menschen gehen bewusst und mit einem Ziel auf LinkedIn

Egal, ob Selbstständige, die ihr Angebot vermarkten möchten, Mitarbeiter in größeren Unternehmen, die sich über Trends in der Branche informieren, oder Jobsuchende, die sich nach neuen Karrieremöglichkeiten umsehen, sie alle haben eine Sache gemeinsam: Sie haben etwas vor auf LinkedIn. Sie sind zielgerichtet unterwegs und im „Aufmerksamkeitsmodus". Nicht etwa wie auf Freizeitplattformen, wie TikTok, Facebook oder Instagram. Dort sind sie meistens im „Berieselmodus" in ihrer Freizeit unterwegs und scrollen nebenbei drüber.

Der Aufmerksamkeitsmodus führt dazu, dass die Menschen sich Zeit nehmen, um sich ein Profil näher anzuschauen, einen Artikel oder Beitrag zu lesen.

Unterhaltung statt Kontaktverwaltung

Verstaubt und altbacken? LinkedIn ist definitiv weit weniger verstaubt als viele annehmen und wandelt sich zunehmend in eine Unterhaltungsplattform.

In den letzten beiden Jahren hat LinkedIn ordentlich aufgerüstet: Wir dürfen uns über Sprachnachrichten, eine extrem genaue Suchfunktion und regelmäßige Newsletter freuen. Außerdem können wir live auf die Plattform streamen und uns direkt mit unseren Zuschauern austauschen.

Beiträge, mit denen die Community interagiert und die sie weiterempfiehlt, bekommen auf LinkedIn besonders lange Aufmerksamkeit und werden weiteren Menschen angezeigt. Oft werden sie nach Wochen oder gar Monaten erneut ausgespielt.

Warum LinkedIn in deinem Marketing auf keinen Fall fehlen darf

- LinkedIn kann eine eigene Website (zeitweise) ersetzen, weil ein Profil oder eine Unternehmensseite als Mini-Landingpage durchgeht.

- LinkedIn ist SEO-optimiert und führt zu mehr Traffic auf externen Websites, Blogs, Podcastdienstleistern und mehr.

- LinkedIn ist die beste Plattform, um hochwertigen und fachlichen Content zu teilen, weil die Menschen aufnahmefähig sind und sich bewusst dort informieren.

- Das kostenfreie Basisprofil ist in seinem Funktionsumfang sehr mächtig und reicht völlig aus, um sich einen Namen aufzubauen und seine Zielgruppe zu erreichen.

- Auf LinkedIn kommen wir organisch, also ohne teure Werbeanzeigen, sehr weit und sparen zusätzliche Kosten:

- Es ist eine hochwertige Plattform mit zahlungskräftigen Mitgliedern und punktet durch die geringe Anzahl an Fakeprofilen/Bots (automatisierte Spamprofile, die generisch Nachrichten versenden).

PERSONAL BRANDING: SO STÄRKST DU DEINE EIGENE MARKE

> *„Deine Marke ist, was Menschen über dich sagen, wenn du den Raum verlassen hast."*

fasste Jeff Bezos einst sehr treffend zusammen.

Was sagen andere über dich?

Kannst du das aus dem Effeff beantworten?

Mit meinen Kunden mache ich zum Einstieg gern eine kleine Übung zur Fremdwahrnehmung. Ich lasse sie flüchtige Kontakte fragen, was diese mit ihnen verknüpfen.
Über die Antworten sind viele von ihnen überrascht. Oft bleiben unvollständige, falsche oder unbeabsichtigte Eigenschaften, Assoziationen und lange veraltete Bilder oder Tätigkeiten bei den Befragten hängen.
Und genau deswegen solltest du Personal Branding betreiben und aktiv die Wahrnehmung der Menschen steuern.

Bei deiner Brand geht es keinesfalls darum, dich auf Hochglanz zu polieren und dir eine Maske aufzusetzen, sondern dich als ehrliche und vertrauenswürdige Person zu zeigen. Aber eben mit den Bestandteilen deiner Persönlichkeit, die du bewusst öffentlich zeigen möchtest.

Sprich also über deine Erfahrungen, Ziele, Werte und Stärken. Nimm deine Community mit in dein Leben. Sprich auch über deine Fehler oder Glaubenssätze und darüber, wie du Herausforderungen überwunden hast. Selbst wenn dich dies verletzlich macht, verbindet es dich umso mehr mit deiner Zielgruppe. Dazu gehören auch deine Ecken und Kanten und gelegentlich eine polarisierende Meinung. Ich weiß, das klingt beängstigend: Aber nur wenn du dich von dem Glaubenssatz befreist, du müsstest es allen Menschen gleichermaßen recht machen, wirst du reine und intensive Verbindungen mit den Richtigen aufbauen.

Glaubwürdigkeit deiner Marke

Ganz wichtig: **DU bist die Marke**. Alles, was du auf LinkedIn tust oder auch nicht tust, sollte auf deine Marke einzahlen.

Lass es mich an einem Beispiel erklären:

Manni Marketer hat sich auf die Fahne geschrieben, dass seine Marketingberatung „nicht von der Stange, sondern individuell und persönlich" ist. Nun versendet er aber auf LinkedIn täglich 20 generische Standardnachrichten an Unbekannte. Er hat sich nicht einmal die Zeit genommen, um sich ihre Profile anzusehen und ihre Namen richtig abzutippen.

Wie denkst du, wirkt es sich nun auf seine Personal Brand aus? Steigert es das Vertrauen in ihn als Person und sein Angebot? Da sind wir uns sicher einig: vermutlich nicht.

Das braucht eine starke Marke

Eine starke, anziehende Marke ist immer:

- **klar**: Wer bist du, wofür stehst du, für wen bist du auf der Plattform und wie kannst du es einfach und einprägsam kommunizieren?
- **relevant**: Welche Probleme und Wünsche löst du auf welche Art und Weise? Warum sollten Menschen gerade dir vertrauen?
- **emotional**: Wie lautet deine Botschaft, warum tust du, was du tust, welche persönlichen Geschichten kannst du erzählen?
- **sichtbar**: Durch welche Beiträge und Aktivitäten kannst du deine Community erweitern und die Aufmerksamkeit der Richtigen gewinnen?
- **vertrauenswürdig**: Wie schaffst du es, deine Reputation zu zeigen und welcher Workflow unterstützt dich dabei, verlässlich sichtbar zu sein?

DEIN PERFEKTES LINKEDIN-PROFIL

Diese Fragen stellen sich deine Profilbesucher (oft auch unbewusst):

- Ist mir diese Person sympathisch?
- Wirkt diese Person wie ein Experte im gefragten Bereich?
- Kann sie mir weiterhelfen?

Dein erster Eindruck: Profilbild, Header, Slogan

Ein Profil, das Lust auf mehr macht, punktet mit einem clever aufbereiteten „above the fold"-Bereich. Dieser Bereich besteht aus deinem Profilbild, deinem Headerbild und deinem Profilslogan und ist das erste, was deine Profilbesucher von dir zu sehen bekommen. Deswegen muss er knallen und alles beantworten, was deine Profilbesucher von dir wissen müssen.

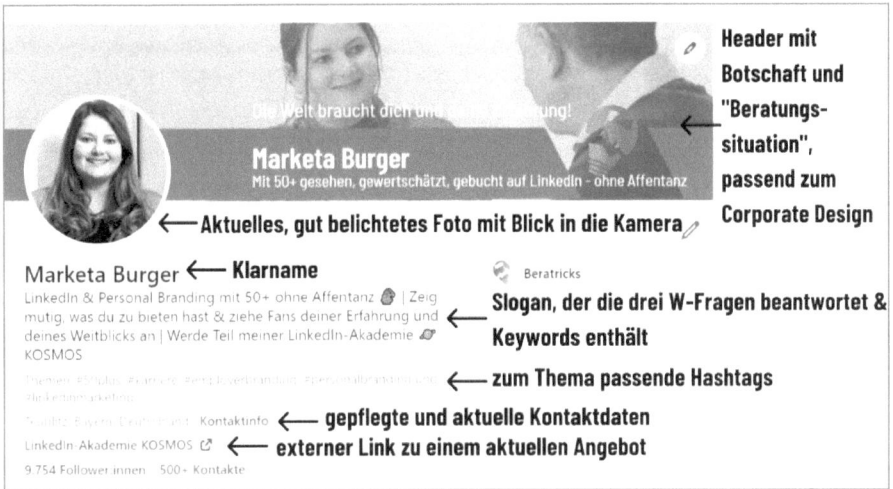

Marketa Burger — **Klarname**

Header mit Botschaft und "Beratungssituation", passend zum Corporate Design

Aktuelles, gut belichtetes Foto mit Blick in die Kamera

Slogan, der die drei W-Fragen beantwortet & Keywords enthält

zum Thema passende Hashtags

gepflegte und aktuelle Kontaktdaten

externer Link zu einem aktuellen Angebot

Profilbild

Dein Profilbild und die erste Zeile deines Profilslogans sind die zwei Profilteile, die sogar schon sichtbar sind, bevor Menschen dein Profil aufrufen.

Wähle ein aktuelles Foto, auf dem du einladend und sympathisch wirkst und das zu deiner Marke passt.

Wenn du möchtest, kannst du auch eine Cover Story, ein kurzes Profilvideo, das über deinem Profilfoto erscheint, aufnehmen. Das ist eine charmante Möglichkeit, dich bei deinen Profilbesuchern direkt näher vorzustellen und Sympathie herzustellen.

Header

Nutze das Hintergrundbild, um zusätzliche Infos unterzubringen und dich näher zu zeigen. Wenn du möchtest, teile dort deine Botschaft, ein aktuelles Angebot oder platziere prominent deine Kontaktmöglichkeiten.

Dort kannst du ein weiteres Bild von dir unterbringen. Ich selbst habe mich entschieden, ein Foto aus einer „Beratungssituation" auszuwählen. Nach dem Motto: "So könnte die Zusammenarbeit mit mir vor Ort aussehen."

Du kannst natürlich auch einen Hintergrund wählen, der zu deinem Corporate Design passt. Dieser wirkt oft besonders ruhig und der Text kommt hervorragend zur Geltung.

Slogan

Der Slogan ist für mich das Herzstück des Profils. Ein guter Slogan ist klar, einfach und markenbildend. Er beantwortet immer die drei W-Fragen: Was machst du? Was bietest du an? Für wen? Und für Profis: Was nutzt es deiner Zielgruppe?

Platziere auch zwei bis drei Keywords, damit du von Suchmaschinen gefunden wirst.

Infobereich: Was braucht dein Besucher, um dich zu kontaktieren?

Der Infobereich ist eine sinnvolle Fortsetzung deines Profilslogans. Nachdem der Slogan Lust gemacht hat, dich näher kennenzulernen, beantwortest du dort alles, was deine Zielgruppe braucht.

Für den Infotext hast du 2.600 Zeichen zur Verfügung. Entscheide selbst: Bist du eher der Typ „knackig auf den Punkt" oder nutzt du gern den Platz für eine Geschichte, die dich deiner Wunschperson näherbringt?

Wähle in jedem Fall einen interessanten Einstieg sowie einen informativen und mit deiner Persönlichkeit gespickten Mittelteil und platziere am Ende eine Handlungsaufforderung.

Diese Fragen kannst du beantworten:

- Wer bist du, was machst du wie, warum und für wen?
- Warum sollten Menschen auf dich hören?
- Was macht dich glaubwürdig?
- Warum sollten Menschen mit dir arbeiten?
- Welchen konkreten nächsten Schritt sollte die Person gehen?

Fokusbereich: Baue dein Schaufenster strategisch auf

Der Fokusbereich ist dein Schaufenster. Du kannst dort bestimmte Inhalte prominent hervorheben. Nutze den Platz, um deine besten Beiträge ins rechte Licht zu rücken oder Beispiele und Erfolge deiner Arbeit zu zeigen. Platziere hier auch geschickt externe Links, beispielsweise zu deinem Kalender, deiner Website, deinem Buch oder deinem neuesten Kurs.

Berufserfahrung & Aus- und Weiterbildung: Überzeuge mit relevanter Expertise

Konzentriere dich auf Stationen, Erfahrungen und Kenntnisse, die auf die drei Fragen weiter oben abzielen. Wenn du unsicher bist, empfehle ich dir folgende

Frage: Bringt diese Information meine Zielgruppe weiter? Wenn du das verneinen würdest, lass sie weg.

Dein Profil ist kein lückenloser Lebenslauf.

Empfehlungen & Kenntnisse: Steigere deine Vertrauenswürdigkeit

Nichts steigert deinen „social proof", also das Vertrauen in dich und dein Angebot, so sehr wie Empfehlungen begeisterter Kunden.

Erhaltene Empfehlungen auf LinkedIn sind wertiger als auf Bewertungsportalen, weil sie unmittelbar mit den Empfehlungsgebern verknüpft sind und kaum gefälscht werden können.

Mein Tipp:

Füge die regelmäßige Bitte um Empfehlungen in deine LinkedIn-Routine ein. Bitte zum Beispiel jeden Monat fünf Personen, mit denen du gearbeitet hast, um eine Empfehlung.

Creator-Modus: Ja oder Nein?

Du hast auf LinkedIn die Möglichkeit, im „normalen" Modus zu bleiben, der bei der Anmeldung standardmäßig vergeben wird oder in den Creator-Modus zu wechseln. Der Creator-Modus ist für dich geeignet, wenn du ein „Content Creator" bist - also deine Reichweite ausbauen möchtest, regelmäßig eigene Beiträge veröffentlichst, live gehst, einen eigenen Newsletter schreibst und immer Zugang zu den neuesten Funktionen haben möchtest.

Mehr Tipps, wie du dein Profil von 08/15 in „Wow, mit dem oder der will ich arbeiten!" verwandelst, gibt es in meinem Video "LinkedIn-Profil wie ein Superstar". Dort zeige ich dir, wie du dein Profil strategisch aufbaust, deine Wunschzielgruppe und sogar den Algorithmus begeisterst.

Hier kannst du dir das Video ansehen:
www.beratricks.com/LinkedIn-profil-wie-ein-superstar

BEITRÄGE VERÖFFENTLICHEN: PRÄSENTIERE DICH UND BAUE NÄHE AUF

Die goldene Regel: „Posten & Ghosten" funktioniert nicht

Um eine echte Verbindung zu deiner Zielgruppe herzustellen, ist es unerlässlich, dass du mit ihr in Kontakt trittst. Nur einen Beitrag zu veröffentlichen und dich im Anschluss nicht mehr um ihn zu kümmern, ist entschieden zu wenig. Antworte stattdessen auf Kommentare unter deinem Beitrag und nutze das Interesse, um mehr über die Kommentierenden zu erfahren.

Formate: Finde den richtigen Mix

LinkedIn bietet uns diverse Beitragsformate:

- Reiner Textbeitrag: Das ist der Klassiker und funktioniert nach wie vor gut. Für mehr Wiedererkennungswert empfehle ich dir, den Textbeitrag mit einem Portrait zu kombinieren.
- Text mit Bild: Ein Foto von dir dient als "Scrollstopper" und Suchende bleiben in Zukunft an deinen Beiträgen hängen, weil sie dich wiedererkennen. Du kannst natürlich auch Grafiken, Zitate, starke Statements und Weiteres zur Visualisierung verwenden.
- Slider (mehrseitige Bildbeiträge als Slideshow): Dieses Format empfehle ich dir derzeit, weil es die Verweildauer begünstigt und du viel Expertise auf mehreren Folien unterbringen kannst.
- Video
- Live-Funktion: Du kannst eine Video-Übertragung auf LinkedIn starten und deine Zuschauer können im Chat direkt mit dir interagieren.
- Artikel und regelmäßiger eigener Newsletter.
- Audio-Funktion (derzeit noch in der Betaphase)

Ich empfehle dir zunächst, dich mit den verschiedenen Möglichkeiten vertraut zu machen, dich auszuprobieren und herauszufinden, was dir besonders liegt und woran du auch längerfristig Spaß hast.

Arbeite zu Beginn mit dem, was du bereits hast. Wenn dir beispielsweise das Gestalten nicht liegt, wirst du vermutlich wenig Freude an aufwendigen Sliderbeiträgen haben. Dafür geht dir möglicherweise das Schreiben leicht von der Hand. Konzentriere dich in dem Fall auf einfache Textbeiträge und bestücke sie gegebenenfalls mit Fotos aus deinem Vorrat.

Erfolgsfaktoren & ein Beispiel

Das braucht ein hervorragender Beitrag:

- **Einen knallenden Einstieg**: Die ersten Zeilen verführen zum Weiterlesen.
- **Mehrwert**: Deine Leser erfahren Neues, fühlen sich unterhalten oder werden inspiriert.
- **Emotionen:** Greife auf Storytelling zurück und trau dich, deine echten Gefühle zu zeigen.
- **Deine Persönlichkeit**: Verleihe deinen Texten das besondere Extra durch deine Erfahrung, Anekdoten aus dem Alltag und deine Werte.
- **Eine Handlungsaufforderung**: Kröne deinen Beitrag mit einer klaren Empfehlung. Gib Orientierung für den nächsten Schritt.

Ich zeige es dir anhand meines Beitrags, der 80.000 Ansichten erzielt hat:

Marketa Burger · Sie

LinkedIn & Persona Branding mit 50+ ohne Affentanz 🐒 · Zeig mir, wie

1 Jahr · Bearbeitet · 🌐

"Sie passen nicht in unseren Personalbereich, weil Sie Röcke tragen, zu viel lachen und zu denen da unten (=gewerbliche Mitarbeiter in der Produktion) zu einladend sind. Dann kommen die ständig hoch ins Büro und wollen was..."

Diese schwarze Stunde meiner Karriere hat mir ganz klar gezeigt, wofür ich NICHT stehe, nämlich:

👎 Führungskräfte, Akademiker und "Büro-Menschen" stehen über den Anderen. Die restlichen Mitarbeiter sind zweite Klasse.
👎 Der Personalbereich ist ein distanziertes Organ, das - wenn überhaupt - nur für bestimmte ausgewählte Mitarbeiter da ist.
👎 Ein stocksteifes Umfeld, das Persönliches unterdrückt.

👉 Wer mir mein lautes Lachen verbieten möchte, beißt sich die Zähne aus! ✂

Weißt du ganz genau, was du NICHT in deinem neuen Job vorfinden möchtest? Schreib es mir bitte in den Kommentar.

Wenn nicht, helfe ich dir gern dabei (wir bohren richtig tief und kommen an den Kern) - damit du zielsicher dort ankommst, wo du hingehörst.

#personalerliebling #beratricks #werte #grundsätze

Was braucht ein LinkedIn-Beitrag, den deine Leser lieben?

Der ideale Aufbau besteht aus:

1. **einer Überschrift**,
   die antriggert und Interesse weckt. Beachte hier, dass nur die ersten zwei Zeilen deines Beitrags in der Vorschau angezeigt werden. Gib deinen Lesern einen Grund, warum sie den Beitrag öffnen und weiterlesen sollten. Vermeide jedoch unbedingt „Clickbait".

2. **einem Mittelteil**,
   der dein Thema aufbereitet und mit deiner Persönlichkeit gewürzt ist. Beschreibe dein Thema näher und gib deinen Lesern die Informationen, die du in der Überschrift versprochen hast. Gliedere deinen Beitrag übersichtlich und arbeite mit Absätzen und Aufzählungspunkten. Wenn es zu deinem Branding passt, baue auch Emojis und Symbole ein.

3. **einem Call to Action**,
   also einer Aufforderung, die deine gewünschte Reaktion auslöst. Stelle deinen Lesern eine Frage oder gib ihnen Empfehlungen für ihren nächsten Schritt.

4. **drei bis fünf Hashtags**,
   die dein Thema kategorisieren.

SOCIAL SELLING: ERST BEZIEHUNG AUFBAUEN, DANN VERKAUFEN

Sein Angebot auf LinkedIn zu verkaufen, funktioniert hervorragend. 90 Prozent meiner Kunden kommen direkt in LinkedIn per Privatnachricht auf mich zu. Aber bitte mit Werten und Finesse!

Vermeide fatale Social-Selling-Sünden

- Mit der Tür ins Haus fallen: Nimm dir stattdessen Zeit, eine Beziehung aufzubauen und die Person, ihre Herausforderungen und Wünsche näher kennenzulernen.
- Fordernd sein: Tu erst deinem Gegenüber etwas Gutes und versorge es mit wertvollen Informationen, hilf bei jedem Schritt weiter und sei ansprechbar.
- Wilder Aktionismus und dein Angebot im Blindflug verteilen: Nachdem du dein Gegenüber kennengelernt hast, weißt du, welche Informationen

noch fehlen und welche Hürden du vor einem erfolgreichen Verkauf abbauen solltest.

Wenn du mit einer klaren Botschaft und Positionierung kontinuierlich Mehrwert stiftest, dir und deinen Werten treu bleibst und dir Zeit für einen Beziehungsaufbau zu deinen Wunschkunden nimmst, können sie irgendwann gar nicht anders, als bei dir zu buchen.

Communityaufbau in 5 Schritten

Mit meiner Communityformel baust du schrittweise fruchtbare Beziehungen auf und aus:

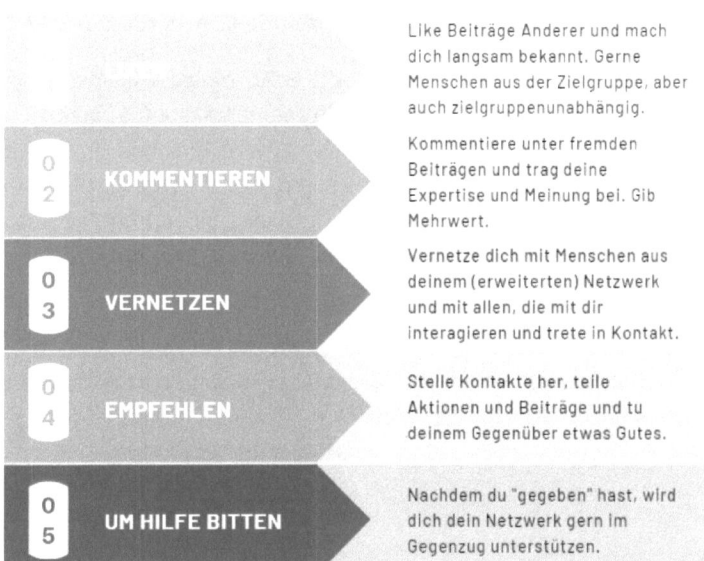

ERFOLGSBESCHLEUNIGER: SO WIRST DU SCHNELLER BEKANNT

Mit diesen Aktivitäten kannst du schneller sichtbar werden und Vertrauen aufbauen:

- Schließe dich mit Menschen zusammen, die die gleiche Zielgruppe haben und unterstützt euch gegenseitig. Geht zum Beispiel gemeinsam live oder startet eine gemeinsame Beitragsserie.
- Sei in Gruppen aktiv, in denen sich deine Zielgruppe aufhält.

- Besuche Veranstaltungen und Weiterbildungen, die deine Zielgruppe besucht.
- Rufe ein eigenes Format ins Leben, zum Beispiel ein Kaffee-Date oder ein regelmäßiges Netzwerktreffen.

ENTWICKLUNG BEI LINKEDIN & AUSBLICK

- **LinkedIn wird schnelllebiger:** Das führt dazu, dass mehr Beiträge und eigene Aktivität nötig sein werden, um seine Wunschzielgruppe zu erreichen.

- **LinkedIn wird professioneller**: Immer mehr Menschen lernen Storytelling und wie sie auf der Plattform auftreten sollten. Dadurch braucht es bessere Qualität, also hochwertige Beiträge, um herauszustechen.

- **Planungsfunktion wird ausgerollt:** Bald, einige Glückliche haben die Funktion schon, können wir Beiträge direkt auf LinkedIn ohne ein externes Tool vorplanen. Eine komfortable Möglichkeit, um Zeit zu sparen und uns das Dranbleiben zu erleichtern. Wie oben beschrieben empfehle ich dir nicht zu „Posten und Ghosten", also deine Beiträge automatisch abzusetzen und den Beitrag und deine Community sich selbst zu überlassen.

- **Mehr Diversität und neue Zielgruppen:** Viele Menschen aus dem privaten Bereich melden sich auf LinkedIn an und auch Mitarbeitende aus KMUs stürmen auf die Plattform. Dadurch ergeben sich vielfältige Möglichkeiten für Marketer, Vertriebler und Recruiter.

FAZIT

LinkedIn wird in Zukunft mit weiteren Funktionen aufwarten, die uns das Dranbleiben und den Umgang mit der Plattform erleichtern. Es wird jedoch nicht mehr reichen „einfach zu machen", sondern eine gute Strategie wird für den individuellen LinkedIn-Erfolg unabdingbar sein. In meinen Augen lohnt es sich absolut, diese Mühe zu investieren und in Zukunft von einer treuen Community, einem unterstützenden Netzwerk und einer authentischen Sichtbarkeit zu profitieren, die auf nahezu alle Ziele im Job und Business einzahlt.

Beginne direkt damit, dein Profil strategisch in einen Menschenmagneten zu verwandeln. In meinem Video www.beratricks.com/LinkedIn-profil-wie-ein-superstar zeige ich dir, wie das hervorragend gelingt.

Marketa Burger

Marketa Burger ist Personal Branding und LinkedIn Expertin und gründete 2016 nach 12 Jahren im Personalbereich ihre Agentur "Beratricks".

Sie begleitet Selbstständige und Experten um die 50 auf ihrem Weg zur einer bekannten und begehrten Personenmarke und verhilft ihnen zu einer starken Präsenz auf LinkedIn. Dabei inspiriert sie Menschen, sich auf ihre ganz eigene Art und Weise sichtbar zu machen und mit unverstellten ehrlichen Botschaften rauszugehen. Denn sie ist überzeugt: Für die Richtigen müssen wir keinen Affentanz aufführen. Dadurch bauen sich ihre Kunden ein wertvolles Netzwerk von Fans auf, die sie aufgrund ihrer Expertise, Persönlichkeit und Erfahrung schätzen, unterstützen und weiterempfehlen. Und ziehen absolute Wunschkunden an, die gern ihre Preise zahlen.

Sie zählt zu den besten LinkedIn-Trainern im DACH-Raum, wurde 2022 auf Platz 6 der LinkedIn-Persönlichkeiten gewählt und ist beliebter Gast in Magazinen, Podcasts und Speakerkongressen.

Sie lebt mit ihrem Partner und ihrem Sohn in einer alten Tankstelle bei Regensburg, liebt das Wasser, gutes Essen und spannende Begegnungen mit guten Gesprächen.

www.beratricks.com
Marketa Burger | LinkedIn
Marketa Burger | Facebook
Marketa Burger - YouTube
Marketa | Personal Branding • LinkedIn • Ü50 (@marketa.burger) • Instagram-Fotos und -Videos

KAPITEL 13

FACEBOOK & INSTAGRAM

META verstehen & gezielt nutzen

von Birgit Kurz

INHALT

Zielgruppe:	Unternehmer:innen, die sich auf Social Media positionieren und organisch oder mittels Werbung Reichweite und Sichtbarkeit bekommen wollen.
Voraussetzungen:	Freude an sozialen Netzwerken, mit anderen in Interaktion zu gehen. Präsentieren sich gerne und haben keine Scheu, in die Onlinesichtbarkeit zu gehen.
Erfahrungen:	Keine

Wie in jedem Marketingbereich ist es auch in den sozialen Netzwerken wichtig, die richtige Zielgruppe zu erreichen. Wie sieht es also aktuell auf Facebook und Instagram aus? Welche Möglichkeiten es gibt und welche Funktionen für Unternehmen gut nutzbar sind, klären wir auf den nächsten Seiten. Zu Beginn möchte ich festhalten, dass des Öfteren META zu lesen sein wird. Im Oktober 2021 hat Mark Zuckerberg den Namen von Facebook auf META geändert und darin alle drei sozialen Netzwerke Facebook, Instagram & WhatsApp integriert.

Facebook

2009 wurde Facebook in Österreich gehypt. Gefühlt jeder der Generation Y hat damals ein Facebook Konto erstellt. Dies hat sich mit den Jahren verändert.

Aktuell sind die Personen, welche Unternehmensaccounts auf Facebook erreichen:

- Männer & Frauen zwischen 35 und 65 Jahren (Alterstendenz steigend)
- Unternehmen (B2B)

Instagram

Die jüngere soziale Plattform von META, welche wir uns später noch näher ansehen werden, ist Instagram. Instagram war lange Zeit als Bilderplattform bekannt und wurde vermehrt von jüngeren Personen genutzt.

Personen, welche derzeit über Instagram angesprochen werden, sind:

- Männer & Frauen zwischen 23 und 40 Jahren (Alterstendenz steigend)
- Online Business Unternehmer:innen
- Influencer

SOCIAL-MEDIA-MARKETING

Groß & vielfältig und schnell verändernd, sind passende Schlagworte für Social-Media-Marketing. Jede soziale Plattform hat ihren eigenen „Charakter". Für Unternehmer:innen welche erst am Beginn ihrer Social-Media-Marketing Aktivitäten stehen, ist es oft schwierig, sich für eine Plattform zu entscheiden. Denn es gibt ja so viele davon.

Als Privatuser nutzt man die Plattform, auf der man sich wohlfühlt. Doch ist dies auch die richtige Plattform, um als Unternehmen Interessent:innen und Kund:innen anzusprechen? Hierfür ein kleines Beispiel:

Lena ist 30 Jahre alt und sieht sich am liebsten TikTok Videos an. Diese sind unterhaltsam und bieten doch auch den gewissen Mehrwert. Vor Kurzem hat sie sich ihren Traum verwirklicht und ein Geschäft für den Verkauf von Naturprodukten eröffnet. Sie weiß, dass sie Social-Media-Marketing nutzen muss, um ihr Unternehmen bekannt zu machen. Und das auf eine schnelle Art und Weise. Ob TikTok hierfür der richtige Social-Media-Kanal ist?
Nein, leider nicht.

SOCIAL-MEDIA-STRATEGIE

Strategische Ansätze sind im Unternehmenskontext immer ein wesentlicher Vorteil. Denn alle Aktivitäten, die ich vorab plane, lassen sich in der Zukunft gut vorbereiten und noch besser umsetzen. Du denkst, dass es auf Social Media keinen Sinn macht? Falsch gedacht, gerade auf Social Media ist es wichtig, seine nächsten Schritte zu kennen und zu planen. Doch wie kannst du nun deine eigene Social-Media-Strategie erstellen? Nehmen wir hierzu wieder die 30-jährige Lena mit ihrem Naturproduktegeschäft.

Lena sieht sich ihre Zielgruppe genau an und ordnet diese zu. In ihrem Fall sind es Frauen ab 40, die viel Wert auf die Qualität ihrer Lebensmittel legen. Diese Zielgruppe möchte auch wissen, woher ihre Lebensmittel stammen. Sie besuchen den Yoga-Kurs im Ort oder gehen am Wochenende gerne wandern in der Natur. Lena weiß, dass viele ihrer Kund:innen einen Facebook- und Instagram-Account besitzen. Sie möchte ihre Produkte in weiterer Folge über ihren kleinen Online-Shop promoten und dafür ebenfalls auf Social Media werben. Ihr Ziel ist es, im kommenden Jahr mehr Kund:innen über Facebook & Instagram für ihren Laden zu gewinnen.
Sie möchte das Wachstum ihres eigenen Accounts steigern und die Interaktion ihrer Community erhöhen. Dazu soll ihr Laden mehr Bekanntheit im näheren Umkreis erlangen.

Mit diesen definierten Zielen hat Lena ihre Grundbasis für ihre Social-Media-Strategie auf Facebook & Instagram gelegt. Um es besser darzustellen hat sie sich eine Tabelle erstellt, die alles auf einen Blick abdeckt.

S.M.A.R.T. Ziel	Social-Media-Kanal	Thema	Format	Deadline
Bekanntheit	Facebook & Instagram	Naturprodukt-Geschäft	Social Ads (Werbeanzeigen), Gewinnspiel	2. Quartal
Interaktion um 20% steigern	Facebook & Instagram	Quiz zu den Produkten, Umfragen, FAQ's	Beiträge, Videos, Story-Umfragen	3. Quartal

Zur Erklärung: **S.M.A.R.T.** ist ein Marketing-Fachbegriff und wird gerne genutzt, um Ziele strategisch zu planen. Es bedeutet, dass die Ziele **S**pezifisch, **M**essbar, **A**ttraktiv, **R**elevant, **T**erminiert sein sollen.

Ist die Social-Media-Strategie erstellt und die Umsetzung im Gange, darf nicht auf die Auswertung und Analyse der vordefinierten Ziele vergessen werden. Nur durch die laufende Beobachtung, ob Formate, Beiträge & Themen bei der Community auch richtig ankommen, können rechtzeitig Änderungen durchgeführt werden. Dies können dann neue Formate sein oder auch andere Themengebiete. Schlussendlich entscheidet die Community (potenzielle Interessent:innen), welche Inhalte sie mag und welche nicht.

Und eines vorweg: Es ist egal, wie viele Follower sich auf dem Business Account befinden. Wichtiger ist, dass die Community schlussendlich auch potenzielle Käufer enthält. Damit sich der Aufwand lohnt.

FACEBOOK

Facebook ist tot! Aber wie heißt es so schön: Totgesagte leben länger. Und genauso ist es mit dieser Plattform. Jedes Jahr aufs Neue beginnen Personen darüber zu spekulieren, ob Facebook nun wirklich keine User mehr hat. Doch die Antwort ist schlicht: NEIN. Denn seien wir mal ehrlich, auch wenn die Interaktion in den letzten Jahren ziemlich eingebüßt hat, ist Facebook nach wie vor die erste Plattform, auf die sich Unternehmen bewegen. Warum? Weil sie eine Plattform mit vielen Möglichkeiten ist: vom Imagebranding (Markenbekanntheit) über Employer Branding (Arbeitgebermarke) bis hin zu den vielen Möglichkeiten im Bereich Werbung (Social Ad's – Werbeanzeigen). Der Schlüssel zum Erfolg ist einzig und alleine die richtige Strategie.

Zielgruppe

Facebook gibt es nun bereits seit 2009 und mit der Plattform sind auch ihre User älter geworden. Mittlerweile befinden sich Personen zwischen 35 und 60+ regelmäßig auf Facebook.

Privatprofil und Unternehmensprofil

Die Frage, welche ich am öftesten gestellt bekomme, ist: Benötige ich ein Privatprofil für einen Unternehmensaccount? Ja, definitiv. Denn nur natürliche Personen dürfen einen Unternehmensaccount erstellen. Und dabei sollte es sich nicht um einen FAKE-Account handeln, sondern mit dem richtigen Namen und Geburtsdatum übereinstimmen. Dies benötigt META, um dich für die Unternehmensfunktionen freizuschalten.

Mit dem Unternehmensprofil ist es dann ähnlich. Seit der Umstellung von META im Jahr 2022 sind bereits (fast) alle alten Unternehmensseiten auf die neue Seitenversion geändert. Sprich, das Unternehmensprofil gleicht dem Privatprofil. Dies kann oft zu Schwierigkeiten beim Verwalten des Accounts führen (Verwechslungsgefahr), bietet aber auch Vorteile. Das Wechseln zwischen dem Privaten- & dem Business Profil ist mit einem Klick erledigt.

Das Unternehmensprofil bietet zudem mehr Möglichkeiten. Der Algorithmus spielt Unternehmensseiten in der unmittelbaren Umgebung als „Vorschlag" aus. Kund:innen können ihre Bewertungen direkt auf Facebook hinterlassen und Unternehmensseiten empfehlen. Gruppen sind eine Ergänzung zur Unternehmensseite und eigenen sich zum Beispiel gut für den Aufbau einer Online-Business-Präsenz. Online-Veranstaltungen oder Facebook-Shop sind alles kostenlos nutzbare Funktionen für Unternehmensseiten.

Aufbau Unternehmensprofil

Das Unternehmensprofil hat trotz der Ähnlichkeit zum Privatprofil einige wichtige Hintergrundaspekte. Hier muss darauf geachtet werden, dass folgende Informationen aufscheinen:

- Firmenname sollte wenn möglich auch Profilname sein
- Impressum (Impressumpflicht für Unternehmen gilt auch auf Facebook)
- Kontaktinformationen (E-Mail, Telefonnummer, Button zum Messenger)
- Starker Profilslogan (Was macht das Unternehmen bzw. welche Lösungen bietet das Unternehmen)
- Profilbild (Logo oder bei Einzelunternehmen ein Bild des Unternehmers)

2-Stufen-Authentifizierung

Unternehmensprofile benötigen eine 2-Stufen-Authentifizierung, um die Sicherheit vor Hacker-Angriffen zu erhöhen. (Nähere Informationen dazu weiter unten.)

WELCHE BUSINESS-FUNKTIONEN AUF FACEBOOK EIGENEN SICH FÜR UNTERNEHMEN?

Hier kommt es immer auf die vorab definierten Ziele an. Denn jedes Unternehmen hat andere Anforderungen im Bereich Social-Media-Marketing auf Facebook. Hier kommt nun ein kleiner Überblick, welche Funktionen auf Facebook für Unternehmensaccounts gut nutzbar sind:

Facebook Gruppen

Gemeinsamer Austausch und Netzwerken stehen im Vordergrund bei der Nutzung von Facebook Gruppen. Ein Unternehmensprofil kann keine Facebook Gruppe erstellen, dazu benötigt man ein Privatprofil, da sie für die private Nutzung gedacht sind. Für Unternehmensprofile ist es ein kostbarer Multiplikator, wenn deren Beiträge in regionalen Gruppen weiter geteilt werden.

Unterschiedliche Gruppen

Nehmen wir Bezug auf unser Beispiel Lena:

> *Sie erstellt mit ihrem Privatprofil eine öffentliche Gruppe für Naturprodukte. Darin postet sie nicht nur ihre Aktionen, sondern regt zum Austausch über nachhaltige und ökologische (Produkt-)Themen an. Damit bringt sie einen Austausch in Gang, der die Gruppe belebt. Zeitgleich bewirbt sie in vereinzelten Aktionen ihre Produkte. Eine Win-Win Situation. Diese öffentliche Gruppe wird wiederum Personen mit ähnlichen Interessen als Vorschlag angezeigt und erhält dadurch stetiges Wachstum.*

Neben der öffentlichen Gruppe gibt es zwei weitere Arten: die geschlossene und die geheime Gruppe. Während die geschlossene Gruppe zwar öffentlich gesehen werden kann, die Beiträge darin jedoch nur von Gruppenmitgliedern, wird die geheime Gruppe hauptsächlich zum privaten gemeinsamen Austausch genutzt, zum Beispiel mit Kooperationspartnern innerhalb von Unternehmen.

Eigener Facebook-Shop

Neben dem Marketplace bietet Facebook den Unternehmensseiten an, einen eigenen Facebook-Shop zu erstellen. Sprich, die eigenen Produkte und Dienstleistungen in einem im eigenen Corporate Design erstellten Shop anzubieten. Die Interessenten können so noch mehr über das Unternehmen, die Produkte und die Dienstleistungen erfahren. Verwaltet wird der Shop über den Commerce Manger. Für einen direkten Verkauf über den Facebook Shop können unterschiedliche „Checkout-Methoden" (Zahlungsabwicklungen) gewählt werden, nämlich über den eigenen Unternehmenswebshop, direkt über den WhatsApp oder den Messenger Chat.

Veranstaltungen

Ob Live- oder Online-Event, Facebook bietet auch hier eine Menge Möglichkeiten, um die richtigen Personen zu erreichen: z. B. Online Webinare direkt in einer Facebook Gruppe oder auf einer Unternehmensseite sowie Live-Events. Veranstalter haben die Möglichkeit, wichtige Informationen weiterzugeben und bereits vor dem Event interessierte und teilnehmende Personen auf dem Laufenden zu halten. Bei öffentlichen Events ist es möglich, Freunde und Bekannte zu dem Event einzuladen. Der eigene „Ticket-Button" kann zur individuellen Eventseite, zur Verkaufsstelle der Tickets oder als Verkauf direkt über Facebook abgewickelt werden.

Werbeanzeigen

Die Business Suite bietet mit dem Punkt Werbeanzeigen eine Ansicht der bis dato gesponserten Beiträge oder Videos. Hier enden die Einstellungsmöglichkeiten sehr rasch. Stattdessen empfiehlt sich die Nutzung des Werbeanzeigenmanagers über den Business Manager.

Commerce – Shop-Funktion

Produkte direkt über Facebook verkaufen? Ist möglich, dazu hat Facebook die Commerce-Funktion entwickelt. Die Verwaltung erfolgt über die Business Suite.

Vorplanen über die Business Suite

Stress mit dem Posten von Beiträgen? Das gehörte mit dem integrierten Planer in der Business Suite definitiv der Vergangenheit an. Beiträge & Videos erstellen und bequem für das kommende Monat vorplanen ist für das Unternehmensprofil ebenso wie für alle Arten von Gruppen realisierbar. Das gilt ebenfalls für Stories. Die Nutzung ist als Desktop-Version und als Smartphone-App möglich.

Insights & Benchmarking

Es geht darum, Beiträge zu analysieren und dadurch ein Gefühl dafür zu bekommen, welche Inhalte gut ankommen. Optimierungspotential lässt sich am besten über die Insights in der Business Suite analysieren. Und noch ein kleiner Tipp: Nutze die Option Benchmarking. Hier bietet Facebook die Möglichkeit, die eigenen Mitbewerber:innen zu „tracken". Facebook zeigt bei dieser Option die Vor- & Nachteile zum Mitbewerb auf.

Business Suite

Die META Business Suite erstellt sich automatisch bei Veröffentlichung einer Unternehmensseite. Sie erleichtert Unternehmer:innen den Alltag mit Social Media, denn sie enthält wichtige Business Funktionen und vereint Facebook & Instagram.

INSTAGRAM

Aktuell ist Instagram einer der beliebtesten Social-Media-Kanäle, der von Unternehmen und Marken verwendet wird, um ihre Zielgruppe zu erreichen. Obwohl es viele andere Plattformen gibt, hat Instagram aufgrund seiner Fokussierung auf visuelle Inhalte und die Einfachheit der Funktionen einen Vorteil. Die Plattform ist leicht zu bedienen und bietet Unternehmen und Marken die Möglichkeit, ihr Publikum in Echtzeit zu erreichen.

Es ist wichtig zu wissen, dass Instagram mehr als nur eine Plattform für Selfies ist - es bietet mittlerweile ein Menge Funktionen und kann somit als umfangreiches Marketing-Tool verwendet werden. Mit dem richtigen Werkzeug können Unternehmen und Marken ihr Publikum aufschlüsseln und gezielte Kampagnen erstellen. Durch den Einsatz von Hashtags können Unternehmen ihre Reichweite erheblich steigern und neue Follower gewinnen. Mit speziell entwickelten Analysewerkzeugen können Unternehmen außerdem ihre Erfolge überprüfen und feststellen, welche Strategien funktionieren und welche nicht.

Instagram-Marketing kann Unternehmen helfen, sich vom Wettbewerb abzuheben, indem sie interessante Inhalte anbieten, die den Bedürfnissen der Zielgruppe entsprechen. Es hilft außerdem dabei, den Bekanntheitsgrad des Unternehmens und seiner Marke zu steigern sowie mehr Traffic auf die Website des Unternehmens zu lenken. Dank spezieller Analysetools kann man darüber hinaus besser verstehen, welche Inhalte beim Publikum am besten ankommen und welche Änderungen vorgenommen werden müssen.

Insgesamt lässt sich sagen, dass Instagram-Marketing ein effektives Tool ist, um mehr Menschen zu erreichen und Kundentreue zu generieren. Mit dem richtigen Werkzeug können Unternehmer neben dem Verkauf von Produkten oder Dienstleistungen auch eine starke Bindung mit ihrem Publikum herstellen und dadurch langfristige Erfolge erzielen.

Unterschied Business & Creator Account

Ein Profil auf Instagram ist immer automatisch ein "Privatprofil", welches in seiner Grundeinstellung öffentlich sichtbar ist. Sobald die Beiträge mittels Insights ausgewertet werden sollen, ist es wichtig, auf ein Creator oder Business Konto umzustellen. Der Creator Modus wurde hauptsächlich für Influencer, Musiker usw. implementiert.

Das Business Konto bietet dir als Unternehmen mehr Möglichkeiten, um dich auf der sozialen Plattform optimal zu positionieren. Der Steckbrief ist dabei ein wichtiger Punkt, denn dies ist der erste Bereich, der von den Usern wahrgenommen wird.

#Hashtag Strategie

Hashtags sind eine der wertvollsten Funktionen auf Instagram, um Inhalte zu entdecken und zu verbreiten. Hashtags ermöglichen es Unternehmen, ihre Zielgruppe zu erweitern und neue Kunden zu gewinnen. Einige Unternehmen nutzen sie jedoch nicht effizient oder wissen nicht, wie man sie am besten verwendet.

Eine wohldurchdachte Hashtag-Strategie kann dazu beitragen, die Sichtbarkeit und Reichweite eines Unternehmens auf Instagram signifikant zu steigern. Hier sind einige Tipps, die bei der Hashtag-Strategie berücksichtigt werden sollten:

1. **Identifiziere relevante Keywords:** Identifiziere relevante Keywords für das Unternehmen und die Branche. Diese Keywords bilden die Grundlage für die Erstellung von spezifischen Hashtags.

2. **Erstelle deinen eigenen Hashtag**: Wenn du dein eigenes Branding schaffst, setzt du dich von den Mitbewerbern ab und bietest deinen Followern mehr Interaktion.

3. **Nutze Trend-Hashtags:** Nutze Trends aus der Branche gezielt für den eigenen Post, egal ob es sich um den Launch eines neuen Produkts handelt oder um relevante Ereignisse des Tages. Trend-Hashtags helfen dabei, den Post viral zu machen und mehr Personen anzuziehen.

4. **Kombiniere generische mit spezifischen Hashtags:** Generische Hashtags (#instagrammarketing) sind gut geeignet, um breite Aufmerksamkeit für dein Unternehmen zu erhalten. Spezifische Hashtags (#socialmediamanagement) helfen hingegen dabei, Personen anzuziehen, die tatsächlich an dem Thema interessiert sind oder eher bereit sind zu „konvertieren". Kombiniere deshalb generische mit spezifischen Hashtags in deinem Post - so kannst du sowohl breite als auch sehr spezifische Zielgruppen erreichen!

5. **Optimiere regelmäßig:** Optimiere regelmäßig deinen Account auf Instagram - das heißt, überprüfe immer wieder, welche Keywords für dich relevant sind und optimiere je nach Kampagne die benutzten Hashtags! So stellst du sicher, dass du immer up-to-date bleibst!

Highlights nutzen

Wer kennt sie nicht, die tollen „Highlights" unter dem Steckbrief. Sie sind in einem schönen Design gestaltet und dazu da, um interessante Stories auch nach 24 Stunden für die Community sichtbar zu halten.

Verwaltung von Instagram

Ist das Instagram Profil auf ein Unternehmenskonto umgestellt und die Verbindung zur Facebook Unternehmensseite gegeben, können dieselben Funktionen wie für die Facebook Seite über die META Business Suite auch für Instagram verwendet werden.

Trends auf Instagram

Der Trend von unterhaltsamen Kurzvideos bleibt. Das sogenannte Storytelling wird aktuell immer wichtiger. Abwechselnd Reels & Carousel-Beiträge (Wischbeiträge) und dazu passende Stories sind der Tipp, um Reichweite & Follower aufzubauen.

META BUSINESS MANAGER

Business Manager oder auch Unternehmenskonto genannt, ist ein wichtiges Tool, um mit Facebook & Instagram alle Funktionen optimal zu nutzen. Der Unterschied zur Business Suite ist einfach erklärt. Während der Business Manager das Verwaltungstool ist, also der „Overhead", werden in der Business Suite lediglich Funktionen angeboten, um Facebook & Instagram effizient zu nutzen.

Im Unternehmenskonto (Business Manager) werden die Berechtigungen verwaltet, Unternehmensinformationen hinterlegt, Partnerverknüpfungen, das META-Pixel (für die Website), die 2-Stufen-Authentifizierung (2FA) und das professionelle Werbekonto erstellt. Es können mehrere Personen hinterlegt und ihnen unterschiedliche Rollen (Aufgabenbereiche) zugewiesen werden.

Reichweite mit META aufbauen

Sind die Vorbereitungen getroffen, fragt man sich oft: Und wie bekomme ich nun Reichweite? Wie oft soll bzw. muss ich posten? Hier hilft eine einfache Regel, die ich für mich entdeckt habe. Zwischen 3- bis 5-mal pro Woche einen Bild-/Grafik-Beitrag oder ein Reel posten und dazu 1 Story. Die Stories selbst dürfen auch eine Geschichte erzählen, welche dann wiederum in den Highlights abgespeichert werden. Die Beiträge dürfen keinesfalls Verkaufsbeiträge am laufenden Band sein. Sie sollen echt und authentisch wirken. Deshalb empfehle ich eine 70-20-10-Regel.

Diese beinhaltet:

70 Prozent Mehrwert
Problemlösungen, Nutzenaspekte, Tipps für die User ...

20 Prozent Persönliches
Aus dem Unternehmen, wer steckt hinter dem Account ...

10 Prozent Verkauf
Aktionen, Produkte und Dienstleistungen.

Hat man die richtige Mischung gefunden, beginnt der Aufbau des Accounts und der Reichweite mit regelmäßigen Postings. Ist der Aufbau zu schleppend? Dann empfiehlt es sich, zusätzlich einen Beitrag zu bewerben. Durch die bezahlte Werbung erreicht dieser Beitrag eine höhere Reichweite.

SOCIAL-MEDIA-MARKETING MIT ERFOLG

Der Erfolg einer Marke im Social-Media-Marketing hängt vom Content ab. Das bedeutet, dass kreatives und ansprechendes Material erstellt werden muss, um Aufmerksamkeit zu erhalten und die Community zu begeistern. Es ist wichtig, auf diese Art eine Verbindung zur Community aufzubauen. Überlege dir Inhalte, die ansprechen, inspirieren und unterhalten.

FORMATE AUF FACEBOOK UND INSTAGRAM

Facebook bietet eine Vielzahl von Formatoptionen für Beiträge. So können Fotos, Videos und Reels als organische Beiträge veröffentlicht werden. Werbeanzeigen wie Carousel Ad's, Instant Expirience und Shopping Ad's sind Optionen, die dabei helfen, Reichweite aufzubauen und gleichzeitig die Aufmerksamkeit auf seinen Business Account zu lenken. Eine weitere wichtige Funktion von Facebook ist das Live-Streaming. Mit Live-Videos kann mit Fans direkt interagiert und Einblicke in die Marke, das Produkt oder die Dienstleistung gegeben werden. Live-Videos schaffen eine persönliche Verbindung zwischen der Marke und den Fans – eine Interaktion, die kein anderes Format bieten kann.

Auch Instagram hat seine eigenen speziellen Formate wie Stories, Beiträge und Reels. Diese Funktionen haben sich als besonders effektiv erwiesen, um mehr Engagement zu generieren und neue Follower anzulocken. Stories sind kurze Videoclips oder Fotos mit interessantem Text oder Grafiken obendrauf – ideal für Unternehmen, um ihre Community anzusprechen und über neue Produkte und Dienstleistungen zu informieren. Reels bietet Unternehmen die Möglichkeit, Kurzvideos im Video-Clip-Stil hochzuladen – das perfekte Format für informative Tutorials genauso wie für unterhaltsame Inhalte!

Das richtige Format mit den inspirierenden und motivierenden Inhalten zu kombinieren ist dein direkter Weg zum Kunden. Deshalb ist es wichtig, folgende drei Inputs nie aus den Augen zu lassen:

- **Inspiriere deine Zielgruppe**
  Zeige deinen Followern, was für tolle Inhalte du zu bieten hast. Sei kreativ und überrasche sie immer wieder mit neuen Ideen.

- **Motiviere sie**
  Gib deinen Followern einen Grund, warum sie dir folgen sollten. Motiviere sie durch spannende Inhalte und tolle Angebote.

- **Sei engagiert**
  Zeige deinen Followern, dass du dich wirklich für sie interessierst. Beantworte ihre Fragen und Kommentare. Sei einfach für sie da.

Denke immer daran: Facebook und Instagram sind viel mehr als nur ein Werkzeug, um online präsent zu sein. Wenn du kreativ und motiviert bist, kannst du mit Hilfe von Social-Media-Marketing wirklich etwas bewegen und erfolgreich sein. Also setz dich hin und überlege dir, wie du dein Unternehmen optimal in Szene setzen kannst - du wirst sehen, es lohnt sich!

Birgit Kurz

Die diplomierte Fachwirtin für Medieninformatik & Mediendesign und zertifizierte E-Commerce & Social Media Beraterin der KMU.Digital, Birgit Kurz, bietet Workshops & 1:1 Coachings für Selbstständige und Mitarbeiter:innen im Bereich Social-Media-Marketing an. Von Facebook und Instagram bis hin zu TikTok ist ihr keine Social Media Plattform fremd. Durch ihre Erfahrung und Ausbildung im Bereich Online-Marketing bietet sie ein optimales Gesamtkonzept für ihre Kund:innen: angefangen bei der Beratung für eine Online-Marketing-Strategie bis hin zur Umsetzung einer idealen Online-Präsenz.

www.fresh-inspire.at
www.LinkedIn.com/company/fresh-inspire
www.facebook.com/AgenturFreshInspire
www.instagram.com/fresh.inspire/?hl=de

KAPITEL 14

PINTEREST

Klassischer Social-Media-Kanal oder doch visuelle Suchmaschine?

von Birgit Bauer

INHALT

Zielgruppe:	Unternehmerinnen und Unternehmer, die für ihr Marketing auf visuelle Inhalte setzen, kreative und neue Ideen in den Fokus stellen und eine langfristige Erfolgsstrategie verfolgen. Sie erkennen die Chance, auch mit unbekannten Marken vorne mitzumischen und von einem Top-Google-Ranking zu profitieren. Durch den Suchmaschinenbonus nutzen sie Pinterest als Traffic-Turbo für Website und Online-Shop.
Voraussetzungen:	Affinität für Bild- und Videobearbeitung.
Erfahrungen:	Keine

PINTEREST – SOCIAL-MEDIA-KANAL ODER VISUELLE SUCHMASCHINE?

Jedenfalls viel mehr als nur eine Do-it-yourself-Projektsammlung für Heimwerker und solche, die es noch werden wollen. Denn Pinterest ist eine unerschöpfliche Quelle für Ideen und Inspiration für Themen aller Art. Wie Pinterest funktioniert und wie die App als Marketing-Tool eingesetzt wird, klären wir auf den folgenden Seiten.

Jeder, der eine Google Suche durchführt, stößt früher oder später auf einen Link oder ein Bild von Pinterest. Aber was genau ist Pinterest? Wer besucht und nutzt die App aktiv? Und welche Bedeutung hat Pinterest für Marken und Unternehmen?

Der Name Pinterest setzt sich aus den Wörtern Pin (engl. Stecknadel) und Interest (engl. Interesse) zusammen – es handelt sich also um eine digitale Pinnwand, auf der du alle Ideen, die du sammeln möchtest, gut sichtbar anpinnen kannst. Du kannst sogenannte Moodboards erstellen, dir Inspiration holen oder auch Kniffe, die den Alltag erleichtern, an deine Pinnwand heften.

Nun ist Pinterest kein herkömmlicher Social-Media-Kanal wie Facebook, Instagram oder TikTok. Es geht weniger um die eigene Selbstdarstellung mit Selfies und Likes und die soziale Beziehung zwischen Usern, als mehr um kreativen Input, frische und neue Ideen, das Entdecken von Produkten sowie um hilfreiche Tipps und Tricks für den Alltag. Pinterest präsentiert sich als „ästhetische" Suchmaschine und ähnelt daher mehr Google als anderen Kanälen. Während auf Facebook und Co organische Beiträge vom Algorithmus aufgrund von Interaktionen ausgespielt werden, sind auf Pinterest Keywords und klassische SEO entscheidend.

Ein Fun Fact gleich zu Anfang: Pinterest-Angestellte werden allgemein als „Pinployees" (Zusammensetzung aus „pin" und „employee" = Angestellter) bezeichnet. Eine nette Idee, oder? Das Unternehmen behauptet übrigens, seinen Erfolg jedem einzelnen „Pinployee" zu verdanken, denn jeder trägt mit seinem eigenen Pinterest-Account zum Erfolg der gesamten Community bei.

Pinterest: Fakten und Zahlen

Laut eigenen Angaben ist Pinterest ein Ort für alle – es gibt eine gute Durchmischung von unterschiedlichen Zielgruppen. Und auch wenn mit ca. 70% der weibliche Anteil der Nutzer noch überwiegt, sind die männlichen User seit 2020 stark auf dem Vormarsch. Bei Pinterest dominiert eine relativ junge Community - 51% der Pinterest-Nutzer sind zwischen 25 und 34 Jahren alt. Aber immerhin 21% sind älter als 45 Jahre. Es zeigt sich jedenfalls quer durch die Altersgruppen, dass jeder etwas auf Pinterest sucht und findet.

Knapp 70% der User informieren sich auf Pinterest, wenn sie ein neues Projekt planen und 9 von 10 Nutzern sind auf der Suche nach Geschenkideen. Es werden Reisen geplant und Ideen für die neue Wohnung oder eine Renovierung gesammelt. Aber auch Themen rund um Fotografie, Hochzeit, Babyausstattung bis hin zur Altersvorsorge werden täglich aufgerufen. Alle User vereint, dass sie insgesamt um 40% mehr ausgeben und einen 30% größeren Warenkorb haben als vergleichsweise auf anderen Social-Media-Plattformen. Und wenn wir schon bei Zahlen sind:

- Weltweit nutzen ca. 445 Millionen Menschen Pinterest.
- Monatlich werden auf Pinterest 2 Milliarden Suchanfragen durchgeführt.
- 62% der Gen Y (zwischen 1981 und 1995 geborenen Jahrgänge) und der Gen Z (zwischen 1995 und 2010 geborenen Jahrgänge) ziehen es vor, über Bilder zu suchen.
- Über ein Viertel aller Pinterest-Suchen steht in Verbindung mit der Suche nach einem Produkt oder einer Kaufabsicht.
- 97% der 1000 beliebtesten Suchanfragen enthalten keinen Markennamen. Dadurch ergeben sich bessere Marketing-Optionen für junge, unbekannte Unternehmen.
- 85% der Pinterest-User geben an, über die App bereits neue Marken oder Produkte entdeckt zu haben.
- Pinterest-User gehen um 80% häufiger in den Einzelhandel. Werden sie auf einen Onlineshop weitergeleitet, geben sie durchschnittlich 50 € für ihren Einkauf aus.

Auf Pinterest kann also eine immens breit aufgestellte Zielgruppe angesprochen und an den verschiedensten Stationen der Customer Journey abgeholt werden. Ob die User gerade ein neues DIY-Projekt planen, ob sie Ideen für Geschenke suchen oder ob sie schon genau wissen, was sie wollen und nur die Information rund um den geeigneten Anbieter fehlt: Unternehmen haben auf Pinterest die Chance, potenzielle Kunden genau da zu erreichen, wo sie sich gerade befinden.

Damit ist Pinterest sowohl für den B2C als auch den B2B-Sektor äußerst interessant. Es bietet die Möglichkeit, neue Marken zu etablieren oder schon bekannte Marken breiter aufzustellen und den Traffic auf die eigene Website oder den eigenen Online-Shop zu erhöhen.

Dennoch wird Pinterest nicht so häufig besucht wie die Social-Media-Kanäle Facebook, Twitter, Instagram oder TikTok. Pro Monat wurde Pinterest im Jahre 2022 durchschnittlich 930 Millionen Mal aufgerufen. Pro Besuch wurden im Schnitt 5,5 Seiten angeklickt und die Verweildauer betrug 6 Minuten. Die nachfolgende Grafik zeigt die durchschnittliche Anzahl an Besuchen im Vergleich.

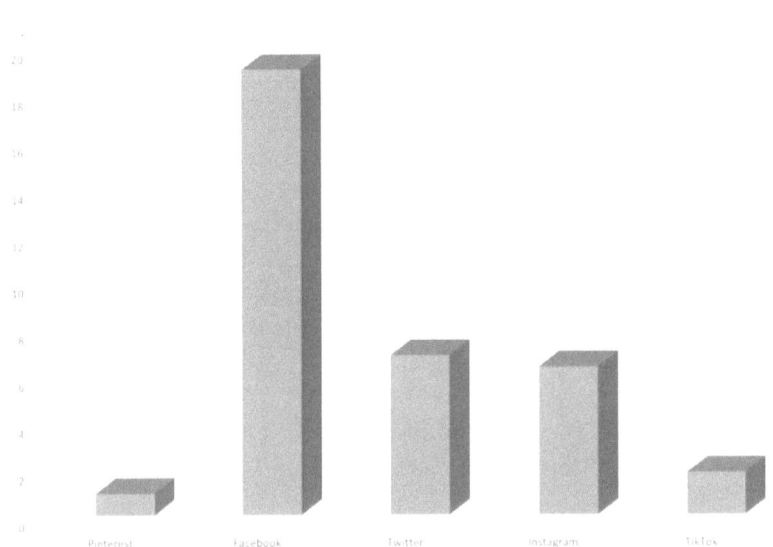

Besuche pro Monate [Mrd]

©socialmania.at, Datenquelle: https://influencermarketinghub.com/pinterest-stats/

FÜR WELCHE UNTERNEHMEN IST PINTEREST GEEIGNET?

Wie bereits erwähnt, eignet sich Pinterest auch hervorragend für neue, junge Unternehmen, da die User weniger nach speziellen Marken suchen als nach Produkten. Somit bietet sich hier die Möglichkeit, auch ganz unbekannt in den Markt einzusteigen, seine eigene Marke zu etablieren und somit auch am Online-Markt mitzumischen.

Dabei zeigt sich, dass es eben nicht nur klassische DIY-Agenden sind, die auf Pinterest florieren.

Die breit aufgestellte Zielgruppe eröffnet ein weit gestreutes Feld an Branchen, die auf Pinterest erfolgreich sind. Einige davon möchten wir vorstellen:

Ernährung und Gesundheit

sind Branchen, die auf Pinterest sehr erfolgreich gepusht werden. Ob du als Fitnesscoach deine Programme und Kurse vorstellst oder als Ernährungsguru mit Rezepten punktest, mit der richtigen Strategie kann Pinterest für dich zum Umsatzbooster werden.

Mode, Fashion und Style

gehören zu den beliebtesten Themen auf Pinterest. Die User zeichnen sich durch eine hohe Shopping-Affinität aus und können deinem Unternehmen durch Empfehlungspins, den Shopping Spotlights, zu mehr Bekanntheit verhelfen.

Immobilien, Architektur und Raumausstattung

Pinterest dient als umfassende Inspirationsplattform für den Immobilienbereich im weitesten Sinne. Von DIY-Projekten über Einrichtungstipps bis zu Ideen wie Heim, Garten oder Balkon optisch und funktionell aufgewertet werden – all diese Inhalte finden bei Pinterest großen Anklang. Mit Energiespartipps für Haus- und Wohnungsbesitzer kannst du aktuell besonders überzeugen.

Mobilität

E-Mobilität, Zubehörteile, Tuning, Reinigungstipps und alles andere rund um Zwei- und Vierräder sind auf Pinterest omnipräsent. Über 50% der Pinterest-User informieren sich vor dem Kauf eines neuen fahrbaren Untersatzes auf Pinterest und sind dabei gezielt auf der Suche nach Vor- und Nachteilen. Sofern im Vorfeld genügend Zeit in Vertrauensaufbau investiert wurde, entstehen durch die hohe Kaufbereitschaft der Pinterest-Nutzer ideale Vertriebschancen.

Coaching und Bildung

Als selbstständiger Coach oder als Lehrkraft findest du auf Pinterest eine interessierte Zielgruppe. Du kannst dich mit deinen Workshops positionieren oder E-Books, Ratgeber und Lernmaterialien pinnen. Pinterest wird im Gegensatz zu vielen anderen Social-Media-Kanälen als sehr positive und ehrliche Plattform wahrgenommen, wodurch einer Produktplatzierung tendenziell mehr Glauben geschenkt wird.

Finanzbranche

Auf Pinterest geht es weniger um die tatsächliche Vermittlung von Verträgen oder Produkten. Punkten kannst du in dieser Branche mit hilfreichen Spartipps, sinnvollen und praktischen Vergleichen und Vorlagen für Haushaltsbücher oder Berechnungsgrundlagen.

ALS UNTERNEHMEN ERFOLGREICH AUF PINTEREST

Wie eingangs schon angesprochen, funktioniert Pinterest wie eine visuelle Suchmaschine. Aufgrund dessen wirkt sich ein Erfolg auf Pinterest unmittelbar auf die Positionierung bei Google und Co aus.

Die Qualität der Bilder oder Videos bzw. die Kreativität der Pins ist für eine erfolgreiche Marketingstrategie ausschlaggebend. Eine gewisse Affinität für Bild-

und Videobearbeitung ist daher sicher von Vorteil. Mittlerweile erleichtern zig Bearbeitungsprogramme die Arbeit in diesem Bereich: Von Canva über Mockup bis VistaCreate gibt es kostenlose und kostenpflichtige Apps, um Pins ansprechend zu gestalten.

In diesem Zusammenhang einige Tipps für die Gestaltung von Bildern und Videos:

- Setze auf qualitativ hochwertige Visuals und platziere diese im Hochformat auf deine Pinwand.
- Das optimale Seitenverhältnis für einen Pin ist 2:3, die optimale Größe ist 1000 x 1500 Pixel.
- Damit Videos eine entsprechende Anzahl an Views erhalten, versuche deinen Content in maximal 15 Sekunden interessant zu verpacken!
- Gestalte die Videos dabei so, dass die relevanten Informationen auch ohne Ton verständlich transportiert werden!
- Vergiss nicht auf dein Branding, das im besten Fall nicht in der rechten unteren Ecke deiner Pins stehen sollte, da dort die Pinterest-Symbole ihren Platz finden.

Um von potenziellen Interessenten wahrgenommen zu werden, ist es notwendig, die eigenen Beiträge, die Pins, optisch hervorzuheben, um aus der Masse herauszustechen. Bleibe dabei dir und deinem Stil treu und sei dir bewusst, dass es einen langen Atem braucht, um Pinterest zu einem erfolgreichen Marketing-Tool zu entwickeln. Rechne dabei mit durchschnittlich drei bis sechs Monaten kontinuierlicher Arbeit und Imageaufbau, um messbare Erfolge zu erzielen. Über die von Pinterest zur Verfügung gestellte Statistik, die Insights, bist du stets über die Fortschritte und den Stand deiner Marketingbemühungen informiert.

Die folgenden Informationen sind für eine erfolgreiche Marketingstrategie hilfreich:

Die Nutzer auf Pinterest neigen viel weniger dazu, einfach blind durchzuscrollen, das sogenannte Doomscrolling, sondern verbringen ihre Zeit aktiv auf dem Kanal: Es wird gepinnt, Links gefolgt, auf Webseiten geschmökert und letztendlich dann auch mehr gekauft als über Facebook, Instagram und Co.

Sehen wir uns auch einmal die durchschnittliche Lebensdauer eines Pins im Vergleich zu Postings auf anderen Plattformen an:

- Ein Posting auf Instagram ist etwa 60 Minuten aktiv.
- Ein Facebook-Post hat ungefähr einen Effekt von 90 Minuten.
- Ein Pin auf Pinterest lebt mindestens drei bis fünf Monate.

Im Gegensatz zu den meisten Social-Media-Kanälen führt jeder Pin direkt zu einer Website oder einem Onlineshop, weswegen sich Pinterest als Traffic-Lieferant etablieren konnte.

Besonders effektiv ist der Einsatz von sogenannten Rich Pins, die Informationen zwischen Website/Online-Shop und Pins automatisch synchronisieren. Das bedeutet, dass sich Rich Pins aktualisieren, wenn Änderungen auf der Website vorgenommen werden. Um die drei Arten von Rich Pins - Artikel Rich Pins, Produkt Rich Pins und Rezepte Rich Pins - einsetzen zu können, muss ein (kostenloses) Unternehmenskonto bei Pinterest angelegt werden.

WERBEN AUF PINTEREST

Das Bemerkenswerte an Pinterest-Werbeanzeigen ist, dass sie nicht wie Anzeigen aussehen. Sie werden auch nicht als Werbung wahrgenommen. Pinterest-Nutzer lehnen plumpe Werbung ab. Es macht daher Sinn, auf traditionelle Werbung zu verzichten und stattdessen mit künstlerisch gestalteten und ästhetischen Bildern zu überzeugen und Produkte entsprechend zu präsentieren.

Besonders erfolgreich sind Pins, die das jeweilige Produkt direkt in der Anwendung oder im Alltag darstellen – ganz nach dem Motto „Raus aus dem Laden und rein ins Leben!"

WAS KOMMT BEI PINTEREST-NUTZERN BESONDERS GUT AN?

Bilder/Moodboards

Moodboards sind Collagen von Grafiken und Bildern, die eine bestimmte Stimmung transportieren. Im Optimalfall illustrierst du damit deine Produkte oder deine Dienstleistungen. Besonders gut sind Moodboards in der Mode- oder in der Einrichtungsbranche einsetzbar. Wichtig ist, Moodboards als Ergänzung zu deinen anderen Boards (=Pinnwänden) zu nutzen, denn bei Moodboards stehen Bilder ohne Zusatzinformation im Vordergrund.

Auf deinen anderen Boards sollten die Pins eine gute Mischung aus Bildern/Grafiken und Text aufweisen. Auch bei Moodboards ist es wichtig, einen Link zu deiner Website, deinem Blog oder deinem Onlineshop zu setzen. Überlege dir, wie/ob du Moodboards für deine Produkte oder deine Dienstleistungen sinnvoll einsetzt – deiner Kreativität sind dabei keine Grenzen gesetzt.

Infografiken

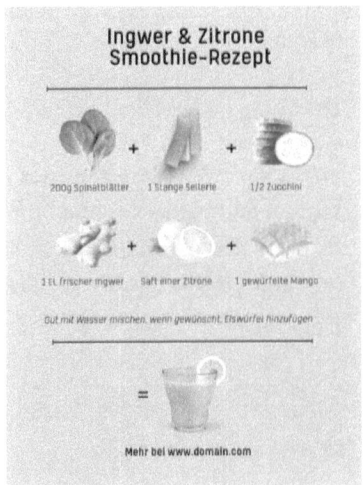

Ganz hoch im Kurs stehen Infografiken und Diagramme. Sie können zu unzähligen Themen erstellt werden, stärken deine Marke, sorgen für Aufmerksamkeit im B2B-Bereich und führen als Resultat zu mehr Traffic auf deiner Website.

Vorlagen für kostenlose Infografiken gibt es auf Canva, Info.gram, Visme und auf vielen weiteren Apps. Es lohnt sich, Zeit in eine ansprechende und aussagekräftige Infografik zu investieren - sie ist Blickfang und macht neugierig auf mehr.

Blogposts

Du schreibst schon seit langem informative Blogposts und hast trotzdem kaum Klicks? Dann hast du mit Pinterest die Möglichkeit, das zu ändern. Erstelle einen Pin mit der Vorschau auf deinen Blogartikel, verpacke das Ganze in eine attraktive Grafik oder Illustration und erreiche damit neue Leserinnen und Leser! Und ganz nebenbei hast du dadurch auch die Möglichkeit, neue Follower zu gewinnen.

Instagram- und Facebook-Postings boosten

Vielleicht bist du auch aktiv auf anderen Social-Media-Plattformen unterwegs und kennst dort nur zu gut die Hindernisse, die es zu bewältigen gilt, um neue Follower, Likes und Shares zu erhalten. Versuche doch einmal, deinen Facebook- und Instagram-Postings über Pinterest zu mehr Aufmerksamkeit zu verhelfen.

Wie bereits erwähnt, haben Pins eine viel längere Lebensdauer als Instagram- und Facebook-Postings. Diesen Effekt kannst du dir zunutze machen. Durch die Kombination von Instagram, Facebook und Pinterest schaffst du eine Kampagne, die durch die längere Laufzeit auf Pinterest automatisch langlebiger wird.

Gleichzeitig arbeitest du zeitschonend, da du deinen bereits erarbeiteten Social-Media-Content für die Pinnwände auf Pinterest recycelst.

Aber Achtung! Überlege dir gut, welche deiner Facebook- oder Instagram-Beiträge du über Pinterest boostest. Denn die jeweilige Information muss auch noch Monate später, wenn über Pinterest gefunden, aktuell sein.

Instagram und Pinterest ergänzen einander übrigens hervorragend: Während auf Instagram das Image deiner Marke im Vordergrund steht und du diese dort ganz bewusst pushen kannst, ist Pinterest perfekt dazu geeignet, dein Produkt oder dein Angebot direkt zu deiner Website oder deinem Onlineshop zu verlinken.

UNSERE BEST-PRACTICE-TIPPS

Kurz und bündig nun ein paar unserer Top-Tipps für deinen Marketing-Erfolg auf Pinterest:

- Nimm dir Zeit für die Gestaltung deine Bilder, Grafiken und Videos! Diese sind die Grundlage für deinen Erfolg.

- Solltest du für dein Business saisonale Events planen, starte früh genug! Denn Pinterest-User suchen im Schnitt etwa drei Monate im Voraus nach Inspiration. Sei es Halloween oder Weihnachten, du kannst im

Sommer damit beginnen, deine Zielgruppe auf deren Customer Journey zu begleiten.

- Die beste Zeit, um auf Pinterest zu posten ist statistisch gesehen 12:00 Uhr mittags, 18:17 Uhr und 20:02 Uhr. Die besten Tage zum Posten sind - genau in dieser Reihenfolge - Freitag, Dienstag und Donnerstag.

Ein letzter Tipp, bevor du startest: Pinterest stellt Ende jeden Jahres anhand der beliebtesten Suchanfragen die voraussichtlichen Trends für das nächste Jahr zusammen. So weißt du frühzeitig, womit du im folgenden Jahr auf Pinterest Erfolg haben kannst. Und tatsächlich ist Pinterest sehr erfolgreich im Voraussagen von Trends. Laut Pinterest wurden 8 von 10 Voraussagen von 2022 realisiert. Diese Präzision erleichtert die Planung von Kampagnen. Hier findest du den aktuellen Trend-Report 2023: www.socialmania.at/trend-report-pinterest.

ZUSAMMENFASSUNG

Pinterest hat als Marketing-Tool riesiges Potential: Die Branchenvielfalt, die auf der Plattform vertreten ist, die stetig wachsende, kaufwillige Community und der Suchmaschinenbonus sprechen für sich. Pinterest ist ein wahrer Traffic-Turbo für Website und Online-Shop.

Wichtig sind Kreativität, Inspiration und eine ansprechende Gestaltung der Pins und Boards, die begeistern und motivieren. Im Gegensatz zu Facebook und Co liegt der Fokus bei Pinterest nicht auf den sozialen Beziehungen zu den Followern, sondern die Interessen der User sind ausschlaggebend. Es geht nicht um die Menge der Follower, sondern um die Anzahl der Re-Pins und Views. Gleichzeitig kann Pinterest deine anderen Kanäle - durch die lange Lebensdauer der Pins - auf Dauer pushen. Trotzdem brauchst du etwas Geduld, um erste sichtbare Erfolge zu erzielen.

Ach ja, und nun zum Schluss noch eine Warnung: Pinterest-Neulinge erkennen meist sehr rasch, dass die App aufgrund der Themendichte Antworten auf fast alle Fragen parat hält und schon verbringt man Stunden auf der Plattform. Pinterest hat ganz klar Suchtpotenzial!

Bilder & Grafiken: ©socialmania.at

Quellenangaben:

https://business.pinterest.com
https://www.komponentenportal.de/news/eintrag/pinterest-furs-business-nutzen
https://www.marketinginstitut.biz/blog/pinterest-marketing
https://www.futurebiz.de/artikel/pinterest-statistiken
https://facts.net/pinterest-facts
https://influencermarketinghub.com/pinterest-stats

Mag. Birgit Bauer

Birgit Bauer und ihr Socialmania-Team sind Expertinnen für Online-Kommunikation & Sichtbarkeit. Ihre Herzen schlagen für Social Media und die persönliche Betreuung von jedem einzelnen Kunden.
Sie beraten, work-shoppen, kreieren, planen und navigieren sicher durch die vielfältige und abwechslungsreiche Welt von Facebook, Instagram, Pinterest, TikTok, LinkedIn & Co.

Die Socialmaniacs entwickeln individuelle Strategien und finden gemeinsam mit ihren Kunden die jeweils geeignete Positionierung, die für Online-Sichtbarkeit sorgt und Wunschkunden bringt. Sie beraten bei der Auswahl der richtigen Social-Media-Plattformen und erarbeiten kreative und inspirierende Contentkonzepte, Redaktionspläne und Kampagnen. Sie versorgen ihre Kundinnen und Kunden mit jeder Menge Tipps zur Steigerung der Markenbekanntheit und zum Aufbau einer interaktiven Online-Community innerhalb der gewünschten Zielgruppe.

Workshops zu Themen rund um Social-Media und Online-Strategie, Templates für Postings, Tutorials zu Tools im Bereich Content Creation, eine umfangreiche Ressourcensammlung und Workbooks mit Vorlagen, Beispielen und Checklisten lassen keine Social-Media-Frage unbeantwortet.

www.socialmania.at bzw. www.bildungsraum.at
www.instagram.com/socialmania.at/ bzw.
www.instagram.com/bildungsraum
www.facebook.com/socialmania.at bzw.
www.facebook.com/bildungsraum

KAPITEL 15

TIKTOK

Eine aufstrebende Social-Media-Plattform

von Birgit Bauer

INHALT

Zielgruppe:	Unternehmerinnen und Unternehmer, die große Reichweite erzielen, Trends gestalten und ihre Community regelmäßig mit kreativen und authentischen Videos unterhalten, informieren und zur Interaktion anregen wollen.
Voraussetzungen:	Kreativität & Bereitschaft „out of the box" zu denken; keine Scheu, sich vor der Kamera zu präsentieren; Affinität für Videos und Spezialeffekte.
Erfahrungen:	Keine

TIKTOK – EINE AUFSTREBENDE SOCIAL-MEDIA-PLATT-FORM

Ist TikTok für mein Unternehmen geeignet? Welche Zielgruppen auf TikTok erreicht werden können, wie diese ticken und ob tanzen und singen auf der schnelllebigen App ein Muss ist, klären wir hier auf den folgenden Seiten.

TikTok polarisiert. Während es für die einen eine Ansammlung von kurzen Videos ist, in denen Jugendliche und Junggebliebene tanzen, singen und sich ausgefallenen oder verrückten Challenges stellen, ist es für andere ein Ort voller Kreativität, Wir-Gefühl und einfach Spaß an der Sache an sich.

TikTok beschreibt sich selbst als Videoportal für die Lippensynchronisation von Musikvideos und anderen kurzen Videoclips, welches zusätzlich die Funktion eines sozialen Netzwerks erfüllt. Die Erfolgsgeschichte von TikTok beginnt 2014, damals noch als Musical.ly, einer Karaoke-Plattform, auf der User kurze LipSync-Videos hochladen und natürlich auch konsumieren konnten. 2016 entsteht TikTok parallel dazu. Nach der Übernahme durch den chinesischen Technologiekonzern ByteDance 2017 wird schon ein Jahr später der Name Musical.ly aufgegeben. Der Social-Media-Kanal startet als TikTok durch und legt seither ein unvergleichliches Wachstum an den Tag.

Die App hat mit mittlerweile 1 Milliarde aktiven Accounts längst Trend-Status erreicht. Im Vergleich dazu liegt Facebook noch an der Spitze mit knapp 3 Milliarden, dicht gefolgt von YouTube mit 2,2 Milliarden und Instagram mit 1,4 Milliarden aktiven Usern.

Doch was ist TikTok jetzt genau und wie kannst du es für dein Business nutzen? Welche Zielgruppe kannst du auf TikTok am besten erreichen und wie? Wir geben einen Überblick darüber, wie sich diese junge, schnelllebige und aufstrebende Plattform für Unternehmer rechnet und für wen TikTok generell geeignet ist.

DAS USERPROFIL AUF TIKTOK

Ganz klar dominiert die Jugend – über 60% der aktiven Nutzer sind unter 30 Jahre alt. Es überwiegt der weibliche Anteil mit ca. 58%, ca. 40% sind männlich und in etwa 2-3% sind divers. Wie bei allen anderen Plattformen entwickeln sich auch bei TikTok die Nutzergruppen weiter. Damit ändern sich teilweise die Inhalte, um für ältere User ebenfalls interessant zu werden.

Besonders bemerkenswert ist, dass in einer von TikTok durchgeführten Umfrage 50% der Nutzer angaben, dass TikTok sie glücklich macht, bzw. sie in eine positive Stimmung versetzt. Das heißt also gewissermaßen, man geht auf TikTok, um sich abzulenken und seine Sorgen zu vergessen. Das ist ein wichtiger Punkt, den du bei der Erstellung deines Contents nicht aus den Augen verlieren solltest.

TikTok lebt von seinen Videos und die werden tagtäglich en masse produziert und konsumiert – es wird geschätzt, dass pro Tag ca. 1 Million neue Videos angesehen werden. User verbringen täglich bis zu 90 Minuten auf der App. Der Griff zum Handy, um die App zu öffnen, erfolgt bei aktiven Usern acht bis zehn Mal täglich. Es werden leidenschaftlich gerne die neuesten Trends und Challenges beobachtet.

Die untenstehende Grafik zeigt den beeindruckenden Aufstieg von TikTok anhand der durchschnittlichen Stundenzahl, die die User pro Woche auf der jeweiligen Plattform verbringen.

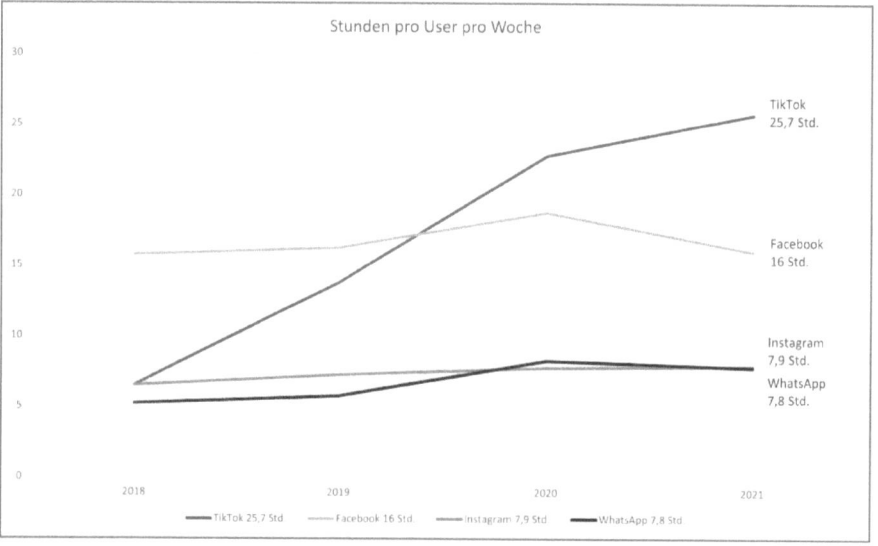

©socialmania.at, Datenquelle: thenetworkec.com

Fun Fact am Rande: Im Jahr 2019 führte TikTok die Kampagne „You're in Control" („Du hast die Kontrolle") ein, die die User dazu aufforderte, Pausen von der App einzulegen. Dabei ermutigten Celebrities die User, Wasser zu trinken oder zu essen, da man sich manchmal so in der App verliert, dass man ganz vergisst, auf sich selbst zu achten.

Im Unterschied zu vielen anderen Social-Media-Kanälen geben 88% der TikTok-Nutzer an, die Beiträge mit Ton anzuhören, weil dies für das Erlebnis auf der Plattform entscheidend ist. Und dieses Erlebnis wirkt sich auch spürbar auf den Musikmarkt aus: Musiktitel, die auf TikTok gut funktionieren, sind auch auf Spotify unter den Top-Songs dabei. Die gegenseitige Beeinflussung der beiden Kanäle ist deutlich merkbar.

#TikTokmademebuyit – dieser Hashtag sagt einiges über die User der schnelllebigen Plattform aus.

Laut eigenen Angaben von TikTok …

- geben 2/3 der Nutzer an, dass sie während der Nutzung von TikTok sehr kaufbereit sind,
- haben ca. 50% der Nutzer nach dem Betrachten eines TikToks tatsächlich einen durch das Video initiierten Kauf getätigt,
- ist die Plattform zu 150% erfolgreicher, User zum Ausprobieren eines Produktes oder einer Dienstleistung zu motivieren als vergleichbare Social-Media-Kanäle dies zu tun vermögen,
- ist die Empfehlungsbereitschaft der Nutzer in etwa doppelt so hoch wie auf anderen Plattformen.

WIE SEHEN TIKTOK-VIDEOS AUS?

Es ist dir sicher auch schon aufgefallen, dass es bei Instagram von perfekten Fotos und Videos nur so wimmelt. Bei TikTok gibt es dieses Streben nach Perfektion nicht. Wichtiger ist, dass die Videos authentisch und unterhaltsam sind.

Es zeigt sich ein spannendes Phänomen: Während es keiner professionellen Technik bedarf, um die Videos zu drehen und hochzuladen, wird die Realität durch Filter und Effekte durchaus geschönt bzw. verzerrt.

Zu beachten gilt jedenfalls:

- Die Videos sollten im Hochformat gedreht werden, um optimal zu funktionieren. Es darf dabei gerne sichtbar sein, dass private Personen am Werk sind - ein verwackeltes Video ist kein Problem, wenn es lustig und sehenswert für die Zielgruppe ist.
- Mittlerweile ist eine maximale Videolänge von 10 Minuten möglich.

DIE WICHTIGSTEN ELEMENTE BEIM ERSTELLEN VON CONTENT AUF TIKTOK:

Filter

Es wird mit vorgegebenen Filtern weichgezeichnet, aufgehübscht oder hinzugefügt, es werden Augen- und Haarfarben verändert oder ganze Videos farbkorrigiert.

Effekte

Unterhaltsame und einfach anzuwendende Effekte geben Videos den extra Kick, ob im täglichen Gebrauch oder für Challenges. Mit raffinierten Spezialeffekten und Zeit-Manipulationen wird dein Video zum Hingucker.

Musik

Ob Dance-Challenge, LipSync-Video oder einfach nur Hintergrundmusik für dein Posting: Die Musik ist auf TikTok das Um und Auf, wenn es um Content-Gestaltung geht. Es werden Trends geschaffen, Altes mit Neuem im Remix wiederbelebt und neue Talente entdeckt. Einfach dranbleiben und neue Sounds ausprobieren, vielleicht schaffst du mit deinem nächsten Beitrag einen Trend, der viral geht.

Videobearbeitung

Ob Templates oder Timelines, gib deinen Videos bei der Bearbeitung einen persönlichen Touch und mach das, was dir Spaß macht! Auf TikTok selbst kannst du deine Videos leider nicht bearbeiten, aber es gibt mittlerweile eine Vielzahl an kostenlosen und kostenpflichtigen Apps, wie zum Beispiel Alien Movie Maker, FuniMate oder Magisto, mit denen du deine Kurzvideos rasch und einfach bearbeiten kannst.

Hashtags

Um deine Zielgruppe und Interessenten auch tatsächlich zu erreichen, sind die richtigen Hashtags unumgänglich. Wie auch auf Instagram sind Hashtags dazu da, deinen Content richtig einordnen zu können, bzw. bei den Hashtag-Challenges notwendig, um überhaupt wahrgenommen zu werden.

Die beliebtesten Hashtags 2022 waren:

#fyp
#foryou
#foryourpage
#viral
#TikTok
#TikTokChallenge
#duet
#live
#trending
#comedy

Außerdem im englisch- und deutschsprachigen Raum:

#MentalHealthAwareness
#GymTok
#MyRecipe
#TravelPhotography
#FashionBlogger

TIKTOK FÜR UNTERNEHMEN

Um mit deinem Business auf TikTok erfolgreich zu sein, solltest du Spaß an Kreativität und keine Scheu davor haben, dich selbst als Creator in deinen Videos zu präsentieren. Sei dabei ruhig humorvoll! Die User auf der Plattform wollen unterhalten werden. Je verrückter und einzigartiger du dich oder dein Produkt präsentierst, desto besser.

Weniger gut funktionieren Statistiken, Zahlen oder Jahresberichte – poste stattdessen lebendigen Content, der unterhält und zum Wir-Gefühl der Plattform beiträgt! Es geht bei TikTok darum, die User einzubinden und deren Interaktion zu fördern. Gib deiner Zielgruppe und deinen Interessenten die Möglichkeit mitzumachen oder erstelle eine eigene Challenge!

Erfahrungsgemäß geht Probieren über Studieren. Für deine ersten Schritte auf TikTok ist es wichtig, dass du zunächst ein Gefühl für die App entwickelst. Poste in den ersten Tagen am besten noch nichts, sondern mache dich einfach mit der Plattform vertraut! Beobachte aufmerksam, was andere Unternehmen aus deiner Branche so auf TikTok hochladen, was bei ihnen gut funktioniert und was gerade im Trend liegt! Lass dich von diesen Beiträgen inspirieren, finde deine persönliche Nische und nutze die gewonnenen Erkenntnisse für deinen individuellen TikTok-Auftritt!

TikTok wird von den unterschiedlichsten Branchen erfolgreich genutzt und du wirst beim Stöbern auf der App immer wieder erstaunliche Entdeckungen machen. Es gibt beispielsweise Banken, die mit einem innovativen Social-Media-Team im Hintergrund überraschenden und unterhaltsamen Content erstellen, mit dem man so vielleicht nicht gerechnet hätte. Auch mehr und mehr Coaches entdecken mittlerweile, wie sie sich mit ihren Dienstleistungen auf TikTok am besten in Szene setzen können.

Unabhängig von deinem Business und der jeweiligen Branche: Wichtig ist es, kreativ zu sein und sich immer wieder etwas Neues einfallen zu lassen. Denn TikTok bezeichnet sich selbst nicht als Social-Media-Kanal, sondern eher als Entertainment-Plattform. Wenn du dich also mit deinem Unternehmen auf TikTok erfolgreich präsentieren möchtest, dann müssen deine Inhalte die User unterhalten. Das bedeutet nicht, dass du in deinen Videos tanzen oder Karaoke singen musst. Finde eine gute Balance, wie du die Informationen, die du als Unternehmen transportieren möchtest, mit Elementen ergänzt, die die Nutzer unterhalten!

Mache selbst mit bei Challenges, die mit deiner Branche zusammenhängen, oder überlege dir, ob du mit deinen Produkten oder deinem Angebot selbst eine Challenge ins Leben rufen kannst. Probiere einfach aus, was für dich am besten funktioniert und womit du dich wohl fühlst! Vergiss dabei nicht: TikTok ist schnelllebig und wenn heute etwas gut funktioniert, kann der Trend morgen schon wieder ganz anders aussehen. Genau das macht TikTok aus.

TIKTOK-FEATURES

Was TikTok besonders von Facebook und Instagram unterscheidet ist, dass die Nutzer in ihrem Feed hauptsächlich Postings sehen, die über Algorithmen an sie angepasst werden und nicht zwingend Videos von Profilen, denen sie folgen. Unter der Rubrik #fürdich bzw. #foryou werden Videos ausgespielt, die mit den bisherigen Interaktionen thematisch zusammenhängen. Im Prinzip kann auf TikTok also jedes Video viral gehen und einen neuen Trend starten, unabhängig von der Anzahl der Follower und der durchschnittlichen Reichweite sonstiger Postings.

Waren es zu Anfang Videos zu maximal zehn Sekunden, deren Dauer dann auf eine Minute angewachsen sind, kann man mittlerweile schon zehnminütige Videos erstellen. So hast du nun die Möglichkeit, viel mehr Content in deine organischen oder bezahlten Videobeiträge hineinzupacken. Bei den Videoanzeigen kannst du deine Interessenten auf die eigene Website, App oder Landing Page weiterleiten.

Es gibt neben Hashtag-Challenges und Werbeanzeigen eine Vielzahl an Möglichkeiten, den Bekanntheitsgrad für seinen Account, sein Produkt oder seine Dienstleistung zu steigern:

Hashtag Challenge

Das Ziel einer Hashtag Challenge ist es, dass die User mit einem bestimmten Hashtag, den du auch selbst erstellen kannst, an einer Challenge oder einer bestimmten Tätigkeit teilnehmen. Wenn deine Challenge viral geht und Trend-Status erreicht, ist das der Hauptgewinn für deine Reichweite und deine Markenbekanntheit.

Eine bekannte Hashtag Challenge lieferte zum Beispiel die Chipsmarke Pringles. Unter #playwithpringles waren die Nutzer dazu aufgerufen, kreative Videos mit der Pringles-Dose zu erstellen und die Ergebnisse auf TikTok hochzuladen. Der Erfolg war überwältigend und Pringles erzielte damit Millionen an Views.

Hashtag-Challenges funktionieren aber nicht nur in Food-Branchen sehr gut, sondern auch in vielen weiteren Bereichen.

Tutorials

TikTok-Tutorials sind kurz und machen Spaß. Geeignet sind kreative Clips, die selbst die trockensten Bedienungsanleitungen mit einem Augenzwinkern erklären und in der Community für Unterhaltung zu sorgen.

DUETT-Funktion

Mit Hilfe der DUETT-Funktion, die ein Overlay-Video neben dem Original-Video erstellt, bietest du Usern die Möglichkeit, mit deinen Videos im Split-Screen mitzutanzen und mitzusingen. Als Business kannst du diese Funktion aber genauso für Erklär- und Mitmachvideos nutzen und so deine Produkte oder Dienstleistungen greifbarer und verständlicher machen.

Reaktionen

Diese Funktion entspricht am ehesten einer Video-Kommentarfunktion. Um auf einen Beitrag zu reagieren, wird das Original-Video in einem kleinen Bild-in-Bild Ausschnitt in das eigene Video eingebettet. Diese Funktion erfordert allerdings die Zustimmung des Creators.

Stitch

In einem Stitch können Ausschnitte von geposteten Videos aufgegriffen werden und dem eigenen Video vorangestellt werden. Dies ermöglicht spannende Interaktionen und Interpretationen.

INFLUENCER-MARKETING

Influencer-Marketing spielt auf TikTok eine besonders große Rolle. Die jungen Nutzer können sich mit den Influencern identifizieren, eifern ihnen nach oder finden sie schlichtweg sympathisch und sind deshalb eher geneigt ein beworbenes Produkt zu kaufen.

Für dich und dein Business ist es entscheidend, gut auszuwählen, mit welchem Influencer du gegebenenfalls zusammenarbeitest. Auch der Einsatz von einem TikTok-Star resultiert nicht zwingend in einen direkten Erfolg für dein Business. Influencer, die bereits für unterschiedliche Produkte werben, können leicht an Authentizität und Glaubwürdigkeit für die Follower und damit deinen potenziellen Interessenten einbüßen. Eine gewissenhafte Prüfung vorab ist erforderlich, um für die eigene Marke den gewünschten positiven Effekt zu erzielen.

Übrigens gehört einer der erfolgreichsten TikTok-Accounts einem Mädchen namens Charli d'Amelio. Ihr Hauptinhalt besteht aus kurzen Stand-in-Place-Tänzen, bei denen sie mit vielen anderen großen TikTok-Influencern wie Addison Rae und den Lopez Brothers zusammenarbeitet.

Nachdem die TikTok-App kein offizielles Maskottchen hat, betrachten viele Charli d'Amelio als das Gesicht von TikTok. Aktuell hat Charli d'Amelio ca. 150 Millionen Follower auf TikTok – sie ist damit der bestverdienende TikTok-Creator weltweit.

WERBEANZEIGEN AUF TIKTOK

Auch auf TikTok können unterschiedliche Varianten an bezahlten Werbeanzeigen geschalten werden. TikTok Ads sind im Vergleich zu anderen Social-Media-Kanälen verhältnismäßig teuer.

Über In-Feed oder Native Ads beispielsweise werden deine Werbeanzeigen direkt im Feed auf der im ForYou-Feed /FürDich-Feed der User angezeigt. Sie werden als Werbung gekennzeichnet und sind noch am ehesten vergleichbar mit den Werbeanzeigemöglichkeiten auf Facebook und Instagram. Du kannst diese Werbeanzeige mit einem wirkungsvollen Call-to-Action-Button versehen.

Brand Takeover Anzeigen und Topview Ads werden den Nutzerinnen und Nutzern direkt beim Öffnen der App angezeigt. Während du bei den Brand Takeover Anzeigen die Möglichkeit hast, die User direkt auf deine Website weiterzuleiten, haben die User bei den Topview Ads die Option, deine Werbung zu liken, zu kommentieren oder zu teilen.

Um deine Werbeanzeigen auszuwerten, spielt dir TikTok eine umfangreiche Statistik (=Insights) aus, wodurch du die Erfolge deiner Marketingmaßnahmen leicht analysieren und aus den Ergebnissen eine Strategie für deine zukünftige Vorgehensweise ausarbeiten kannst.

TIKTOK – EINFLUSS & TRENDS

Wie bei vielen anderen Social-Media-Kanälen, ist auch TikTok laufend Neuerungen und Veränderungen unterworfen.

Die Entwickler der unterschiedlichen Social-Media-Plattformen beobachten einander mit Argusaugen und kopieren durchaus das eine oder andere Feature. Im April 22 kündigte Mark Zuckerberg an, dass der Newsfeed von Facebook zu einer „discovery engine" („Entdeckungsmaschine") werden würde, die mithilfe von KI (künstlicher Intelligenz) Inhalte aus dem gesamten Internet bereitstellt – genau wie TikTok. Meta, die Muttergesellschaft von Facebook und Instagram, hat ein TikTok-ähnliches Kurzvideoformat namens Reels entwickelt, das in beide Apps integriert wurde.

Solche Klone finden sich überall: Snapchat Spotlight, YouTube Shorts, Pinterest Watch und sogar Fast Laughs von Netflix. Einige davon sind überaus erfolgreich: Reels machen mehr als 20 % der auf Instagram verbrachten Zeit aus und YouTube Shorts hat monatlich 1,5 Milliarden User.

Auch TikTok lässt sich von seinen Konkurrenten inspirieren. Die maximale Länge der Videos wurde auf zehn Minuten erhöht und greift damit den Markt von YouTube an. Es wurden „disappearing clips" („verschwindende Kurzvideos") eingeführt, ganz nach dem Vorbild von Snapchat-Storys. Weiters arbeitet TikTok an einem Abo-Modell ähnlich dem auf Twitch, der Live-Video-Plattform von Amazon. Außerdem zahlt TikTok seit Kurzem einigen Creatorn einen Teil der Werbeeinnahmen, ganz wie YouTube.

All diese Änderungen und Neuerungen solltest du im Auge behalten, wenn du die App als Marketing-Tool nutzen möchtest.

Wenn du dich über die kommenden Trends informieren möchtest, bietet TikTok auf seiner newsroom.TikTok.com-Seite einen Rückblick, was sich im vergangenen Jahr auf der Plattform getan hat. Außerdem stellt TikTok einen Trend-Report zusammen, der aufzeigt, mit welchen Trends und Challenges im kommenden Jahr zu rechnen ist. Diesen Bericht kannst du dir kostenlos herunterladen und dich davon inspirieren lassen. Damit hast du ein tolles Tool für dein Business an der Hand, um erfolgreich durchzustarten.

UNSERE BEST-PRACTICE-TIPPS

Kurz und bündig nun ein paar unserer Top-Tipps für deinen Marketing-Erfolg auf TikTok:

- Erstelle Inhalte, die Aufmerksamkeit erregen! Sonst sind User schneller weg, als du denkst!

- Entwickle einen sogenannten „Hook" („Aufhänger") für dein gebrandetes Video! Inspiration dafür erhältst du in der Anzeigenbibliothek von TikTok. Ein Beispiel wäre: „Ich wünschte, das hätte mir jemand schon früher erzählt ..." oder auch „5 Gründe, warum du ... nie mehr missen möchtest ..."

- Wenn du dich nicht selbst im Video präsentieren möchtest, so setze dich gut mit der richtigen Auswahl des Influencers ein. Um mögliche Partnerschaften zu finden, hat TikTok einen eigenen „Creator Marketplace".

- Halte deine „captions" (Video-Untertitel) kurz, denn mehr als 5 Wörter lenken zu sehr vom eigentlichen Fokus - dem Video - ab.

- Verwende Hashtags zielgerichtet und nicht inflationär!

ZUSAMMENFASSUNG

TikTok bietet viele spannende Möglichkeiten für unterschiedlichste Arten von Unternehmen. Im Prinzip gibt es kein Unternehmen, bei dem TikTok-Marketing nicht funktionieren würde. Denn es kommt nicht auf die Branche an, sondern auf die Art und Weise, wie die Inhalte präsentiert werden. Und da steht bei TikTok zweifelsfrei die Unterhaltung an erster Stelle. Noch ist bei TikTok eine eher junge Zielgruppe zu finden, diese wächst aber im Laufe der Zeit mit der Plattform mit. Somit wandeln sich auch die Inhalte stetig.

Es geht darum, permanent am Ball zu bleiben und Trends mitzugestalten. Anders als bei Instagram muss bei TikTok nicht alles perfekt sein. Das Wichtigste ist, authentisch zu sein. Wenn du also vor Kreativität sprühst, für jeden Spaß zu haben bist und auch leidenschaftlich gerne die Kommunikation mit Usern pflegst, dann bist du auf TikTok absolut richtig.

TikTok bietet eine enorm große Zielgruppe, die vielleicht von der Kaufkraft (noch) nicht mit der von anderen Social-Media-Plattformen zu vergleichen ist, für die Markenbekanntheit und das Image aber den entscheidenden Unterschied ausmachen kann. Das Potenzial sowie auch die Reichweite dieser App sind noch lange nicht an ihren Grenzen angekommen.

Bilder: ©Socialmania.at

Quellenangaben:
www.TikTok.com/business
https://ads.TikTok.com
www.oberlo.com/blog/TikTok-statistics
www.businessofapps.com/data/tik-tok-statistics
www.meltwater.com/de/blog/TikTok-statistiken
https://thenetworkec.com
www.thefactsite.com/TikTok-facts/
www.bustle.com/life/TikTok-screen-time-prompts-limits-breaks
www.derstandard.at/story/2000121954563/100-millionen-follower-charli-damelio-schreibt-TikTok-geschichte
www.economist.com/interactive/briefing/2022/07/09/the-all-conquering-quaver

Mag. Birgit Bauer

Birgit Bauer und ihr Socialmania-Team sind Expertinnen für Online-Kommunikation & Sichtbarkeit. Ihre Herzen schlagen für Social Media und die persönliche Betreuung von jedem einzelnen Kunden.

Sie beraten, work-shoppen, kreieren, planen und navigieren sicher durch die vielfältige und abwechslungsreiche Welt von Facebook, Instagram, Pinterest, TikTok, LinkedIn & Co.

Die Socialmaniacs entwickeln individuelle Strategien und finden gemeinsam mit ihren Kunden die jeweils geeignete Positionierung, die für Online-Sichtbarkeit sorgt und Wunschkunden bringt. Sie beraten bei der Auswahl der richtigen Social-Media-Plattformen und erarbeiten kreative und inspirierende Contentkonzepte, Redaktionspläne und Kampagnen. Sie versorgen ihre Kundinnen und Kunden mit jeder Menge Tipps zur Steigerung der Markenbekanntheit und zum Aufbau einer interaktiven Online-Community innerhalb der gewünschten Zielgruppe.

Workshops zu Themen rund um Social-Media und Online-Strategie, Templates für Postings, Tutorials zu Tools im Bereich Content Creation, eine umfangreiche Ressourcensammlung und Workbooks mit Vorlagen, Beispielen und Checklisten lassen keine Social-Media-Frage unbeantwortet.

www.socialmania.at bzw. www.bildungsraum.at
www.instagram.com/socialmania.at/ bzw.
www.instagram.com/bildungsraum
www.facebook.com/socialmania.at bzw.
www.facebook.com/bildungsraum

KAPITEL 16

VIDEOMARKETING & YOUTUBE

Regelmäßig planbare Kundenanfragen generieren

von Martin Pauser

INHALT

Zielgruppe:	Kleinstunternehmen und mittlere Unternehmen im Dienstleistungssektor mit skalierbaren Produkten oder Dienstleistungen. Customer Lifetime Value größer 1000 Euro.
Voraussetzungen:	Affinität zur Technik, Freude am kreativen Arbeiten, Sprechen vor der Kamera. Deine Mitarbeiter, Marketingmitarbeiter und Produktmanager können das übernehmen. Als Kleinstunternehmer darfst du selbst vor die Kamera.
Erfahrungen:	Videomarketing im Allgemeinen ist für jeden geeignet. Erfahrung im Umgang mit dem Smartphone. Marketingwissen über Positionierung, Branding, Newsletter-Marketing und bezahlte Werbung von Vorteil.

VIDEOMARKETING

Wenn dein Angebot oder deine Dienstleistung in der Lage ist, anderen zu helfen und du dafür Abnehmer hast, besitzt du ein funktionierendes Geschäft. In vielen Fällen sorgst du bereits auf die eine oder andere Weise dafür, dass potenzielle Kunden von dir erfahren. Sei es Mundpropaganda, Empfehlungen, Blogposts auf einer Website, dein Podcast, Artikel in Zeitschriften oder nur ein Eintrag in Google Business. Vielleicht bist du auf Social Media und in Internetforen unterwegs, besitzt einen Newsletter und machst sogar schon Videos, um von deiner Zielgruppe entdeckt zu werden. Alle diese Maßnahmen sorgen für deine Sichtbarkeit und Reichweite, die es dir ermöglicht, so viele Interessenten wie möglich von deinem Angebot zu überzeugen und zu glücklichen Kunden zu machen.

Eine dieser Aktivitäten ist Videomarketing – der Einsatz von Videos in deinem Marketingmix. Nicht zuletzt seit Beginn der Pandemie ist Bewegtbildcontent in aller Munde und das wird auch noch länger so bleiben. Die Erstellung von Videos wird immer einfacher und ist für alle leicht zugänglich geworden. Wofür früher ein ganzes Produktionsteam, teure Kameras und ein leistungsstarker Rechner für die Postproduktion nötig waren, reicht heutzutage oft dein Smartphone aus. Tatsächlich produzieren heute 55% aller Unternehmen ihren Videocontent im Unternehmen selbst.

Videos sind sehr leicht zu konsumieren und nicht ohne Grund das am schnellsten wachsende Content Format. Viele Kunden (73%) informieren sich am liebsten durch ein Video über ein Produkt oder eine Dienstleistung, anstatt einen langen Blogpost oder einen Text auf einer Website durchzulesen (11%) (siehe Wyzowl-Video-Survey-2022: www.wyzowl.com/video-marketing-statistics)

Kaufentscheidungen können das reine Abwägen von Vor- und Nachteilen und ein Vergleich zwischen zwei Angeboten sein. Sie werden aber oft nicht rein rational getroffen. Bei zwei gleichwertigen Angeboten zählen die wahrgenommene Expertise, das Vertrauen und das Gefühl.

Kein anderes Medium transportiert Emotionen so gut wie das Format Video. Ein Podcast oder ein Artikel ist gut, doch die Verbindung zwischen bewegten Bildern UND Ton spricht auf natürliche Weise mehrere Sinne an und ist das, was uns am meisten berührt. Es bleibt länger im Gedächtnis und schafft letztendlich auch mehr Vertrauen in dich, deine Dienstleistung, deine Marke und dein Produkt. Kunden wissen, dass sie bei dir in guten Händen sind.

Deine Kunden brauchen dich und du brauchst deine Kunden

Auch wenn es im Moment gut läuft, kann es sein, dass irgendwann der Punkt kommt, wo deine bisherigen Marketingmaßnahmen nicht mehr so gut greifen wie früher. Dies passiert, weil sich die Welt um dich herum weiterdreht und du am Satz: „Never change a winning team!" festhältst, obwohl dein „Team" bereits in die Jahre gekommen ist. Deine Konkurrenz nähert sich dir von hinten mit Riesenschritten - wenn sie dich nicht schon längst überholt hat.

Im schlimmsten Fall - der absolut nicht weit hergeholt ist - überholt dich deine Konkurrenz, nimmt dir Marktanteile weg, du verkaufst nicht mehr so viel wie früher und deine Mitarbeiter müssen für das gleiche Geld immer mehr arbeiten. Manche haben selbst schon die Reißleine gezogen, andere sind von Sparmaßnahmen betroffen. Spätestens jetzt ist es Zeit, dein Geschäft zu schließen oder zu verkaufen.

Das alles ist passiert – beinahe. Und zwar in einem Unternehmen, das ich nun jahrelang begleite und das heute stärker ist als je zuvor. Vom einstigen Weltmarktführer in ihrem Bereich ist die Firma in einem schleichenden Prozess mehr und mehr ins Hintertreffen geraten und stand 2019 am Scheideweg. Kürzungen und Sparmaßnahmen an allen Ecken und Enden und die Angst der Mitarbeiter, wie lange das überhaupt noch so weitergehen würde, waren die Folge.

Mit dem Aufbau eines starken YouTube Kanals, dem Ausbau der bestehenden Social-Media-Kanäle und einer Ausrichtung auf Neukunden konnten nicht nur viele Arbeitsplätze gesichert, sondern auch neue geschaffen werden. Mittlerweile wächst das Unternehmen nachhaltig, hat eine Inhouse Videoproduktion, mehr als 16.000 Abonnenten auf YouTube und arbeitet mit Influencern und anderen Videoerstellern aus der ganzen Welt zusammen.

Stelle dir vor, dass auch bei dir...

- Interessenten zu Kunden werden, weil sie wissen, dass du die richtige Person bist.
- deine Wunschkunden regelmäßig und planbar auf dich zu kommen.
- Interessenten wissen, was sie bei dir erwartet.
- Interessenten wissen, dass sich die Investition für sie auszahlt.
- Kunden freiwillig kaufen und du sie nicht überzeugen musst.
- deine Expertise wahrgenommen wird.
- du endlich vielen Menschen helfen kannst und angemessen bezahlt wirst.

Wie das auch für dich möglich ist, erfährst du jetzt.

Warum Content Marketing

Wenn du in die Sichtbarkeit kommst, genügend Personen von deinem Angebot oder deiner Dienstleistung erfahren und du ihren Schmerzpunkt getroffen hast, heißt das noch lange nicht, dass sie bei dir kaufen oder buchen werden.

Sie verstehen dein Angebot noch nicht und wissen nicht, warum genau *du* ihnen helfen kannst. Sie brauchen das Vertrauen, dass sie ein geeigneter Kunde für dich sind und dass deine Lösung auch bei ihnen funktioniert.

Vielleicht ist aber auch im Moment einfach nicht der richtige Zeitpunkt für sie, mit dir zu arbeiten oder sie brauchen in diesem Moment dein Produkt nicht, sind aber grundsätzlich offen dafür. Dann darfst du dich in regelmäßigen Abständen bei ihnen melden und nachfragen, ob es jetzt der richtige Augenblick wäre. Ein Interessent braucht durchschnittlich acht Kontaktpunkte, bis es überhaupt zu einer Kaufentscheidung kommen kann.

Content Marketing im Allgemeinen kann …

- deine Wunschkunden zur dir führen.
- Interessenten über dein Angebot informieren.
- Verständnis und Vertrauen aufbauen.
- Einwände entkräften.
- regelmäßigen Kontakt zu deinen Interessenten und Kunden herstellen.

Vorteile:

- Einmal erstellt, arbeitet der Content dauerhaft für dich.
- Kunden kommen freiwillig in Kontakt mit dir und deinem Content.
- Sie können das zeitlich flexibel tun.

Wie kann dir Videomarketing helfen?

So viele Erst-, Beratungs- oder Verkaufsgespräche mit Interessenten, die sich grundsätzlich für deine Dienstleistung interessieren, kannst du aus Zeitgründen gar nicht führen.

Wenige Videos, die du einmal aufgenommen hast, können dir hier in Zukunft die Arbeit abnehmen und viel Zeit sparen. Sie machen all deine Marketingaktivitäten zur Kundenakquise wesentlich effizienter.

In einmal aufgenommenen Videos kannst du dafür sorgen, dass Interessenten genau über dein Angebot Bescheid wissen, du kannst das Kaufinteresse stärken, du kannst immer wiederkehrende Einwände entkräften, zeigen, dass sich die Zusammenarbeit mit dir lohnt, deinen Expertenstatus und dein

Alleinstellungsmerkmal verdeutlichen und bekommst so mehr Kunden, die genauer zu dir passen.

Warum YouTube?

Vielleicht hast du dir auch schon einmal die Frage gestellt: „Was soll ich wo veröffentlichen?"

Um diese Frage zu beantworten, müssen wir uns erst die unterschiedlichen Arten von Content in Verbindung mit den unterschiedlichen Plattformen ansehen:

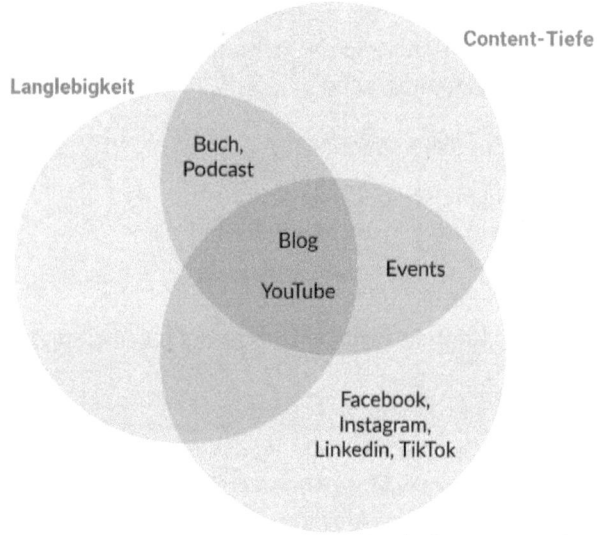

Veröffentlichte Inhalte können eine oder mehrere dieser drei Eigenschaften besitzen: Langlebigkeit, Content-Tiefe und das Potential, neue Kunden zu erreichen.

Content mit dem Potential, entdeckt zu werden, gibt es auf Instagram, TikTok, Facebook und LinkedIn. Ein Bild mit Text oder ein Kurzvideo, das dort veröffentlicht wird, kann neue Nutzer erreichen, ist aber auch schon nach wenigen Tagen aus deren Feed verschwunden. Bei dem für diese Plattformen typischen Content kannst du nicht sehr in die Tiefe gehen.

Langlebiger Content mit großer Content-Tiefe wie Podcasts oder beispielsweise dieses Buch bleibt lange auffindbar und bietet den nötigen Rahmen, um ein Themengebiet ausführlicher zu erläutern. Dieser Content kann langfristig deinen

Expertenstatus ausbauen und Vertrauen schaffen, ist aber nicht dafür geeignet, entdeckt zu werden.

Einmalige, zeitlich begrenzte, Events wie Veranstaltungen und Kongresse, bieten die Möglichkeit, vor einem neuen Publikum zu sprechen und dabei gleich intensiver in ein Thema einzusteigen.

Im Zentrum befindet sich YouTube!

YouTube ist weltweit die zweitgrößte Suchmaschine (die ja bekanntlich zur größten Suchmaschine Google gehört). Sie bietet auf der einen Seite das Potential, von Nutzern durch Suchanfragen gefunden zu werden, und auf der anderen Seite hat YouTube einen Empfehlungsalgorithmus, der jedem Nutzer das nächste für ihn relevante Video vorschlägt. YouTube findet also für dich deinen Wunschkunden. Die Plattform bietet die Möglichkeit, sich mit Themen ausführlicher zu beschäftigen. Guter Content arbeitet über Jahre hinweg für dich. So werden auf der Startseite oft Videos angezeigt, die über 4 Jahre alt sind. Einmal erstellt, können sie kontinuierlich Kunden generieren.

Aufgrund von verändertem Nutzerverhalten bietet YouTube nun auch sogenannte YouTube Shorts (vergleichbar mit Reels oder TikToks), die es dir zusätzlich erleichtern, von Personen, die dich noch nicht kennen, entdeckt zu werden. Diese Kombination aus knackigen Shorts und tieferem, langlebigem Content wird in Zukunft vor allem auf YouTube immer wichtiger werden, um nachhaltig wachsen zu können.

Content Atomization – Recycling – Repurposing

Wenn man so will, könnte man das Video als die Mutter aller Formate bezeichnen. Aus einem einzigen Video lassen sich viele andere Content Formate ableiten und herstellen. Nutze diese Möglichkeit!

Die Zerlegung eines Inhaltes (Content Piece) in seine einzelnen Bestandteile nennt sich Content Atomization. Die Wiederverwendung (Recycling) in anderem Kontext (Repurposing) spart dir wertvolle Ressourcen.

Wenn du schon ein Video produziert hast, kannst du es automatisch transkribieren lassen und daraus einen Blog-Post erstellen. Das geht heute mittels künstlicher Intelligenz ausgezeichnet. Nutze das eigebettete Video in diesem Blog-Post, um dein Ranking in den Ergebnissen der Google-Suche zu steigern und hole zusätzlich diejenigen 70% der Nutzer ab, die sich lieber ein Video ansehen, anstatt einen Text zu lesen. Nutze einen Link zu deinem Video in deinem nächsten Newsletter, und sorge so für bessere Klickraten und mehr Views. Aus einem Video kannst du auch einzelne Bilder, sogenannte Frame-Grabs als Produktfotos für deine Website, deinen Blog-Post und alle deine Social-Media-Kanäle verwenden. Oder du nimmst die Key-Learnings aus deinem Video und verfasst einen Karussell-Post mit Infografiken auf LinkedIn oder Instagram und verlinkst dabei auf deinen tiefergehenden Content. Die Audiospur deines fertigen Videos eignet sich vielleicht sogar für einen eigenen Podcast. Schneide eine knackige kurze Hochformatversion und poste es als Reel, Short oder Story.

Du siehst also, mit einem Video - das vielleicht etwas mehr Aufwand bedeutet - schlägst du jedoch viele Fliegen mit einer (Film-)Klappe und hast nicht mehr das Problem, zu wenig Content zu haben.

YOUTUBE-STRATEGIEN IN 3 PHASEN

Da wir uns vorher eingehend mit dem Thema Content und Videomarketing auseinandergesetzt haben, ist der 3 Phasen-Plan zum Aufbau eines guten Business YouTube-Kanals, der von Anfang an deine Akquise effizienter macht und auf deine Marke einzahlt, in Kürze erklärt.

Phase 1 - Vertrauen und Kundenanfragen

In dieser Phase geht es nicht darum, enorme Reichweite aufzubauen. Du verwendest YouTube vorrangig als Hosting-Plattform für deine Videos, die du auf deiner Website einbindest.

Durch diese Videos werden alle deine Tätigkeiten in der Kundenakquise effizienter und du hast auf YouTube zusätzlich die Möglichkeit gefunden, um empfohlen zu werden. Dein Google Ranking verbessert sich entscheidend durch die Einbindung von Videos auf deiner Website oder deinen Blogbeiträgen. Du wirst zu einer greifbaren Person oder Marke und baust in deinem Zielmarkt mehr Vertrauen auf. Deine Videos sind die Verkaufsgespräche, die du nicht mehr führen musst. Kunden verstehen dein Angebot und wie es ihnen helfen kann. Häufig gestellte Fragen können beantwortet werden. Testimonial-Videos deiner glücklichen Kunden beweisen, dass es mit deiner Hilfe auch schon andere geschafft haben, ihre Herausforderungen zu meistern. Sie nehmen Zweifel und zeigen, dass sich die Investition lohnt.

Schon 10-15 Videos sorgen dafür, dass du über Jahre hinweg mehr qualifizierte Kundenanfragen bekommst.

Dein digitales Schaufenster

Anfänglich sind einige Punkte besonders zu beachten:

- das richtige Setup des Kanals

- Titel und Thumbnails deiner Videos
- Kamera, Branding, Kleidung, Hintergrund

Das Setup des Kanals beinhaltet, neben dem aussagekräftigen Namen, noch viele andere Details wie zum Beispiel die grafische Gestaltung, Logo, Watermark, Verlinkungen zu anderen Plattformen und Websites, Channel-Tags, Zugriffsrechte, Kanal-Info, Playlisten.

Der Titel deiner Videos ist ein zentrales Element der späteren Auffindbarkeit und erscheint in den Ergebnissen der Google- und YouTube-Suche als Überschrift. Er sollte die relevanten Keywords enthalten, den Nutzen des Videos herausstreichen und Interesse wecken. Nenne dein Video nicht „Max Mustermann zum Thema XY", sondern beispielsweise „5 Expertentipps zu mehr XY".

Nachdem du deinen Kanal verifiziert hast, kannst du eigene Vorschaubilder (Thumbnails) für deine Videos nutzen. Der Titel deines Videos und das Thumbnail sind die Dinge, die man sieht, bevor man auf dein Video klickt. Mit einem interessanten Vorschaubild weckst du Neugier und Erwartungen und machst Lust auf mehr. Das ist einer der stärksten Hebel, die dir zur Verfügung stehen. Die geweckten Erwartungen müssen jedoch auch im Video erfüllt werden, da deine Zuseher sonst enttäuscht sind und wegklicken. Bei irreführenden Bildern, die nur darauf aus sind, Klicks zu generieren, handelt es sich um Clickbait. Diese Praktik ist auf YouTube sogar verboten und kann dazu führen, dass dein Kanal im schlechtesten Fall gesperrt wird. Übertreib es also nicht! Der YouTube Analytics Wert, der die Performance deines Vorschaubildes anzeigt, ist die „Klickrate der Impressionen" welche zwischen 2 und 10 Prozent liegt.

Die Qualität deiner Videos bestimmt, wie du wahrgenommen wirst. Sie ist dein digitales Schaufenster und bestimmt dein Branding. Sorge für ausreichend Licht, die richtige Kleidung und einen ansprechenden, aber nicht ablenkenden Hintergrund. Vergiss nicht auf ein Ansteckmikrofon. Schlechtes Bild wird dir leichter verziehen - schlechter Ton nicht. Unbewusst messen wir Sprechern in Videos mit gutem Ton mehr Glaubwürdigkeit und Expertenstatus bei. Daher ist mein persönliches Motto auch: „Sound is half the picture!"

Phase 2 - Content Marketing

Durch deine Zielgruppenanalyse und Definition deiner Marketing-Persona weißt du genau, welche Fragen und Herausforderungen deine Interessenten haben. Regelmäßig veröffentlichter Content sorgt dafür, dass du vom Algorithmus wahrgenommen wirst und du dir eine immer größere Community aufbaust.

Als Beispiel nehmen wir einen angehenden Musikproduzenten. Er möchte Musik mit virtuellen Instrumenten machen und damit besser werden. Er sucht danach auf YouTube und ein Hersteller von virtuellen Instrumenten hat zufällig eine YouTube Serie mit Experten-Tipps für ein besseres Ergebnis parat. Der Nutzer sieht sich das Video bis zum Ende an, ist dankbar für das Gelernte und erkennt, dass es einfach ist, mit dieser Software zu guten Ergebnissen zu kommen. Er lädt sich im Austausch seiner Kontaktdaten das Free-Instrument und die Tutorial-Files herunter und freut sich auf deinen nächsten Newsletter mit weiteren Videos. Wenn er sich entschließt, ein virtuelles Instrument zu kaufen, wo wird er dies wahrscheinlich tun?

Der YT-Algorithmus

Der Algorithmus kennt seine Zuschauer sehr genau und weiß darüber Bescheid, welches Video sie als nächstes interessieren könnte. Er kennt dich und deinen Kanal aber noch nicht so gut. Erst mit regelmäßigem Content lernt YouTube dich als Creator kennen. Mit der Zeit können deine Videos besser eingestuft und auch den richtigen Personen vorgeschlagen werden. Deine Videos sind nun nutzerorientiert und sorgen dafür, dass neue Personen dich finden können.

Zu diesem Zeitpunkt sind folgende Punkte zu beachten:

- regelmäßige Veröffentlichungen
- Fokus auf einen Themenkreis
- strategisch sinnvolle Videos zu produzieren
- intelligent aufgebaute Videos zu produzieren
- Durchhaltevermögen

Was bedeutet „regelmäßige Veröffentlichungen"? Im Idealfall lädst du auf YouTube pro Woche ein Video hoch. Ist das überhaupt zu schaffen? Das mag vielleicht viel klingen, ist aber leicht zu schaffen, wenn du es clever anstellst. Du hast einen Content Plan und weißt, was du in den nächsten zwei Monaten posten möchtest? Dann kannst du mit etwas Übung an einem einzigen Tag die Videos für die nächsten ein bis zwei Monate aufnehmen.

Gib dem Algorithmus die Möglichkeit dich einzustufen und bleib bei einem Thema. Zu viele verschiede Themen verwirren nicht nur deine Zuschauer, sondern auch YouTube. Bleibe im Fokus!

Strategisch sinnvolle Videos können dazu genutzt werden, bestimmte Marketingziele zu erreichen und Reichweite aufzubauen, Kaufinteresse zu verstärken, Zweifel zu entkräften, Vertrauen aufzubauen, Verständnisfragen zu klären oder um die Dringlichkeit zu erhöhen.

Gut gemacht und intelligent aufgebaut heißt, dass deine Zuschauer deine Videos möglichst lange ansehen. Am besten bis zum Schluss, wo du deinen Call-to-action platzierst.

Wenn dein Video es schafft, die Zuschauer lange zu binden, ist es spannend und gut aufgebaut. Es wird vermehrt neuen Nutzern vorgeschlagen.

Der YouTube-Analytics Wert für die Zuschauerbindung (im Englischen Audience Rentention) ist die „durchschnittliche Wiedergabedauer in Prozent" und variiert je nach Thema und Zielgruppe stark. Viel wichtiger ist es, Einbrüche im Verlauf der Zuschauerbindung zu vermeiden, die eigenen Videos zueinander zu vergleichen, regelmäßig zu optimieren und dadurch immer besser zu werden.

Halte durch! Die ersten paar Monate sind die Ergebnisse ernüchternd, erst nach einem halben Jahr wird das exponentielle Wachstum sichtbar. Alle deine Videos auf einmal hochzuladen, macht auch keinen Sinn. Erst, wenn du mit Regelmäßigkeit und Beharrlichkeit veröffentlichst, kommt der Tag, an dem du das Ergebnis siehst.

Phase 3 - Reichweite (Optional)

Du besitzt bereits einen stetig wachsenden YouTube-Kanal. Nun ist der Zeitpunkt für exponentielles Wachstum gekommen.

Strategien in dieser Phase

- Kollaboration
- neue Formate finden
- aktuelle Themen
- Qualität vs. Quantität

Die Zusammenarbeit mit anderen großen Kanälen, mit ähnlichen Zielgruppen kann dabei eine gute Möglichkeit sein, voneinander zu profitieren. Deine wahrgenommene Expertise sorgt für mehr Kooperationen. Diese schaffen wiederum mehr Reichweite und das führt in Folge zu mehr wahrgenommener Expertise und schließlich zur Marktdominanz.

Wenn du immer nur das machst, was deine Konkurrenz macht, dann wirst du auch nie besser sein als sie und hebst dich nicht ab. Willst du überdurchschnittliche Ergebnisse, dann musst du besser werden als andere. Das bedeutet, immer wieder neue Video-Formate zu testen, auszuwerten und zu optimieren. Gut performende Formate führst du weiter.

Videos zu brandaktuellen Themen auf deinem Gebiet können ein regelrechter Booster für dich werden. Erfreut sich dein Kanal schon einer gewissen

Bekanntheit, hast du dadurch vermehrt die Chance, auf der Entdecken-Seite von YouTube gefunden zu werden.

Mehr Veröffentlichungen heißt nicht immer mehr Abonnenten. Ein qualitativ hochwertiges Video zahlt sich mehr aus als drei mittelmäßige.

Sei nicht nur besser als der Durchschnitt, sei hervorragend!

WIE GEHT'S WEITER?

Vielleicht bist du auf den Geschmack gekommen. Wenn das Thema Videomarketing für dich und dein Unternehmen grundsätzlich interessant ist, du aber noch am Anfang stehst, dann kann ich dich mit meiner Videoproduktion dabei unterstützen.

Hast du schon Videos veröffentlich, aber irgendwie funktioniert es noch nicht so richtig, dann gehen wir auf Fehlersuche und unterstützen deine Inhouse Videoproduktion als Sparring-Partner mit strategischem und technischem Know-how.

Bist du noch unsicher, ob Videomarketing bei dir Sinn macht, dann lass dich von mir in einem Erstgespräch kostenfrei beraten.

Scanne den QR-Code und erfahre, wie Videomarketing in Aktion funktioniert.

www.videoask.com/f4mtz79dd

Martin Pauser, MSc

Martin Pauser ist selbständiger Videoproduzent und Toningenieur aus Wien. Durch seine Karriere als Musiker in unterschiedlichen Bands hat er sehr früh begonnen, Musikvideos zu produzieren und gelernt, die Sozialen Medien für sich zu nutzen.

Das Gründungsmitglied mehrerer Kreativ- und Digital-Agenturen gibt seine Expertise am WIFI Wien in den Diplomlehrgängen „Creative Video Designer" und Ton- & Studiotechnik" weiter.

Heute unterstützt Martin Pauser mit Begeisterung andere Unternehmen in Videoproduktion und Videomarketing.

www.martinpauser.at
www.instagram.com/martinpauser
www.facebook.com/martinpauser
www.LinkedIn.com/in/martin-pauser-98b2b641

KAPITEL 17

AUDIOWERBUNG & PODCAST

Audiowerbung ist „Hörbares Marketing"

von Stephan Nierwetberg

INHALT

Zielgruppe:	Für jeden Unternehmer, der sich und sein Projekt, sein Unternehmen, seine Marke nicht nur sichtbar, sondern auch hörbar und wiedererkennbar präsentieren und bewerben möchte.
Voraussetzungen:	Ganzheitliche Denkweise und Kenntnis der eigenen Zielgruppe. Bei Eigenproduktion von Audiomarketing-Elementen: technisches Verständnis und Tonequipment.
Erfahrungen:	Audiowerbung kann von Start-Ups und Jungunternehmern genauso eingesetzt werden, wie von erfahrenen Unternehmern. Man kann Elemente der Audiowerbung selbst gestalten oder Dienstleister zu Hilfe nehmen.

1. DER NUTZEN VON AUDIOWERBUNG

Die Verwendung von Audiowerbung (oder generell von Sprache, Musik und Geräuschen als Teil des Außenauftritts) empfiehlt sich aufgrund ihres - im Verhältnis zur visuellen Werbung - unterschätzten Werts und der Art, wie die zugrundeliegenden Wahrnehmungssysteme arbeiten.

Akustische Reize sprechen den Hörer emotional unmittelbarer an.

1.1. Der „übersehene Kanal"

Die Medienlandschaft unserer Zeit wird von den visuellen und audiovisuellen Medien beherrscht. Reine Audiomedien wie z. B. das Radio spielen als Werbeträger eine untergeordnete Rolle (Quelle: Statista - Werbemarktanteile der Werbeträger 2020 – 2021). Zwar hören rund 75% der deutschen Bevölkerung täglich Radio (Quelle: Medienanalyse ma-audio 2021) und 76% der Onliner zwischen 16 und 69 Jahren benutzen Smart-Speaker für Audio-Content (Quelle: RMS), aber die Gesamtausgaben im Werbemarkt werden zu rund 97 % in visuelle und audiovisuelle Werbeträger investiert.

Bedeutet das nun, dass Medien, die *nur* hörbar sind, weniger werbewirksam sind als visuelle oder audiovisuelle Medien? Heißt das, dass Inhalt und Qualität des Tons egal sind, Hauptsache das Bild stimmt?

Die Wirksamkeit einer Werbebotschaft hängt entscheidend davon ab, ob sie den Empfänger erreicht. Vergleichen wir dazu die betreffenden Sinnesorgane, so fällt auf: Augen kann man schließen oder man kann wegschauen. Die Ohren hingegen sind immer auf Empfang, selbst im Schlaf. Da Werbebotschaften also eher übersehen als überhört werden können, ist es kein Wunder, dass die 10.000 - 13.000 Werbeimpulse, die auf jeden von uns täglich einprasseln, zum Großteil visueller Natur sind, und Werbeforscher heute schon vom Effekt der „Werbe-Blindheit" sprechen.

Man beachte die Wortwahl.

Dies hat nicht nur mit der angesprochenen Unmenge an Sehimpulsen zu tun, sondern auch mit den Unterschieden, wie visuelle und auditive Informationen im Gehirn verarbeitet werden.

1.2. Die neurologische Rezeption von Seh- und Hörimpulsen

Visuelle Reize werden durch die Augen aufgenommen und an das Sehzentrum im hinteren Teil des Großhirns weitergeleitet. Dort werden die Impulse bewusst bewertet und mit Informationen aus anderen Hirnbereichen abgeglichen.

Anschließend werden dann adäquate Signale als Antworten an andere Gehirnregionen wie das motorische System oder an das Hormonsystem weitergegeben. Das alles passiert innerhalb von ca. 2/10-Sekunden.

Akustische Reize gelangen über das Hörsystem aus Ohr und Innenohr ins Gehirn. Allerdings nehmen Sie keinen „Umweg" durchs Großhirn, sondern werden direkt in den Hirnstamm und das sog. Limbische System geleitet und dort umgehend in Emotion und Reaktion umgesetzt.

Beispiel: wir hören in der Nähe einen Knall und zucken sofort zusammen. Das Zusammenzucken ist der Spannungsaufbau in den Muskeln zum Weglaufen, „lange" bevor wir uns umsehen, woher der Knall kam.

Man kann also verkürzt sagen: Gehörtes wird zuerst gefühlt und dann bedacht, während es beim Sehen genau andersherum ist: hier erfolgt zunächst die rationelle Bewertung und daran anschließend die Reaktion.

Dieser unmittelbare Zusammenhang zwischen Gehörtem und Emotion gibt dem Hören seine Wirkkraft und seinen sublimen Tiefgang. Damit korrespondieren bekannte Aussagen, wie sie über die Musik als *einen* Teil der hörbaren Welt getroffen wurden: „Musik ist der Schlüssel zur Seele" (Platon) oder „Die Musik drückt das aus, was nicht gesagt werden kann und worüber zu schweigen unmöglich ist" (Victor Hugo).

Bleibt die Frage: Was bringt dieser emotionale Vorteil?

1.3. Der Nutzen: mehr Wahrnehmung in der Zielgruppe

Alle werbenden Unternehmen und Marken (Werbetreibenden) buhlen um die Aufmerksamkeit der angepeilten Zielgruppe. Diese ist in hohem Maße durch die Flut an Werbereizen abgelenkt. Wenn man nun aber zum Unternehmen oder Produkt passende hörbare, wiederkehrende und wiedererkennbare Elemente in den Werbeauftritt miteinbezieht, gelangt man zu einer emotionalen Ansprache, der sich der Hörer auf Dauer nicht entziehen kann.

Beispiel: Selbst im Bad unter Dusche erkennt man am Soundlogo der deutschen Telekom („Da-Da-Da-Di-Da"), dass eben gerade ein Spot dieses Unternehmens im Radio ausgestrahlt wurde. Selbst wenn der Text des Spots wegen des laufenden Wassers gar nicht verstanden wurde, so ist der Werbetreibende mit seiner Absicht der Markenerinnerung doch durchgedrungen. Dies betrifft aber nicht nur die Radiowerbung, sondern alle der im Folgenden unter Punkt 2. genannten Formen des Audio-Auftritts.

Bedenkt man nun noch, dass nur rund 1% aller Unternehmen in Deutschland überhaupt einen hörbaren Werbeauftritt haben, so liegt hier doch eine der wenigen - von den Werbetreibenden eigentlich händeringend gesuchten - Möglichkeiten, sich von der Konkurrenz abzuheben.

2. FORMEN VON AUDIOWERBUNG

Es sollen nun die unterschiedlichen Formen von Audiowerbung aufgezählt werden, unter der Berücksichtigung, für welchen Anwender und welche Zielgruppe sich diese eignen.

2.1. Radiowerbung

Unter Radiowerbung versteht man die Ausstrahlung von Werbespots auf einem lokalen, regionalen oder landesweiten Radiosender. Die Ausstrahlung erfolgt in der Regel in sog. Werbeblöcken, die als vorherbestimmte Zeitfenster in das redaktionelle Programm aus Sprache und/oder Musik eingestreut sind. Eine Sonderform sind Sponsorings, die einen bestimmten Programmpunkt des Radioprogramms präsentieren, wie z. B. das Wetter, die Verkehrsdurchsagen oder Nachrichten aus der Kultur oder Wirtschaft. Die technische Ausstrahlung des Radioprogramms kann über UKW, DAB oder über das Internet erfolgen. Die UKW-Sender von heute bedienen regelmäßig alle drei Ausstrahlungswege. Es gibt aber auch Radiostationen - insbesondere Spartensender mit einer kleineren Hörerschaft - die nur über das Internet senden.

Ob nun Mainstream-Sender mit einer großen Höreranzahl oder Nischen-Radio, grundsätzlich richtet sich der Rundfunk als Massenmedium immer an eine Vielzahl von Zuhörern. Durch diesen Umstand ist Radiowerbung zunächst nur für die Werbetreibenden sinnvoll, die sich mit ihrem Angebot (Produkt oder Dienstleistung) an jedermann wenden, weil es jeder nutzen und kaufen kann. Wir reden also von all den Unternehmen, die im Endkundengeschäft sind. Dazu gehört der Einzelhandel und alle Anbieter persönlicher Dienstleistungen.

Da aber die *Personalsuche* für viele Firmen in den letzten Jahren zu einem drängenden Problem geworden ist, finden sich auch mehr und mehr B2B-Unternehmen (Business-to-Business-Firmen, die nur an andere Firmen und Unternehmer weiterverkaufen) unter den Werbekunden der Radios, auf deren Welle sie dann Recruiting-Spots ausstrahlen. Denn die kostenintensive Suche nach Personal erreicht hier viele Empfänger, die - wie insbesondere die jüngere Generation - nur noch selten Printmedien nutzen.

Ob sich Radiowerbung hinsichtlich des „Return-of-Invest" für den Werber lohnt, hängt mit Preis des Produkts oder der Dienstleistung (oder des Eigenaufwands beim Recruiting) und der Menge der potenziellen Abnehmer zusammen.

Ein Beispiel sind Möbel- oder Elektronikhäuser, die häufig im Radio werben. Ihre Produkte braucht jeder Konsument, so dass hier häufig auch sehr „preisaggressiv" geworben wird. Voraussetzung für den Sinn der Kampagne ist natürlich, dass der Werber nicht nur die nötige Logistik an der Verkaufsstelle, sondern auch den dazugehörigen Lagerbestand hat. Die Spots solcher Unternehmen hört man sowohl im Lokalradio als auch in regionalen und überregionalen Sendern.

Aber auch mit einer geringeren Produktverfügbarkeit kann Radiowerbung Sinn machen. So kann es für ein Unternehmen wie XEROX durchaus sinnvoll sein, die Leasingrückläufer seiner hochwertigen Druck- und Kopiergeräte im Werbeblock eines Infosenders wie BR24 o.ä. zu bewerben, da der Verkauf von nur wenigen Geräten die Kampagne mehr als amortisiert.

Wichtig:

Egal, ob der Leser zu den Anbietern von hochpreisigen Spezialprodukten/ Dienstleistungen, zu den Herstellern von Publikumsprodukten für jeden oder zu den Personalsuchenden gehört, in jedem Fall muss vorab eine sorgfältige Prüfung - am besten durch einen unabhängigen Audio-Produzenten mit Marketingwissen - zu folgenden Fragen erfolgen:

- Kann die gewünschte Zielgruppe mit einer Radiowerbekampagne erreicht werden?
- Besteht in der Zielgruppe (ggf. derzeit) genügend Bedarf für das beworbene Produkt / die Dienstleistung?
- Lohnt sich die Werbeinvestition unter dem Aspekt des Abverkaufs oder des zu erwartenden Imagegewinns?

Bei einer Radiowerbekampagne gibt es zwei Kostenstellen: die Produktion des Radio-Spots (Text, Ton-Produktion, Sprechergage etc.) und den Einkauf der Sendezeit. Wer alles aus einer Hand haben möchte, beauftragt den Audio-Produzenten nicht nur mit der Herstellung des Werbespots, sondern auch mit der Planung und dem Einkauf der Sendezeit auf dem/n passenden Radiosender/n.

Radiowerbung lebt von der Wiederholung. Daher sind Radiowerbekampagnen nur dann sinnvoll, wenn sie eine Dauer von mindestens 1 Woche mit wenigstens 3 Ausstrahlungen pro Tag haben. Die Kosten für Spotproduktion und Sendezeit hängen mit der Größe des Ausstrahlungsgebiets der betreffenden Radiostation zusammen.

Je größer die Sendereichweite, desto größer die Investition in Produktion und Mediakosten für den Werbekunden, dafür erreicht er aber eben auch mehr Hörer.

Um eine „grobe Hausnummer" zu nennen: für einen 20 Sekunden Spot inkl. Ausstrahlungsrecht auf 1 Lokalsender für 1 Jahr ab Erstausstrahlung zahlt man netto für die Spotproduktion zwischen 400,- € und 800,- € (je nach Spot-Ausstattung, also Anzahl der Sprecher, Lizenz für Musik etc.) und für eine Sendezeit von 7 Tagen mit je 3 Ausstrahlungen zwischen 1.200,- € und 2.000,- €. Die viertelseitige Anzeige in der lokalen Tageszeitung kostet meist leicht das Doppelte und wird - wenn nicht schon vorher überblättert - nur *einmal* angesehen und wandert dann in die Papiertonne.

Viele Radiostationen streamen ihr Programm mittlerweile auch ins Internet. Darüber hinaus erstellen sich viele Audio-User mittels Spotify, I-Tunes und anderer Audio-Streamingdienste mittlerweile ihr eigenes Radioprogramm.

2.2. Werbung in Audiostreams

Die Werbung in Audiostreams kann zum einen bedeuten, dass man seinen Spot im Internet-Stream eines Radios z. B. als sog. Prestream-Spot laufen lässt. Dieser Spot wird immer dann ausgespielt, wenn man den Audiostream des Senders startet.

Ggf. hören diesen Spot auch nur Hörer aus einer bestimmten Region des Sendegebiets, da vom Server, der den Werbespot abspielt, durch die IP-Adresse des Users erkannt wird, wo sich dieser befindet. Die Auswertung der IP-Adresse und der vom User zugelassenen und bei ihm gesetzten Cookies gibt den Sendern u. U. in der Zukunft die Möglichkeit, jedem Hörer *seinen* individuellen Werbeblock vorzuspielen, der am besten zu ihm und seinen Interessen passt.

Wer sich sein Audio-Unterhaltungsprogramm selbst zusammenstellen möchte, nutzt einen Streamingdienst wie Spotify, I-Tunes o.ä. Hier kann man in der Regel zwischen der kostenfreien Version mit Werbeeinspielungen oder der Premiumversion ohne Werbung wählen. Innerhalb der kostenfreien Version werden die Werbespots am Anfang als Prestream-Spot und später innerhalb von Werbeblöcken, die regelmäßig nach einer bestimmten Anzahl von Musiktiteln kommen, ausgespielt.

Da Streamingdienste wie Spotify aufgrund der Musikvorlieben und der abgespielten Hörbücher und Podcasts „weiß", was dem User gefällt, kann die Ausspielung der Spots daran angepasst und so eine hohe Trefferquote hinsichtlich der gewünschten Zielgruppe erzielt werden. Kostenvoranschläge für solche Kampagnen sollte man ebenfalls über Audio-Produzenten mit dem nötigen Marketing-Knowhow einholen, die auch den passenden Spot erstellen können.

2.3. Telefonansagen

Zu den Telefonansagen gehören zunächst alle Ansagen, welche die Telefonanlage eines Unternehmens bei bestimmten Anrufsituationen abspielt:

- die Meldeansage, bevor der Anruf persönlich entgegengenommen wird
- die Warteschleife, die auf die Meldeansage folgt, wenn alle Mitarbeiter gerade im Gespräch sind, oder wenn ein angenommener Anruf innerhalb des Unternehmens weitervermittelt wird
- der Anrufbeantworter außerhalb der Geschäftszeiten

Ebenso zu den Telefonansagen zählt die Mailboxansage des Mobiltelefons.

Aber sind diese Ansagen wirklich geeignete Plätze für Audiowerbung?

Wenn wir den Begriff Audiowerbung generell als „Hörbarer Auftritt, der zum Unternehmen passt" definieren, bestimmt. Aber, richtiggehende Werbespots gehören hier dennoch sicherlich nicht unbedingt hin.

Stattdessen aber eine Stimme, eine Musik, eine Geräuschkollage, eine hörbare kreative Idee, die etwas über das Unternehmen aussagt und den Anrufer unterhält, aber nicht mit greller Musik oder Werbephrasen nervt.

Wichtig ist, sich in die Situation des Anrufers zu versetzen.
Welche Informationen nutzen ihm?

Bei einem IT-Dienstleister kann das der Hinweis auf eine Hotline oder ein Ticketsystem sein. Für einen Unternehmer, der häufig Seminare oder Inhouse-Veranstaltungen wie z. B. Hausmessen anbietet, ein Hinweis auf die Webseite, auf der man sich anmelden kann. Bei einem Gartenmarkt können dies Hinweise auf regelmäßig wiederkehrende saisonale Angebote sein. Wie auch bei anderen Marketingentscheidungen sollte nicht der persönliche Geschmack im Vordergrund stehen, was die Auswahl der Stimme und einer ggf. verwendeten Musik betrifft: Nur weil der Chef der Steuerkanzlei begeisterter Salsa-Tänzer ist, heißt das nicht zwingend, dass alle Telefonansagen mit lateinamerikanischen Klängen unterlegt werden müssen.

Persönliche Mailboxansagen fürs Handy werden vom Inhaber meist selbst eingesprochen. Wenn aber beispielsweise das Mobiltelefon des Handwerkers, der mitten in der Arbeit auf der Baustelle nicht „rangehen" kann, eine im Tonstudio professionell produzierte Ansage mit einem kreativen Text und seiner eigenen Stimme präsentiert, kann das der Grund sein, warum ein potenzieller Neukunde hier gerne seine Rückrufbitte und sein Anliegen hinterlässt. Das kann genauso für einen Coach als „One-Man-Show" gelten, der häufig im Beratungsgespräch ist.

Ob man sich nun seine Ansagen selbst ausdenkt und direkt ins Telefon einspricht oder ob man sich kompetente Unterstützung für ein Konzept zum Call-Flow, dem passenden Text und seine Ausgestaltung mit professioneller Stimme, Musik etc. holt, in jedem Fall gilt: Wenn der Anrufer merkt, dass man sich Gedanken zur Gestaltung des Moments gemacht hat, in dem *er* sein Anliegen noch nicht „loswerden konnte", so ist dies eine hörbare Form der Wertschätzung.

Eine adäquate Telefonansage braucht jedes Unternehmen, ob es nun zum B2C (Business-to-Consumer)- oder B2B (Business-to-Business)- Bereich gehört.

2.4. Podcast

Für viele Unternehmen gehört die regelmäßige Aussendung von Newslettern seit der Etablierung des E-Mail-Verkehrs zum selbstverständlichen Bestandteil ihrer Unternehmenskommunikation.
Das Pendant zum Newsletter ist im hörbaren Marketing der Podcast: er erscheint wiederkehrend zum Download und bringt dem Abonnenten Fakten und Nachrichten, die er gebrauchen kann, also „News You can use".

Aber fangen wir „vorne" an: Der Begriff „Podcast" ist eine Zusammensetzung aus dem Wort „IPod" (dem tragbaren digitalen Medienabspielgerät der Firma Apple) und dem Wort „Broadcast" (engl.: Rundfunk). Der Hörer abonniert mit seiner Client-Software einen Podcast bei einem Podcast-Hoster wie I-Tunes, Spotify oder Podcast.de oder auch auf der Internetseite des Podcast-Erstellers, z. B. bei Spiegel-Online oder bei einem der vielen Radiosender, die vor allem ihre wiederkehrenden Sendungen als Podcast ins Netz einstellen. Die Client-Software, mit der Podcasts abonniert und abgerufen werden können, haben die meisten Desktop- und Mobilgeräte heute schon an Bord. Sei es I-Tunes oder gleich die Apple Podcast-App, Win-Amp, foobar 2000 oder Apps wie GooglePodcasts oder Streamingportale wie Spotify oder Deezer mit der dazugehörigen App. Die Client-Software erkennt durch den sog. RSS-Feed, wenn im zugehörigen Zielverzeichnis im Web ein neuer Audio-Inhalt (genannt Podcast-Episode oder Podcast-Folge) hinterlegt wurde, und lädt diesen auf das Endgerät herunter oder weist den Hörer daraufhin, dass dieser Inhalt nun gestreamt werden kann.

Ein Podcast lebt also davon, dass regelmäßig neue Episoden erscheinen. Ob dies bedeutet, dass jede Woche oder nur jeden Monat eine weitere Folge gepostet wird, hängt von der Zielgruppe, dem Inhalt und der ggf. nötigen Tagesaktualität ab.

Die Episodenlänge variiert bei unterschiedlichen Podcasts recht stark. So gibt es Veröffentlichungen von 3 Minuten Länge genauso wie Podcasts mit 1 Stunde pro Folge. Auch dies hängt mit der gewünschten Hörerschaft zusammen.

Es gilt also, bevor man „einfach drauflos podcastet", zu überlegen, welche Zielgruppe man mit diesem „Audio-Abo" erreichen möchte.

Die Zielgruppe ist in vielen Fällen identisch mit der gesamten Kundschaft oder einer bestimmten Untergruppe von Kunden des eigenen Produktes oder der eigenen Dienstleistung. Ist man hingegen mit einem Recruiting-Podcast auf der Suche nach Mitarbeitern, so besteht die Zielgruppe aus Personen auf dem Arbeitsmarkt und mit einer bestimmten Altersgruppe, die man erreichen und an das Unternehmen heranführen möchte.

Wenn man die Zielgruppe festgelegt hat, sollte im nächsten Schritt der Nutzen des Podcast für den Hörer herausgearbeitet werden:

- Was hat der Hörer davon, wenn er den Podcast regelmäßig hört?
- Ist es Unterhaltung, Lebenshilfe, Weiterbildung?
- Welche Fakten und Nachrichten über das Unternehmen und seine Projekte nutzen ihm?

Die Antworten auf diese Fragen korrelieren eng mit der gewünschten Wirkung, die der Podcaster beim Hörer erzielen will: nämlich Eindruck hinsichtlich der eigenen Expertise zu machen, um den Hörer so zum Interessenten und letztlich zum Kunden zu machen, oder um - modern ausgedrückt - Leads zu generieren.

Für den Inhalt der Podcastfolgen sollte man sich frühzeitig einen Redaktionsplan mit den Themen für die einzelnen Episoden zulegen. Hier ist *der* Unternehmer im Vorteil, der bereits Content in anderen Medien postet, denn er kann hier inhaltliche Verbindungen schaffen und beispielsweise Themen vertiefen, die er in seinem Blog angerissen hat oder die sein Newsletter - wegen der gebotenen Kürze - nur streift. Hier sollte der Podcastinhalt dann Teil eines Gesamtredaktionsplanes sein.

Wenn Zielgruppe und Nutzen für den Hörer definiert sind, und der Redaktionsplan steht, kann man damit beginnen, ein Podcastkonzept zu kreieren. Die Überlegungen, die nun folgen, sind dieselben, die ein Hörfunkredakteur anstellt, der eine interessante und hörenswerte Rundfunksendung für seine Radiostation zusammenstellen möchte.

Wer spricht oder moderiert? Ist es 1 Moderator oder handelt es sich um eine Doppelmoderation? Gibt es Einspielungen (sog. „O-Töne")? Interviewt man Gäste während der Sendung? Gibt es eine „Verpackung" für den Podcast und seine Folgen, also ein immer gleichbleibendes Podcast-Intro und Podcast-Outro sowie ggf. einen Jingle als akustisches Trennelement innerhalb einer Episode?

Ob man dann im nächsten Zug einen komplett ausformulierten Text erstellt oder nur Stichpunkte macht, an denen man sich bei der Aufnahme entlanghangelt, hängt von der eigenen Sprach- und Moderatorenkompetenz ab. Ausformulierte Texte neigen aber immer dazu, nicht authentisch zu wirken. Die Empfehlung lautet daher, insbesondere bei Dialogen oder Interviews: generell nur Stichpunkte oder eine

Mischung aus Vorformulierung (z. B. für den Anfang der Episode und das Ende) und Stichpunkten für den Mittelteil.

Viele Podcaster erstellen die Aufnahmen für ihren Podcast in Eigenregie. Die nötigen Werkzeuge dafür sind: ein Mikrofon, ein Aufnahmegerät und ein Audioprogramm, das den Schnitt der Aufnahme(n), deren Klangbearbeitung und Abmischung sowie die Ausspielung der fertigen Audiodatei ermöglicht. Onboard-Software in der Apple-Welt ist das Programm „Garage-Band". Für den PC-Kosmos gibt es Gratis-Software wie das beliebte „Audacity". Es gibt mittlerweile im Internet aber auch Podcast-Portale, die den gesamten Arbeitsablauf beim Podcast inklusive Aufnahme möglich machen, so z. B. http://anchor.fm.

Zum Einsprechen kann man das im Bildschirm integrierte oder in der externen USB-Kamera eingebaute Mikrofon benutzen, wobei das nur eine Notlösung ist, denn die Aufnahme weist dann sehr viel „Raumklang" auf, da das Mikrofon zu weit vom Sprecher entfernt ist. Besser ist es, ein USB-Mikrofon mit Tischständer und Ploppschutz (mit Gaze bespannter Ring vor dem Mikrofon, zur Verminderung von Luftstößen, die bei Explosivlauten wie „P" oder „T" entstehen und ein dumpfes Rumpeln auf der Aufnahme erzeugen) anzuschaffen. Wenn man dann noch für eine ruhige Atmosphäre ohne Telefonklingeln in einem Raum mit wenig Nachhall (also nicht im Badezimmer) sorgt, kann man ohne weiteres eine für den Podcast adäquate Qualität der Sprachaufnahme erzielen.

Um letztendlich ein Klangbild zu erreichen, das mit einem Radioprogramm oder einem Marken-Podcast mithalten kann, wenden sich viele Podcaster aber spätestens ab hier für die weiteren Arbeitsschritte an einen professionellen Audio-Produzenten.

Dieser produziert das Podcast-Intro und -Outro. Er schneidet die Sprachaufnahme des Moderators zu den einzelnen Episoden „sauber" (entfernt unerwünschte Pausen oder „Versprecher"), kombiniert verschiedene Sprachaufnahmen miteinander, stellt den passenden Sound für den Moderator und seinen Gast (der evtl. über Zoom aufgenommen wurde) ein, sorgt für die Abmischung und Montage mit dem Intro und Outro und übernimmt die Ausspielung als MP3-Datei.

Da der Podcast und seine Episoden ja sichtbar im Internet angelegt sind, liefert der Podcaster neben seiner Sprache auch eine kurze Beschreibung und ein Bild zum Podcast an sich und den einzelnen Folgen an.

Nach der tontechnischen Arbeit lädt der Produzent die fertige MP3-Datei auf ein Podcastportal hoch, erstellt einen neue Podcastfolge mit der Audiodatei, der Beschreibung und dem Bild und veröffentlicht die Episode. Die Nutzung des Podcastportals kann kostenfrei (Beispiel: anchor.fm) oder kostenpflichtig (Beispiel: Podbean) sein.

An dieser Stelle folgt ein Hinweis und Rat, der oft nur halbherzig befolgt wird:

> *Ein Podcast wird nur dann abonniert, wenn die Welt weiß, dass es ihn gibt.*

Daher ist es essenziell wichtig, den Podcast auf allen anderen Internetkanälen, die man bespielt (Webseite, Blog, Facebook, Instagram, LinkedIn…), zu bewerben.

Wer seinen Podcast selbst moderiert, kann auch darüber nachdenken, sich selbst als Gast und Experten für sein eigenes Fachgebiet in „fremden" Podcasts anzubieten und dann dort wiederum auf das eigene Audio-Abo hinzuweisen.

Man kann einen Podcast auch als Einnahmequelle nutzen, nämlich dann, wenn das Abo kostenpflichtig und dies mit Blick auf die Zielgruppe nicht hinderlich ist.

Ebenso, wenn man den Podcast durch Werbeeinblendungen vermarktet. Letzteres setzt aber voraus, dass der Podcast eine große, wenn nicht sehr große Hörerschaft hat. Die Werbespots können dann am Anfang oder innerhalb der Sendung platziert werden.

Damit sind wir wieder beim Thema der Werbung in einem – wenn auch speziellen – Audiostream. Das im Folgenden Gesagte gilt also für den Unternehmer, der seinen Podcast vermarktet ebenso wie für den Unternehmer, der einen Werbespot in einem Podcast platzieren möchte.

Zu beachten ist, dass der Hörer bei einer Werbung innerhalb einer Podcast-Episode meist eine andere Ansprache braucht als der Hörer eines Radioprogramms: weniger werblich, eher verwurzelt in der Ideen- und Wortwelt der Community, die diesen Pod-cast abonniert hat, eventuell mit einer vertraulicheren Ansprache („Du" statt „Sie").

Neben der Möglichkeit eines vorproduzierten Werbespots gibt es auch, je nach Podcast, die Variante, dass der Podcaster die Werbung selbst spricht (sog. „Native Ad" oder „Host Read").

Angebote bei den übergeordneten Vermarktern solcher Werbeplätze sollte man wiederum über Audio-Produzenten einholen, da dann die Einheit von Werbeinhalt, Werbeziel und Werbemedium hinsichtlich der angepeilten Zielgruppe sichergestellt ist.

Die hier genannten Anregungen sind nicht zwingend die einzige Art und Weise, um erfolgreich zu podcasten. So kann, wer tontechnisch begabt ist, viele Arbeitsschritte auch selbst übernehmen. Wichtig ist in jedem Fall, eine Struktur und einen Workflow zu entwickeln, der ein regelmäßiges Audio-Posting als Teil der eigenen Kommunikationsstrategie leicht möglich macht.

2.5. Audio-Integration in Webseiten und Social-Media-Plattformen

Audio-Elemente lassen sich auch in die eigene Internetpräsenz einbringen: in die Homepage, den Blog, die Facebook- oder Instagram-Seite, auf YouTube und anderen Social-Media-Kanälen. Ob hier ein Audioelement mit einem Standbild oder einer Folge von Bildern (Slides) reicht, oder ein selbst erstelltes beziehungsweise vom Profi gedrehtes Video von Nöten ist, hängt vom gewünschten Eindruck und von der Erwartungshaltung der User ab.

Jedenfalls sollte man auch bei einem selbst aufgenommen Smartphone-Video für einen verständlichen Ton sorgen. Das heißt, man sorgt für eine weitgehend nebengeräuschfreie Umgebung, spricht deutlich und nicht zu schnell, nimmt bei Video-Aufnahmen im Freien die Sprache möglichst nachträglich zuhause auf und fügt sie z. B. mit einer Video-Editor-Software, die schon im Rechner vorhanden ist (Windows 10 „Video-Editor" oder Mac-Rechner „iMovie"), hinzu. Die Sprachaufnahme kann man mit dem Onboard-Audiorekorder-Programm des Computers (für Windows 10 mit der „Sprachrekorder"-App oder bei Macintosh-Rechnern z. B. mit „GarageBand") und dem im PC oder in der externen USB-Kamera eingebauten Mikrofon leicht selbst vornehmen. Ein besseres Aufnahmeergebnis liefert wiederum ein USB-Mikrofon (siehe oben in Abschnitt 2.4. zum Podcast).

Ein beliebtes kostenloses PC-Programm im Audiobereich ist zudem „Audacity".

LinkedIn bietet auf der Profilseite mittlerweile auch den sog. Audio-Pitch an. Ein Lautsprecher-Symbol neben dem Profilbild ermöglicht den Upload einer Audiodatei, die einfach eine Begrüßung oder eben auch eine echte Kurzpräsentation mit dem eigenen Portfolio enthalten kann.

Wenn man sich und sein Unternehmen – wie in den in den vorgenannten Punkten 2.1. - 2.5. beschrieben - hörbar macht, so ist das ein Schritt hin zu einem ganzheitlichen Marketing. Will man diesen Weg konsequent zu Ende gehen, erarbeitet man eine eigene akustische Marke.

3. CORPORATE SOUND: DIE EIGENE AUDIOMARKE

3.1. Der Nutzen: der hörbare Konkurrenzvorteil

Wer den Audiokanal nutzen und hörbares Marketing für sein Unternehmen betreiben möchte oder dies bereits praktiziert, sollte einen Moment innehalten und darüber nachdenken, welche Elemente sein *visuelles* Marketing prägen.

An erster Stelle rangiert der Firmenname mit dem Firmenlogo und seiner Typographie, den grafischen Bausteinen und der Farbgebung.

Das Firmenlogo wie auch seine Bestandselemente tauchen dann selbstverständlich wieder auf der Homepage, im Briefkopf, im Firmenschild und an allen anderen Touchpoints auf.

Wer käme auf die Idee, dieses Kernelement des sichtbaren Außenauftritts bei jeder Gelegenheit anders darzustellen? Wohl niemand. Denn ein einheitliches Firmenlogo, dessen grafisches Konzept alle visuellen Kanäle markiert, garantiert Orientierung und Wiedererkennung beim Nutzer.

Diesen wünschenswerten Effekt muss man durch ein einheitliches Audiokonzept für das Unternehmen unterstützen, denn der Unternehmensklang – der sog. Corporate Sound – ist der hörbare Teil des Corporate Designs. Er kann zum hörbaren Vorteil gegenüber der Konkurrenz werden. Die Entstehung des eigenen Unternehmensklangs und dessen Einbeziehung in die bestehenden und künftigen Marketingelemente bezeichnet man als Audiobranding.

Was prägt diesen Prozess und wie verläuft er?

3.2. Die Gestaltung und Entwicklung

Bei der Entwicklung eines *visuellen* Firmenauftritts bildet ein wiederkehrendes Gestaltungselement - i.d.R. das Firmenlogo – den Kern des sichtbaren Außenauftritts. Das Pendant dazu in der akustischen Welt ist das sog. **Sound- oder Audiologo.**

Es kann entweder *nur* aus Musik, Sprache, Geräusch oder aus jeglicher Kombination dieser drei Zutaten bestehen. Bekannte Beispiele sind das rein melodische Soundlogo der deutsche Telekom, die Kombination aus Musik und Sprache beim Volkswagen-Soundlogo oder der rein geräuschhafte Markensound von Flensburger.

Ein exklusives Soundlogo erhält man, wenn es vom Komponisten und/ oder Sound-Designer extra für den Kunden komponiert und hergestellt wird.

An dieser Stelle muss der Autor aber mit dem Missverständnis aufräumen, dass dies der *einzige* Weg wäre, um überhaupt zu einem Unternehmensklang zu kommen.

Audiobranding oder akustische Markenführung kann ohne weiteres auch mit vorhandenen, nicht exklusiven Archivelementen aus Musik- oder Geräuschdatenbanken verfolgt werden, solange diese nur auf *ein* akustisches Kernmotiv oder Klangkonzept zurückgehen. Ein einheitlicher akustischer Unternehmensauftritt gelingt mit gleichbleibender Archivmusik und Sprechstimme in jedem Fall besser, als wenn sich Radio- und TV-Spots sowie die eigenen Telefonansagen völlig unterschiedlich anhören und keinerlei Konzept erkennen lassen, so dass der Wiedererkennungswert für den Nutzer eher gegen Null tendiert.

Für alle Gestaltungswege zu einem Unternehmensklang gilt jedoch:

Es kommt auf das Klang*konzept* an. Dies entsteht, indem man den Firmennamen, die Unternehmensgeschichte und Firmenphilosophie, die vorhandenen Bilder- und Wortwelten und vieles mehr hinterfragt und analysiert. Es empfiehlt sich, dazu eine Audiomarketing-Agentur ins Boot zu holen, die einen strukturierten Prozess für die Kreation von Corporate Sound entwickelt hat. Dieser Spezialist ist dann bildlich gesprochen der Modedesigner und Schneider, der dem Werbetreibenden seinen klanglichen Maßanzug anpasst.

Hat man durch die gemeinsame Analyse die Identität des Unternehmens wie eine Essenz herausdestilliert, so kann die Agentur mit dem Komponisten/ Sounddesigner die gefundenen Kernwerte, Begriffe oder auch Bilder wieder in Klang umsetzen und in einem stetig feiner werdenden Zielverfahren mit dem Kunden abstimmen. Ist der Grundklang - das Soundlogo - gefunden, wird er anschließend zu klangverwandten Audio-Elementen für die unterschiedlichen Hörsituationen verarbeitet.

3.3. Die Elemente des Unternehmensklangs

Elemente des Unternehmensklangs sind das **Sound- oder Audiologo** und der **Jingle**, auch Musikbett genannt. Das Soundlogo erklingt i.d.R. am Ende - seltener auch am Anfang – einer Audioproduktion (Radiospot, Telefonansage, Podcast ...). Der Jingle ist eine musikalische Langform, entwickelt aus dem Soundlogo. Er endet häufig mit dem Soundlogo. Während das Soundlogo immer unverändert bleiben sollte (siehe visuelles Firmenlogo), kann der Jingle verschiedene Formen annehmen, je nachdem, welche Funktion er erfüllt:

Der Jingle, der die Sprache im Radiospot unterlegt, kann durchaus dynamischer und kerniger klingen als das Musikbett, das eine Telefonansage musikalisch untermalt und für eine entspannte Höratmosphäre sorgen soll. Dennoch verwenden beide Jingle-Formen entweder das Soundlogo innerhalb des Musikbetts als wiederkehrendes Motiv, oder sie verwenden doch eine Instrumentierung und ein Arrangement, das mit dem Soundlogo korrespondiert.

Die Musik zum Firmenvideo sollte der Bilddramaturgie folgen und hat damit u.U. ihre eigenen Gesetzmäßigkeiten, welche Klänge zu wählen sind, um einen bestimmten Effekt beim Zuschauer zu erzielen. Doch auch dann kann man auf das Motiv - also die Melodie des Soundlogos – zurückgreifen und so Unternehmensfilme durch Ihr Sounddesign zu einzigartigen Imagevideos machen.

Das Soundlogo und der Jingle sollten in allen unter Punkt 2 genannten Audioformen eingesetzt werden, damit der Unternehmensklang die Aufmerksamkeit und Wiedererkennung des Neukunden verstärkt, und ihm wie dem Bestandskunden hörbar demonstriert: hier denkt ein Unternehmer im Sinne seines Marketings ganzheitlich, da er den „Hörkanal" nicht außer Acht lässt.

Stephan Nierwetberg

Stephan Nierwetberg ist Inhaber der P&P Studios Audio-Agentur aus Regensburg, die seit 1985 professionelle Audioprodukte zum Audiomarketing herstellt. Die P&P Studios arbeiten als Fullservice-Dienstleister: die Kunden erhalten von der Konzeption über den Text und die Audioproduktion im eigenen Tonstudio bis hin zur Medienplanung mit Medieneinkauf alles aus einer Hand. Die Mission der P&P Studios Audio-Agentur lautet: „Unternehmen und Marken hörbar machen." Durch Radiowerbung, professionelle Telefonansagen, Podcasts und komplette Corporate Sound-Pakete vom Soundlogo bis zur Videovertonung.

Stephan Nierwetberg ist Komponist und Tonmeister und arbeitet mit einem Team aus festangestellten Audioproduzenten und festen freien Mitarbeitern wie Textern, Tonmeistern, Sprechern, Komponisten und Musikern zusammen.

Ausgewählte Referenzkunden im Bereich Unternehmensklang:
Zeppelin
Bauhaus
Mannheimer Morgen

Stephan Nierwetberg, Audio-Engineer SAE
Experte für Audiomarketing und Corporate Sound

nierwetberg@ppstudios.de
www.ppstudios.de

KAPITEL 18

INFLUENCER-MARKETING

Mit Influencern eine erfolgreiche Marketingstrategie aufbauen

von Christian Fischer

INHALT

Zielgruppe:	Unternehmen, die ein Produkt oder eine Dienstleistung öffentlichkeitswirksam und zielgruppengenau bewerben möchten.
Voraussetzungen:	Je nach Vorhaben ist ein gewisses Budget Voraussetzung.
Erfahrungen:	Außer ein bisschen technischer Affinität sind keine Erfahrungen nötig.

Bereits bevor das Wort „Influencer-Marketing" überhaupt geschaffen war, beschäftigte ich mich mit der Thematik, wie Personen mit großer Reichweite in sozialen Medien diese Kanäle nutzen können, um sich selbst und externen Unternehmen einen Mehrwert zu bieten.

Gerade bei dieser Werbemaßnahme ist der Bedarf an Beratung sehr hoch, denn Unsicherheit, Unwissenheit stellen doch häufig hohe Hürden dar, sodass es für uns als Influencer-Marketingagentur zunächst erstmal gilt, viel Aufklärungsarbeit zu leisten und gedankliche Barrieren abzubauen.

Dies bietet sowohl Unternehmen als auch Influencern einen Mehrwert, da wir gleichzeitig an zwei Fronten arbeiten. Einmal auf der Seite der Unternehmen, denen wir Strategien mit auf den Weg geben, wie Influencer-Marketing für sie erfolgreich sein kann und auf der Seite der Influencer, denen wir Wege aufzeigen, Produkte, Dienstleistungen oder einfach nur sich selbst professioneller zu präsentieren.

Dabei kommt uns auch zugute, dass wir bereits seit 20 Jahren als etablierte Modelagentur in der Branche tätig sind. Das Thema Modelling und Influencer-Marketing arbeitet in sehr vielen Bereichen Hand in Hand, weshalb uns der Schritt vor ca. fünf Jahren nur logisch erschien, dies in unsere Unternehmensstruktur aufzunehmen und mittlerweile zu einer weiteren Marke zu machen.

Im folgenden Kapitel will ich tiefer in die Thematik des Influencer-Marketings einsteigen und dir dabei zunächst vorstellen, wie Influencer unterschieden werden und wie du für dich entscheidest, welche Art von Influencer zu deinem Unternehmen passt.

Anschließend wird im Schwerpunkt des Themas beleuchtet, wie Unternehmen bereits im Vorfeld dabei Risiken minimieren, richtig budgetieren und Research betreiben können, um möglichst optimal vom Influencer-Marketing zu profitieren.

Abschließend will ich auch ein bisschen „aus dem Nähkästchen plaudern" und dir ein paar Strategien und Arten von Kooperationen vorstellen. Ich wünsche dir viel Spaß beim Lesen!

BEING INFLUENCER

Zu Beginn möchte ich einmal ganz kurz das Wort „Influencer" definieren, da sich hieraus schon die ersten Erkenntnisse darüber ableiten, was das überhaupt ist. Aus dem Englischen übersetzt bedeutet „to influence" so viel wie „beeinflussen". Ferner versteht man unter Influencern auch sogenannte Meinungsführer, die sich einem bestimmten Thema widmen um damit ihre Community (die sog. Follower) unterhalten. Oft werden für Influencer auch die Worte Markenbotschafter oder Content Creator verwendet.

Den Umstand des Experten und Meinungsführers macht sich die Werbewelt zunutze, denn Follower folgen dem Influencer freiwillig und sind somit viel offener, versteckte Werbebotschaften von einer realen Person zu empfangen, mit der sie sich identifizieren.

Doch was hat es mit dem Phänomen Influencer auf sich und wie wird man zu einem Meinungsführer? Zunächst möchte ich den Interessierten die Illusion nehmen, dass man von heute auf morgen zum Starinfluencer wird, der in Dubai lebt und sich vor Millionen kaum retten kann. Der Aufbau einer eigenen Community ist oft mit jahrelanger Arbeit verbunden, schließlich baut man sich seine Reichweite mit echten, organischen Followern erst nach und nach auf. Oft ist der Preis, den man hierfür zahlt, sehr hoch, denn Influencer gewähren auch häufig private Einblicke und stehen unter dem Druck der Community, nahezu täglich, oft auch mehrmals am Tag Content liefern zu müssen.

Die Community ist der wichtigste Punkt, um als Influencer erfolgreich zu sein. Denn nicht der Influencer ist gewinnbringend, sondern seine Reichweite an echten und authentischen Followern.

Man unterscheidet in der Branche gemeinhin zwischen vier Arten von Influencern anhand der Abonnentenzahlen.

Nanoinfluencer (bis ca. 10 000 Abonnenten)

Diese Art Influencer ist oft in Nischen zu finden, d.h. in Bereichen und Branchen die ggf. sehr fachspezifisch sind und das allgemeine Interesse für eine breite Masse nicht interessant ist. Genau deshalb kann es wertvoll sein, auf Nanoinfluencer zu setzen, da hier die Streuverluste recht gering sind, weil die richtige Zielgruppe angesprochen wird, die eine sehr hohe Identifikation mit dem Influencer hat.

Microinfluencer (bis ca. 100 000 Abonnenten)

Microinfluencer ist die am häufigsten vertretene Art von Influencern und eröffnet Unternehmen zahlreiche Möglichkeiten. Microinfluencer zeichnen sich durch ihr besonders hohes Engagement aus, denn anders als bei den Makroinfluencern, denen es schon egal sein kann, was und wann sie Postings setzen, streben Microinfluencer nach wie vor nach einer größeren Reichweite. Microinfluencer verzeichnen mit 3,06 Prozent eine **bessere Interaktionsrate (Engagement Rate)** - bei Macroinfluencern liegt sie vergleichsweise nur bei 2,34 Prozent.

Makroinfluencer (ab ca. 100 000 Abonnenten)

Hier ist der Streuverlust für Unternehmen schon recht groß, allerdings werden mit Makroinfluencern auch sehr viele Personen erreicht. Makroinfluencer besitzen zudem bereits einen gewissen Bekanntheitsgrad und sind somit schon in einer Art Vorbildfunktion unterwegs. Insbesondere dieser Aspekt kann für Unternehmen interessant sein.

Megainfluencer (ab ca. 1 000 000 Abonnenten)

Megainfluencer sind wahre Promis, die meist auch außerhalb der sozialen Medien einen gewissen Bekanntheitsgrad haben. Darunter Schauspieler, Musiker und Sportler, die wahre Stars sind. Kooperationen mit ihnen sind Erfolgsgaranten, haben aber natürlich auch einen Preis, den sich wohl nur wenige Unternehmen leisten können.

Grundsätzlich gilt: Je kleiner die Followerzahl, desto höher die Glaubwürdigkeit. Andererseits erreichen die Influencer mit größerer Reichweite natürlich mehr Personen. Nano-, Micro- und Makroinfluencer sind dabei für die meisten Unternehmen interessant.

Bei der großen Anzahl von Influencern, die inzwischen in sozialen Netzwerken unterwegs sind, kann es eine wahre Herausforderung darstellen, den passenden Vertreter für deine Marke zu finden. Um auch wirklich die richtige Person zu finden, solltest du dir daher im Vorfeld die folgenden Fragen stellen:

- Passt ein/der Influencer zum Image unseres Unternehmens bzw. zum Produkt oder der Dienstleistung? Denn: Falls der Influencer dein Produkt nicht glaubhaft empfehlen kann, bringt die Zusammenarbeit keine Vorteile.

- Hat der Influencer schon für Mitbewerber gearbeitet? Das würde die Wirkung deines Vorhabens massiv schwächen.

- Nutzt meine Zielgruppe die vom Influencer bespielten Plattformen, Portale oder Blogs? Wie in einem der folgenden Absätze erläutert, profitieren Unternehmen nur von der Zusammenarbeit, wenn die Community des Influencers mit der Zielgruppe übereinstimmt.

- Welches Budget steht zur Verfügung und welche Influencer liegen überhaupt in diesem Rahmen? Je nach Popularität, Content-Qualität und Followerzahl rufen Influencer sehr unterschiedliche Preise für die Zusammenarbeit auf. Analysiere daher realistisch, welche Influencer du ansprechen solltest.

Im folgenden Absatz möchte ich dich ein bisschen bei der Beantwortung dieser Fragen unterstützen und dir mehr zum Thema Influencer-Marketing erläutern.

GOOD TO KNOW

Als Influencer-Marketingagentur beobachten wir, wie hoch die Barrieren für Unternehmen sind. Der Beratungsaufwand ist in diesem Bereich immens, weshalb ich an dieser Stelle die wichtigsten Punkte ansprechen will, die bei der Budgetierung und der Auswahl des Influencers relevant sind.

Budgetkalkulation

Versucht man, sich über unterschiedlichste Kanäle zu informieren, wie man halbwegs zielgerichtet ein Budget für diese Marketingoption festlegen soll, geht es oft zu wie im wilden Westen, denn die Preisgestaltungen sind teilweise vogelwild. Indikatoren sind hierbei insbesondere die Anzahl der Follower und die Plattform, zudem der zu erwartende Aufwand und die Professionalität des gewünschten Contents.

Es gibt im Internet Webseiten, die einem als Kalkulationstool für einen Influencer dienlich sein können, wie etwa Traackr oder Upfluence.

Um zeitsparender agieren zu können, kann man sich aber auch folgende Formel als Richtlinie merken:

Anzahl der Follower * 0,012 = Durchschnittspreis für ein Posting.

Diese Formel bezieht sich auf ein einziges Posting.

Dazu muss allerdings noch der individuelle Faktor der „Preisverhandlung" bedacht werden, schließlich können auch Influencer bei langfristigen Kooperationen mit zahlreichen Beiträgen preisliche Pakete anbieten oder „Mengenrabatte" geben.

Risiken minimieren

Wie jedes Marketinginstrument bringt auch das Influencer-Marketing gewisse Risiken mit sich. Mit guter Vorbereitung und der Informationen aus diesem Kapitel lassen sich diese aber auf ein Mindestmaß reduzieren.

Gekaufte Follower

Heutzutage ist es kein Problem, sich innerhalb weniger Minuten bis zu 100.000 Follower zu kaufen. Du erkennst Accounts mit gekauften Followern sehr schnell daran, dass die Conversionrate beim Influencer im Vergleich zur Anzahl der Follower sehr gering ist. 100.000 Follower und nur 500 Likes bei einem Posting - das sollte dir zu denken geben. Scrollst du durch die Abonnenten des Influencers und findest dabei auffällig viele Follower, die 3000 und mehr Personen folgen, selbst aber nur eine einstellige Zahl an Followern haben, sind das gekaufte Fake Accounts. Lass dir immer das Mediakit eines Influencers zeigen und prüfe deren Follower vorher selbst nochmal. Solltest du o.g. Fälle identifizieren, lass die Finger von einer Kooperation!

Wahl des falschen Influencers

Ein Influencer mit der falschen Community wird dir keinen Erfolg bringen und nur dein Investment verbrennen. Im weiteren Verlauf dieses Kapitels werde ich dir nötige Vorgehensweisen mit an die Hand geben, um dieses Risiko zu minimieren.

Schlecht produzierter Content

Deine hohen Erwartungen als Unternehmer werden nicht immer erfüllt, deshalb läufst du Gefahr, dass der Content einfallslos und qualitativ schlecht ausfällt. Hier lohnt es sich, lieber ein bisschen mehr Zeit in die Definition deiner Ziele zu stecken und durch treffende Aussagen dem Influencer deine Erwartungshaltung zu kommunizieren.

Abschreckung der Zielgruppe durch offensichtliche Werbung

Klassische Werbeformate erhalten immer weniger Aufmerksamkeit. Influencer-Marketing bietet hier eine gute Alternative, um Werbung zu machen, ohne dass diese sofort als aufdringlich empfunden wird. Dieser Vorteil ist aber nicht immer vorhanden, da viele Influencer-Kooperationen unglaubwürdig sind und vom Konsumenten daher als unauthentisch abgestempelt werden.

Kritik des Influencers

Je nach Art der Kooperation, die wir in diesem Kapitel noch behandeln werden, kann es auch passieren, dass du mit erheblicher Kritik an deinem Produkt oder deiner Dienstleistung rechnen musst. Denn um den Status als Meinungsführer nicht zu verlieren, werden Influencer ihre ehrliche Meinung abgeben, die nicht immer positiv sein muss. Achte hier auf eine besonders gute Kommunikation mit dem Influencer, um bereits im Vorfeld mögliche Probleme und Kritikpunkte zu klären, bevor sie öffentlich gemacht werden.

RESEARCH

Nun geht es an die Suche nach dem passenden Influencer. Hier ist gute Vorbereitung Trumpf, denn sorgfältige Planung erleichtert im weiteren Verlauf sowohl den Research als auch die Kommunikation. Ich möchte dir einen kleinen Leitfaden mit auf den Weg geben und einige Research-Plattformen nennen.

1. Lege dein Marketing-Ziel fest

Im ersten Schritt definierst du, welches Ziel du mit deiner Influencer-Marketing-Strategie verfolgst. Nur so kannst du Kriterien aufstellen, die du an die passenden Influencerinnen und Influencer stellen kannst. Bestimme Zielgruppe, Zeitrahmen und Budget, um mit klaren Vorstellungen auf potenzielle Meinungsmacher zuzugehen.

2. Lege fest, wer zu dir passt

Anstatt wahllos alle möglichen Influencer zu kontaktieren, empfehle ich dir, zu definieren, wer zu dir passt. Hier kann es bereits hilfreich sein, sich unter den eigenen Abonnenten und Abonnentinnen umzuschauen oder aber Hashtag-Suchen vorzunehmen, die zu deiner Marke passen.

Abhängig von deiner Branche kann es sich dabei sogar lohnen, auf Regionalität zu setzen. Möchtest du die Influencer z. B. für Live-Events buchen oder besitzt du ein Ladengeschäft oder vertreibst regionale Produkte, spielt der geografische Aspekt eine Rolle. Zudem schaffst du eine höhere Authentizität, wenn Influencer, die regional verankert sind, für dich werben.

3. Erwartungen definieren

Ein klares Briefing und genaue Vorstellungen von der Marketingaktion sind das Mindestmaß, das Unternehmen Influencern mit an die Hand geben sollten. Wenn du nicht weißt, was du möchtest – wird es der Influencer ebenso wenig wissen. Zu jeder kreativen Umsetzung gehört ein Konzept, das du entwickeln musst oder du ziehst die Hilfe einer Influencer-Marketingagentur zu Rate.

4. Erfolgsfaktoren und Reporting-Strategie festlegen

Damit du die Marketingaktion transparent abschließt, müssen Performancewerte getrackt und ausgewertet werden. Definiere im Vorhinein, welche Ziele du erreichen willst und welche Kennzahlen du als relevant einstufst. Dies können Interaktionen wie Likes, Shares oder Comments sein, aber auch Link-Clicks, direkte Bestellungen oder Views. Hier müssen Unternehmen und Influencer Hand in Hand arbeiten und diese Kennzahlen aus den Insights ihres Accounts, denen des Influencers oder ihrer Webseite auslesen und bewerten.

Der Erfolg der Kampagnen hängt dabei maßgeblich von der Auswahl der richtigen Influencer ab. Um diesen schwierigen, weil entscheidenden Schritt zu gehen, kann es sinnvoll sein, auf diverse Plattformen zu setzen, die dich bei der Auswahl deines Markenbotschafters unterstützt.

Im Folgenden stelle ich dir drei interessante Plattformen vor:

1. reachhero

Mit über 80.000 registrierten Nutzern gilt reachhero als eine der führenden Plattformen in diesem Bereich. Durch die hohe Anzahl an potenziellen Influencern dürfte es dir nicht schwerfallen, die richtigen Personen für dein Produkt zu finden. Reachhero bietet dabei zwei Modelle an, in denen du die Wahl zwischen einer eigenständigen Nutzung der Plattform und einem professionellen Service-Angebot für Influencer-Marketing hast.

Setzt du auf die eigenständige Variante, kannst du mithilfe des übersichtlichen Dashboards dein Vorhaben selbst ausschreiben, planen und verwalten. Wenn du den vollständigen Kampagnen-Prozess von der Konzeption bis zur Umsetzung auslagern möchtest, solltest du dich dagegen mit dem umfangreichen Service von reachhero beschäftigen.

Die Registrierung ist kostenlos, ebenso wie diverse Services rund um die einzelnen Kampagnen. Für erweiterte Leistungen gibt es auf reachhero individuelle Angebote.

2. upfluence

Der Vorteil bei upfluence ist die internationale Ausrichtung, während bei reachhero der Schwerpunkt auf der DACH-Region liegt. Mit über vier Millionen aufgeführten Influencern stellt diese Plattform eine große Auswahl bereit.

Die Plattform überzeugt allerdings nicht nur mit einer vergleichsweise großen Datenbank, sondern auch mit einer KI-gesteuerten Software. Auf diese Weise wirst du an Markenbotschafterinnen und Markenbotschafter herangeführt, die bestmöglich zu deinem individuellen Vorhaben passen. Nach der Auswahl eines passenden Influencers unterstützt dich upfluence bei der Kontaktaufnahme, dem Kampagnenmanagement und der Auswertung.

Für deine Kampagne kannst du zwischen den unterschiedlichen Preis-Modellen Starter, Growth und Scale wählen.

3. Buzz Bird

Der deutsche Anbieter BuzzBird glänzt mit einer webbasierten Marketing-Software und intelligenten Workflows, mit denen sich die Kampagnen auf einfache Art und Weise planen, steuern und analysieren lassen.

BuzzBird schlägt für die jeweilige Kampagne geeignete Influencer vor und stellt darüber hinaus ein praktisches Buchungstool für die komplette Zusammenarbeit zur Verfügung. Weiterhin bietet BuzzBird die interessante Funktion der Reichweiten- und Kostenprognose, sowie eine Auswertung in Echtzeit an, sodass du jederzeit über den aktuellen Stand deiner Kampagne im Bilde bist.

ERWARTUNGEN AN DIE ZUSAMMENARBEIT

Kooperationen zwischen Influencern und Unternehmen können sehr unterschiedlich aussehen. Deshalb ist es wichtig, dass die Erwartungen beider Seiten gleich zu Beginn definiert werden, damit es nicht zu Missverständnissen kommt. Dabei solltest du insbesondere die folgenden Aspekte klären:

Form der Kooperation

Es gibt die unterschiedlichsten Möglichkeiten, wie Unternehmen konkret mit Influencern zusammenarbeiten können. An anderer Stelle gehe ich darauf noch detaillierter ein.

Dauer der Kooperation

Geht es ausschließlich um einen einzigen Post oder werden mehrere Beiträge über einen gewissen Zeitraum gewünscht? Oder strebst du eine längerfristige Zusammenarbeit mit dem Influencer an?

Content-Strategie

Wer generiert den Content und welches Erscheinungsbild sollte dieser haben.

Eine Variante ist hier, dem Influencer weitgehend freie Hand bei der Content-Gestaltung zu lassen. Übermittle lediglich einige Eckpunkte und überlasse Formulierungen und Form dem Influencer, denn er weiß am besten, wie er authentischen Content für eine Community produziert. Für dich ist es wichtig, dir im Vorfeld bereits erstellte Beiträge des Influencers anzusehen, um in Erfahrung zu bringen, ob diese tendenziell mit deinen Vorstellungen vereinbar sind.

Alternativ kannst du vorformulierte Postings bereitstellen, um die volle Kontrolle zu behalten. Nachteil hierbei ist, dass der Content sehr schnell werblich und unauthentisch wirken kann.

Um auf Nummer sicher zu gehen, kannst du dich auch bei beiden Varianten darauf einigen, dass die Beiträge des Influencers vor der Veröffentlichung zunächst von dir freigegeben werden müssen.

Da viele Influencer schon lange in diesem Metier unterwegs sind, ist es sicher lohnenswert, deren Vorschläge und Anregungen in die eigenen Überlegungen einzubeziehen.

Worauf du jedoch unbedingt achten solltest, ist die korrekte Werbekennzeichnung des Contents im Rahmen dieser Marketingmaßnahme. Setzt man sich darüber hinweg, kann dies auch rechtliche Konsequenzen haben und damit einerseits richtig teuer werden und andererseits deinem Unternehmensimage schaden.

Mediakit

Jeder Influencer sollte ein sog. Mediakit besitzen. Dies ist nichts weiter als ein Dokument, meistens in Form einer PDF-Datei, auf der sich der Influencer kurz vorstellt und umfangreiche Informationen zu seiner Community liefert. Hier sollten die relevanten zahlenbasierten Fakten genannt werden, wie beispielsweise die Anzahl der Follower, die durchschnittliche Anzahl von Likes, Shares, Comments und Views. Weiterhin sind soziodemografische Daten zur Community wichtig, wie die Aufschlüsselung nach Geschlecht, Alter und Herkunft. All diese Informationen können Influencer anhand Ihrer Insights auslesen und zur Verfügung stellen.

Anhand des Mediakits kannst du feststellen, ob der Influencer und seine Community zu deinem Vorhaben passen.

Branchen

Influencer-Marketing findet man in vielen Branchen, denn es gibt nahezu für alle Bereiche Experten und Meinungsführer. Die Schwierigkeit besteht insbesondere darin, in den Nischen die passenden Personen ausfindig zu machen.

Hier ein paar gängige Branchen und Genres:

> *Autos & Fahrzeuge, Familie, Reisen, Beauty, Gesundheit, Events, Fashion, Ernährung, Gaming, DIY (do it yourself), Lifestyle, Tiere, Essen, Musik, Sport, Technik, Soziales, Unterhaltung*

Natürlich gibt es auch Branchen, für die Influencer-Marketing etwas schwieriger sind, da gewissen Themen einfach „unsexy" wirken oder ggf. auch authentische Influencer mit der passenden Community fehlen. Ein Beispiel, für das wir erst kürzlich angefragt wurden, ist das Thema „Hochschulmarketing". Die Hochschule wollte mithilfe von Influencern die Zahl der Immatrikulationen steigern. In diesem Fall erklärten wir dem Kunden, dass Influencer-Marketing im herkömmlichen Sinne nicht die gewünschte Wirkung erzielt, denn wie soll ein außenstehender Influencer ehrlich und authentisch über die Hochschule, ihre Kursangebote und -inhalte berichten.

Tätigkeiten einer Influencer-Marketing-Agentur

Im Falle des Hochschulkunden entwickelten wir gemeinsam mit der Werbeagentur des Kunden eine Kampagne zur Gewinnung von „hochschuleigenen Influencern", die auch wirklich an dieser Hochschule eingeschrieben sind. Wir überwachten das Casting und coachten die „angehenden Hochschul-Influencer" schließlich zu Themen wie Content-Erstellung, Reporting etc.

Wie du merkst: Es gibt zu all den bisher aufgezeigten Punkten keine universellen Antworten, was den Markt schwierig und undurchsichtig macht. Es gibt viel individuell auszuhandeln und zu besprechen und dennoch kannst du Gefahr laufen, dass die Kampagne nicht erfolgreich wird.

Und genau deshalb gibt es auch Influencer-Marketing-Agenturen, die dir helfen, Risiken zu minimieren, passende Konzepte zu erstellen und die richtigen Influencer ausfindig zu machen. Zusätzlich haben Agenturen auch ganz andere Kenntnisse über Influencer-Datenbanken, Trackingtools oder Research-Möglichkeiten relevanter Hashtags.

All dies erspart dir wertvolle Zeit und schließt nahezu aus, dass du mit Influencer-Kampagnen eine Menge Geld verbrennst.

FIND THE RIGHT STRATEGY

Nun ist es natürlich nicht damit erledigt, einen passenden Influencer gefunden und gebucht zu haben. Schließlich muss auch ein treffendes Marketingkonzept erarbeitet werden, damit der Influencer möglichst erfolgreich und zielgenau die Produkte oder Leistungen promoten kann.

Es gilt, zunächst die passende Plattform zu finden, auf der der Influencer unterwegs ist. Viele Influencer sind plattformübergreifend präsent, bedienen dabei allerdings jeweils ein völlig unterschiedliches Follower-Klientel, sodass hier schon der erste Step bei der Auswahl der richtigen Plattform erfolgen muss.

Während man auf sozialen Medien wie Instagram oder TikTok eher die jüngere Zielgruppe anspricht, erreicht man beispielsweise über Facebook die Personen im mittleren Alterssegment. Selbst auf Xing und LinkedIn sind Influencer unterwegs, denn die reine Definition des „Influencers", wie ich sie oben erläutert habe, finden wir auch auf diesen Plattformen. Insbesondere auf Xing und LinkedIn befinden sich Influencer für spezielle Nischen, da sich hier viele Geschäftsleute aufhalten und es nahezu für alle Branchen Personen gibt, deren Meinung für andere eine Expertise darstellt. Auf YouTube erreicht man vorwiegend Personen, die sich am Abend gerne noch vor dem zu Bett gehen ein bisschen unterhalten lassen möchten oder die sich durch Fachcontent eigenes Wissen aneignen möchten. Auch Nachrichtendienste wie Twitter und Telegram spielen eine Rolle, allerdings durch die Eigenschaften, die der jeweiligen Plattform zugrunde liegen, eher eine untergeordnete.

Selbst, wenn es durch die sozialen Medien fast veraltet klingen mag, so betreiben viele Influencer auch nach wie vor einen eigenen Blog, der auf einer Webseite gehostet ist. Selbstverständlich geht zwar auch hier nichts ohne die Verknüpfung mit den sozialen Medien, jedoch wird der eigene Blog dazu genutzt, unabhängig von einer externen Plattform zu informieren.

Sollte ein Influencer mehrere Kanäle bedienen, so kennt er im Normalfall seine Community so gut, dass er selbst sagen kann, welchen er für die Promotion des jeweiligen Produkts vorschlagen würde. Hierbei spielen auch die unterschiedlichen Publikationsmöglichkeiten eine Rolle, denn während man beispielsweise auf Instagram seine Stories auf 15 oder 30 Sekunden takten muss, erwartet man bei einem YouTube Video schon ein Video ab 3 Minuten aufwärts. Des Weiteren hat nahezu jedes Medium wieder eigene Anforderungen an Bildgrößen und Formate.

Deshalb stellt sich im nächsten Step die Frage: Was soll der Influencer überhaupt machen? Grundsätzlich gilt: Der Kreativität sind keine Grenzen gesetzt! Jedes Unternehmen hat eine andere Philosophie in Bezug auf ihre

Unternehmenskommunikation. Manche mögen es eher sachlich, während andere möglichst crazy/kreativ sein möchten, um Aufmerksamkeit zu erregen.

Im Folgenden will ich dir ein paar klassische Vorgehensweisen vorstellen:

Klassisches Posting

Das Produkt oder die Botschaft wird in Fotos oder Videos eingebettet und mit passenden Hashtags, Links, Emojis und Texten versehen. Dies kann entweder als Story, Reel oder Posting gesetzt werden. Hier können Unternehmen auch vorgeben, welche Worte der Influencer in seinem Text verwenden soll, welche Kanäle verlinkt oder welche Website mit einem sog. "Swipe Up" erreicht werden soll.

Unboxing

Pakete mit deinen Produkten werden vor laufender Kamera ausgepackt und präsentiert. Meist testet der Influencer dabei gleich die Produkte oberflächlich. Im weiteren Verlauf kann das Produkt auch tiefgreifender vorgestellt werden. Wichtig ist hierbei, dass nicht zwangsläufig nach einen Textskript vorgegangen werden muss, sondern der Influencer einfach seine reale und echte Meinung kundtut. Dies hat einen besonderen hohen Faktor an Authentizität.

Fashion-Hauls

Ähnlich wie das Unboxing, nur für den Bereich Mode. Hier zeigen Influencer ihre neuesten Bestellungen meist kombiniert und am eigenen Körper getragen. Dies bietet natürlich besonders für Modeunternehmen einen gigantischen Mehrwert.

Couponing

In diesem Modell erhalten die Influencer Rabattcodes, um diese ihren Followern zur Verfügung zu stellen, die somit leicht vergünstigt Bestellungen auslösen können. Dies bietet sowohl Unternehmen als auch dem Influencer selbst einige Vorteile. Auf der Seite des Influencers ist es sehr gut, seinen Followern auch immer wieder einen Vorteil zu bieten, wenn sie ihm folgen: „Ihr erhaltet einen Nachlass von 20%, wenn ihr beim Bestellvorgang den Rabattcode „Carina20" eingebt." Somit profitieren ausschließlich die Personen, die diesem Influencer folgen, denn sonst wüssten sie ja gar nichts von diesem gesonderten Code.
Auf Seite der Unternehmen hat es ebenfalls einen gewichtigen Vorteil, denn mithilfe dieses Rabattcodes lässt sich die Performance des Influencers sehr gut messen. Selbstverständlich wird jede Person diesen Rabattcode auch einlösen

wollen und somit erhält das Unternehmen wertvolle und messbare Informationen, wie viele Bestellungen mit diesem generierten Rabattcode ausgelöst wurden.

Gewinnspiel

Auch Gewinnspiele unterschiedlichster Art können durch Influencer ausgelöst werden, um Produkte und Dienstleistungen zu bewerben. Gerade hier kann man sehr kreativ sein. Man kann bestimmte Voraussetzungen definieren, unter denen eine Teilnahme erfolgt. Diese Voraussetzungen können sein:

- **Einem bestimmten Unternehmensaccount folgen**
  Somit ist gewährleistet, dass das werbende Unternehmen ebenfalls mithilfe des Influencers an Followerzahlen gewinnt.

- **Ein „Like dalassen"**
  Dies wird oft gewählt, um dem jeweiligen Beitrag eine gewissen Relevanz zuteilwerden zu lassen, was wiederum vom Algorithmus der sozialen Plattform als positiv bewertet wird und von nun an Postings automatisch als relevanter einstuft und häufiger anzeigt.

- **Eine (oder mehrere) Person(en) im Kommentarfeld markieren**
  Ebenfalls ein Klassiker, denn hiermit wird automatisch die Aufmerksamkeit von Dritten auf sich gezogen, die das Posting vermutlich ohne die Markierung gar nicht gesehen hätten. Nehmen auch die markierten Personen am Gewinnspiel teil, entsteht eine Art Schneeballeffekt. Ähnlich wie bei den „Likes" zählen auch die „Comments" zu den stark gewichteten Punkten im Algorithmus.

- **Beitrag teilen**
  Auch dies ist sehr beliebt, um eine noch größere Reichweite zu erzielen. Denn wenn beispielsweise nur 10 Personen, die ebenfalls 100 Follower haben, diesen Beitrag teilen, bedeutet dies eine erweiterte potenzielle Reichweite von 1000 Personen.

- **Eigenen Content mit dem Produkt erstellen**
  Ebenfalls sehr beliebt ist dieses Tool in Gewinnspielen. Denn nun darf sich die Community beispielsweise aktiv mit einem Produkt auseinandersetzen und damit auch gerne kreativen Content liefern.

  Die Ansage des Influencers könnte dann lauten: „Poste ein möglichst kreatives Foto mit Produkt XY auf deinem Account und verlinke uns dabei."
  Das Verlinken dient dabei natürlich einerseits der Nachverfolgung und andererseits gleich der Werbung für das Produkt. Nicht zuletzt aufgrund der Kreativität vieler Personen entstehen hier auch oft Ideen, die „viral

gehen" (also oft geteilt werden, weil sie so besonders sind) bzw. entstehen besondere Hypes. Oder kennst du z. B. die „Eisbucket-Challenge" etwa nicht, bei der sich die halbe Nation, ohne darüber nachzudenken, einen Eimer mit Eiswasser über den Kopf geschüttet hat?

Tutorials

Du hast ein erklärungsbedürftiges Produkt? Influencer stellen in Erklärvideos bzw. sogenannten Tutorials die Funktionen deiner Produkte vor. Dabei können diese Videos einerseits direkt von Unternehmen genutzt werden, um schwer erklärbare Produkte zu präsentieren. Andererseits kann auch erstmal einfach nur mit „unterschwelliger" Nennung des Firmennamens ein Tutorial erstellt werden, um Suchenden einen wirklichen Mehrwert einer Sache zu bieten. Insbesondere im Bereich DIY (do it yourself) ist das eine sehr beliebte Marketingstrategie.

Live-Events

Influencer kommen auch auf Veranstaltungen, um direkt vor Ort über ihre Eindrücke zu berichten. Somit kann dieses Tool hervorragend genutzt werden, um entweder noch direkt für *diese* Veranstaltung Besucher zu generieren oder um für Folgeveranstaltungen zu werben. Denn natürlich sehen die Follower durch die Berichterstattung, was bei dem Event geschieht. Zudem kann es auch einen Mehrwert bieten, die Follower wissen zu lassen, dass auch der Lieblingsinfluencer vor Ort ist. So böte sich ja die Möglichkeit, diesen auch vor Ort mal live zu treffen.

Selbstverständlich gibt es neben diesen populärsten Formaten auch zahlreiche weitere kreative Möglichkeiten, Influencer-Marketing für sich zu nutzen, denn diese Form des Marketings ist extrem flexibel. Was dabei am besten zu deinem Unternehmen passt, solltest du mit dem Influencer direkt besprechen. Allerdings sind diese oft nicht sonderlich kreativ, sondern bieten nur ihre Standardformate an. Neben den o.g. Gründen ist es deshalb empfehlenswert, eine Influencer-Marketingagentur mit ins Boot zu holen, damit die Werbung mit dem Influencer auch genau deinen Vorstellungen entspricht.

Wie du nun sicherlich gemerkt hast, ist das Thema Influencer-Marketing insgesamt etwas komplexer als viele anderen Marketingmaßnahmen. Dennoch lohnt es sich für Unternehmen, diese Art der Werbung in ihr Marketingmix aufzunehmen, um sich einer relativ großen Zielgruppe durch authentische Werbegesichter zu erschließen.

Ich freue mich, dass ich dir einen kleinen Einblick in diese Welt geben konnte.

Christian Fischer, MSc

Vor gut 20 Jahren hätte ich mir nicht vorstellen können, dass ich einmal diesen Weg einschlage. Natürlich haben mich das Thema Marketing und neuartige Gadgets schon immer interessiert, allerdings sah ich mich eher in einer Marketingagentur, denn als selbstständiger Unternehmer. Den Weg dorthin habe ich nach dem Studium „Multimedia Marketing" mit u.a. zwei Semestern „Videoproduction" an der Filmhochschule in Lillehammer (Norwegen) eingeschlagen.

Nach dem Masterabschluss arbeitete ich zunächst bei einer größeren Sportfirma als Marketingmanager, ehe ich in eine kleinere Werbeagentur mit großen Out-of-home Projekten wechselte, bevor ich mich entschied, den Schritt in die Selbstständigkeit zu wagen und die familieneigene Model- und Eventagentur zu übernehmen. Seit nunmehr neun Jahren bin ich jetzt mit dabei, davon fünf Jahre als geschäftsführender Gesellschafter.

Das Thema Influencer-Marketing kam sehr schnell als zusätzliches Standbein hinzu, schließlich sind viele Models schon im Bereich Contentcreator aktiv, was den Startschuss für eines unserer Standbeine, nämlich „Influencer-Deutschland" war, welches nun seit mittlerweile vier Jahren erfolgreich am Markt ist.

www.fishershouse.de
www.influencer-deutschland.de

303

KAPITEL 19

AFFILIATE-MARKETING

Ein Leitfaden für erfolgreiche Partnerprogramme

von Ottó Fehér

INHALT

Zielgruppe:	Affiliate-Marketing (mit und ohne Influencer) ist in erster Linie für Unternehmen geeignet, die ihre Markenbekanntheit erhöhen und ihre Produkte oder Dienstleistungen an eine bestimmte Zielgruppe verkaufen möchten, ganz besonders aus den Branchen Mode, Schönheit, Lifestyle, Ernährung, Technologie und Sport.
Voraussetzungen:	Klarheit über die Ziele der geplanten Kampagne, z. B. Bekanntheitsgrad steigern, Traffic generieren, Verkauf.
Erfahrungen:	Vorerfahrung im digitalen Marketing erleichtert die Umsetzung von Affiliate & Influencer-Marketing, ist aber nicht zwingend notwendig.

Seit vielen Jahren arbeite ich mit Influencern und habe sehr gute Erfahrungen in der Kombination mit Affiliate-Marketing, die ich in diesem Kapitel weitergeben möchte. Meiner Meinung nach liegt in diesem Instrument moderner Vermarktung eine große Zukunft. Viele Firmen unterschätzen die Möglichkeit, mit wenig Investment im Internet tolle Werbeeffekte und Umsatzzuwächse zu generieren.

Die Zusammenarbeit mit Influencern sowie der gesamte Social-Media-Bereich mit seinen verschiedenen Kanälen (Instagram, YouTube, TikTok, Facebook …) enthält großes Potenzial. Nicht wenige Unternehmer haben noch immer Scheu, sich hier zu betätigen – dabei sind die Gesetze, nach denen online Geschäfte gemacht werden können, leicht zu verstehen.

Ich möchte in den folgenden Ausführungen meine persönlichen Learnings mit diesen modernen Formen des Werbens schildern und euch einen Einblick ins Affiliate- und Influencer-Marketing geben.

WAS IST AFFILIATE-MARKETING?

Affiliate-Marketing ist – sehr vereinfacht ausgedrückt – ein internetbasiertes Provisionssystem.

Stell dir vor, du hast einen Webshop, in welchem du Schuhe verkaufst. Du kannst nun deinen Umsatz steigern, indem du Besuchern durch ein Couponsystem einen Rabatt gewährst. Wenn diese Besucher dann den Coupon an Freunde, Bekannte, etc. weitergeben und diese Menschen danach in deinem Webshop etwas kaufen, bekommt der „Vermittler" eine Provision.

Das heißt, es gewinnen alle! Es profitiert:

- der Online-Anbieter oder Webshop-Betreiber, der mehr Umsatz erzielt.
- der Vermittler des Coupons, der eine Provision erhält.
- der Endkunde, der das Produkt preiswerter erwerben kann.

Affiliate-Marketing ist auch ein einfacher Weg, wie man – ohne viel investieren zu müssen – passives Einkommen erzielen kann. Besonders gut lässt sich dieses Werbeinstrument in der Zusammenarbeit mit Influencern, also Multiplikatoren einsetzen, wenn diese eine große Reichweite haben. Im Gegensatz zur herkömmlichen Kooperation mit Influencern ist dabei auch garantiert, dass deren Arbeit nur dann zu vergüten ist, wenn sie auch wirklich ein Geschäft „einfädeln", also die Coupons bewerben. Man muss den Vermittlern somit nur dann Geld ausbezahlen, wenn der Endkunde auch wirklich einen Kauf getätigt hat. Dies reduziert das Risiko für Unternehmen, werbetechnisch auf das „falsche Pferd" zu setzen. Also einen Influencer zu engagieren, der viel Geld fordert und sich dann aber kaum bemüht, das entsprechende Produkt auf seinen Kanälen zu bewerben.

Betreibt man einen eigenen Webshop, braucht man für Affiliate-Marketing eine spezielle Affiliate Software. Ich persönlich habe gute Erfahrungen mit GoAffPro gemacht. Darauf komme ich anhand der Schilderung eines konkreten Beispiels für den Einsatz dieses Online-Provisionssystems an anderer Stelle in diesem Kapitel noch einmal zurück.

Allerdings braucht man keinen eigenen Webshop, wenn man Affiliate-Marketing Programme nutzt, von denen es im deutschsprachigen Raum mehrere gibt. Die bekanntesten sind:

Amazon PartnerNet

Das ist eines der größten Affiliate Programme weltweit, bei dem Verkäufer ihre Produkte über Amazon.de verkaufen und sogenannten „Affiliates" eine Provision für jeden Verkauf erhalten. Das betrifft die gesamte Produktpalette von Büchern über Haushaltswaren oder Elektronik bis zu Filmen und Musik.

Digistore24

Das ist eine Plattform für überwiegend digitale Produkte. Hier können Online-Kurse, Mitgliedschafts-Websites, Audio- und Videoinhalte, Software-Tools oder Coaching-Programme im Affiliate-System vermarktet werden.

Neben diesen beiden finden wir viele weitere Affiliate-Marketing-Programme wie z. B. Zanox oder Commission Junction auf dem Markt, die nach demselben Prinzip agieren: Sie stellen Verbindungen zwischen Verkäufern und Affiliates her und wickeln die Zahlungen ab.

WAS IST EIN INFLUENCER?

Wer sind nun diese Influencer, von denen hier die Rede ist? Was machen sie? Wie arbeiten sie? Welche Produkte bewerben sie? Im vorangegangenen Kapitel habt ihr schon einen genaueren Einblick auf dieses neue Geschäfts- und Berufsfeld, das es noch nicht sehr lange gibt, bekommen. Ich möchte hier noch ein bisschen ins Detail gehen.

Influencer sind bekannte Personen, denen auf Social Media viele Menschen folgen. Oft handelt es sich dabei um reiche oder berühmte „Celebrities", die ihr Leben auf den verschiedenen Online-Kanälen mit anderen teilen. Manchmal sind Influencer jedoch auch völlig unbekannte Menschen, die durch ihre besondere Ausstrahlung, ihre Schönheit oder ihre Art der Lebensführung für unzählige Menschen zum Vorbild wurden.

Influencer nutzen ihre Bekanntheit und ihre Reichweite auf den verschiedensten Social-Media-Kanälen, um Geschäfte zu machen und Geld zu verdienen. Sie bewerben gezielt Produkte ihrer Partner in ihren Videos, Posts und Storys und generieren somit ihr Einkommen.

Welche Psychologie steckt hinter dem Erfolgsmodell der Influencer?

Wie ist der Erfolg vieler Influencer nun zu erklären? Es ist wohl die Sehnsucht nach Vorbildern und der Wunsch, ein Teil der Welt jener Personen zu sein, die wir bewundern: Wir Menschen wollen uns zugehörig fühlen. Wenn wir nun einer berühmten oder von uns verehrten Person auf Instagram folgen, gibt uns dies das Gefühl, auch irgendwie zu dieser Welt dazuzugehören.

Influencer arbeiten gezielt mit diesem psychologischen Effekt. Sie sprechen ihre Follower direkt an. Sie beantworten deren Fragen. Treten in Interaktion mit ihnen. Sie geben ihren Fans das Gefühl, ein wichtiger Part einer großen Familie zu sein. Dies verursacht wiederum positive Emotionen. Wir Menschen sind eben alle soziale Wesen. Das Streben nach Verbundenheit und Zugehörigkeit liegt in unserer DNA. Das uns angeborene Gruppenverhalten macht auch in Hinblick auf die Evolution zutiefst Sinn: Hätten wir uns früher nicht zusammengeschlossen, um stärker zu sein, wäre unsere Art wahrscheinlich schon längst ausgestorben.

Beim Influencer-Marketing macht man sich nun dieses Streben der Menschen nach Verbundenheit und Teilhabe am Leben anderer zunutze. Man zeigt möglichst viel und detailreich vom Alltag der Influencer – und gibt den Fans die Chance, zu dieser erlesenen Gruppe dazuzugehören. Ja, Influencer zeigen viel von ihrem Leben – aber meistens genau das, was ihre Zuschauer (Follower) sehen möchten. Ganz nebenbei werden dabei Produkte beworben, die der Influencer regelmäßig benutzt. Wenn nun die Follower diese Artikel ebenso in ihrem Alltag verwenden, sich gleich anziehen oder sich auf ähnliche Weise ernähren wie ihre Vorbilder, dann fühlen sie sich diesen noch näher. Genau das ist der Effekt, den Online-Marketing mit Influencern aufgreift und für sich arbeiten lässt.

Wie arbeiten Influencer?

Influencer teilen ihr Leben auf den verschiedensten Social-Media-Kanälen. Eine besonders beliebte Plattform ist Instagram, weshalb ich sie als Beispiel nehme. Hier werden spezielle Tools aufgeboten, um aus den verschiedensten Perspektiven

Einblick in das Leben von Menschen zu geben. Werfen wir einen genaueren Blick auf diese Werkzeuge, derer man sich hier bedienen kann.

Ein **Post** ist die einfachste Möglichkeit, um sich zu präsentieren. Dabei wird ein Foto hochgeladen und mit verschiedensten Optionen versehen. Instagram fragt etwa: Wo wurde das Bild gemacht? Wer ist auf diesem Foto zu sehen? Wenn mehrere Personen zu sehen sind, kann man diese markieren und dadurch deren Profile hinzufügen.

Ein Post kann aber auch ein oder mehrere **Videos** enthalten.

Auch eine breitere Streuung ist möglich. Es gibt die Option, dass ein bestimmter Post nicht nur auf der eigenen Seite, sondern auch auf dem Profil eines anderen Menschen oder auf anderen Plattformen (Twitter, Facebook usw.) erscheint.

Sehr beliebt sind derzeit **Reels**. Dabei handelt es sich um kurze Videoclips, die etwa mit Musik versehen wurden und so für die Zuschauer unterhaltsam sind. Ich persönlich glaube, dass diesen Reels eine große Zukunft bevorsteht, denn man bekommt in kurzer Zeit einen sehr realistischen Eindruck vom Leben der dargestellten Person. Ein Foto kann ja bekanntlich sehr stark bearbeitet werden und somit manchmal als unglaubwürdig erscheinen. Aber ein Video ist etwas sehr Authentisches. Überhaupt ist es für Influencer und ihre Geschäftspartner wichtig, so natürlich wie möglich rüberzukommen.

Insgesamt bietet Instagram den Nutzern die Möglichkeit, sehr kreativ zu sein und sich auf viele verschiedene Arten in Szene zu setzen. Daher ist dieser Social-Media-Kanal eine sehr beliebte Plattform für Influencer.

Des Weiteren sind TikTok und YouTube ideale Kanäle für Influencer-Marketing. Beide sind Video-Plattformen und eignen sich besonders gut, um Produkte und Dienstleistungen auch visuell ansprechend zu vermitteln.

TikTok ist eine recht neue, schnell wachsende Plattform, auf der vor allem junge Zielgruppen aktiv sind. Die Leute sind weniger auf diesem Kanal, um zu kaufen, sie möchten sich vor allem gut unterhalten. Das bedeutet, dass mit TikTok-Influencern eine enorme Reichweite erzielt werden kann, die Conversion-Rate, also der unmittelbare Verkauf, jedoch eher gering ist.

YouTube - als eine der ältesten und größten Plattformen für Videoinhalte im Internet - ist ein weiterer genialer Kanal für Influencer-Marketing. Es gibt eine Vielzahl von Influencern auf YouTube, die in den unterschiedlichsten Nischen aktiv sind. Diese digitale Plattform ist bestens geeignet, um Produkte oder Dienstleistungen in Videos nicht nur vorzustellen und Reichweite zu generieren, sondern auch gleich direkt zu verkaufen.

Durch Comments und Shares befinden sich Influencer und sehr aktive Nutzer im permanenten virtuellen Austausch mit ihren Followern auf all diesen Kanälen. Man könnte diese Art der Werbung deshalb auch als hohe Kunst des „Mouth to Mouth-Marketing" bezeichnen.

Influencer – ein leichter Job? Von wegen!

Obwohl es den Anschein hat, dass das Geld von Influencern leicht verdient sei und diese ohnehin nichts arbeiten, sondern einfach nur ihr Leben zur Schau stellen, steckt hinter den Kulissen oftmals ein harter Job.

Beiträge müssen im Vorhinein genau vorbereitet und geplant werden. Follower wollen ständig Kontakt zu ihren Vorbildern und stellen auch spätnachts und am Wochenende Fragen, auf die sie sich eine rasche Antwort erwarten. Influencer sind praktisch immer „in der Arbeit", was auch einen großen Druck erzeugt. Dies ist die andere Seite der scheinbaren Glamour-Welt von Instagram, TikTok, YouTube & Co.

Influencer stehen auch unter einem permanenten Erfolgsdruck gegenüber ihren Auftraggebern. Es muss ihnen gelingen, eine persönliche Beziehung zu ihren Followern bzw. Kunden aufzubauen. Diese kaufen nur dann das Produkt, das sie bewerben, wenn sie auch wirklich davon überzeugt sind.

Darüber hinaus sollte die Darbietung der Produkte nie nach Werbung riechen, sondern immer natürlich rüberkommen. Ein Spagat, der oft schwer zu schaffen ist und an dem auch viele „Newcomer" scheitern.

ERFOLGSBEISPIEL FÜR AFFILIATE-MARKETING UND DIE ZUSAMMENARBEIT MIT INFLUENCERN

An dieser Stelle möchte ich ein konkretes Projekt schildern, in dem ich sehr erfolgreich Affiliate-Marketing und Influencer eingesetzt habe.

Als 2020 Corona die Welt auf den Kopf stellte, enorm viele Menschen im Homeoffice arbeiteten und die Schüler ins Distance Learning geschickt wurden, tat sich einem Geschäftspartner und mir eine geniale Idee auf: Da nun scheinbar die ganze Welt nur noch über einen Computerbildschirm mit anderen Menschen verbunden war, erkannten wir die Chance, Brillen, die einen Schutz gegen das PC-Blaulicht boten, über einen Webshop zu verkaufen. Der gesundheitliche Hintergrund: Alle wissen, dass zu viel Bildschirm-Blaulicht nicht gut ist. Man kann abends schwerer zur Ruhe kommen, schläft schlechter ein und die Schlafqualität wird gemindert. Ein langer und erholsamer Schlaf ist jedoch die Grundvoraussetzung für Gesundheit, Vitalität und Leistungsfähigkeit. Das alles ist allgemein bekannt.

Der Nutzen, den unsere Brillen den Menschen bringen würden, lag also auf der Hand und war medizinisch belegt. Auch für meinen Geschäftspartner und mich war unser Engagement somit zutiefst sinnerfüllend, da wir die Möglichkeit erkannten, mit unserem Produkt den Menschen zu helfen und sie vor gesundheitlichen Schäden zu bewahren.

Web-Shop innerhalb kürzester Zeit eingerichtet

Soweit die Vorgeschichte und die Theorie – nun ging es an die Umsetzung. Da mein Geschäftspartner und ich im IT- und Marketingbereich gut drauf waren, zogen wir innerhalb von zwei Wochen einen Webshop hoch.

Wie haben wir nun Affiliate-Marketing eingesetzt? Wir bauten unseren Web-Shop mit Shopify auf, wo es wiederum eine Erweiterung, ein sogenanntes PlugIn gibt, die GoAffPro heißt - eine Seite, auf der man sich online anmelden kann. Danach bekam jede registrierte Person einen Coupon. Wenn nun diese Person auf Social Media oder anderen Plattformen diesen Coupon weitergab und somit Werbung für unsere Brillen machte, erhielt sie eine Vergütung.

Das System von Affiliate-Marketing hat bei unserem Webshop sehr gut funktioniert. Schon nach kürzester Zeit hatten wir unser investiertes Geld wieder erarbeitet.

Etwas mühsam gestaltete sich rückblickend betrachtet die Suche nach geeigneten Influencern. Wir steckten viel Aufwand in die Recherche und schrieben zahlreiche Influencer an. Wir wollten nicht irgendeinen Menschen aus der Glanz- und Glamourwelt, sondern jemanden, der zum Gesundheitsbereich passte und der Kompetenz und Authentizität in diesen Themen vermittelte. Dies war schwieriger als gedacht. Von vielen Influencern bekamen wir nicht einmal eine Antwort. Manche hatten utopische Honorarvorstellungen. Andere wollten nicht mit dem Instrument Affiliate-Marketing arbeiten. Sobald wir aber die ersten bekannten Influencer für eine Kooperation gewinnen konnten, wurde es allmählich leichter.

Zu bedenken ist bei der Zusammenarbeit mit Influencern auch, dass diese nicht von selbst läuft. Man muss immer wieder in Kontakt mit ihnen stehen, sie motivieren und ständig nachfragen: „Wann wollt Ihr posten? Was konkret werdet Ihr posten?" Es bedarf in diesen Belangen auch viel menschlichen Gespürs. Man sollte nicht zu viel Druck erzeugen, aber den Kooperationspartnern auch nicht alle Freiheiten lassen.

Wichtig ist es dabei, die professionellen Rahmenbedingungen zu bedenken. Man muss einen Vertrag aufsetzen, in dem die Basics der gegenseitigen Rechte und Pflichten detailliert verankert werden. Man sollte den Influencern klar machen:

Das ist kein Spiel. Wir schließen hier ein Geschäft ab und jeder von uns beiden hat Verpflichtungen, an die er sich halten muss!

Deshalb mein Tipp: Überwache deine Kampagne und analysiere laufend ihre Leistung, um das Ergebnis bzw. den Erfolg zu messen.

Wie findet man die passenden Influencer

Um erfolgreich mit Influencern zusammenarbeiten zu können, musst du dir im Vorfeld über ein paar Dinge im Klaren sein:

1. **Das Ziel definieren:** Was willst du mit deiner Influencer-Kampagne erreichen? Z. B. Steigerung der Markenbekanntheit, Erhöhung der Verkäufe oder Generierung von Traffic auf der Website?

2. **Deine Zielgruppe kennen:** Wer sind die passenden Käufer für dein Produkt oder deine Dienstleistung? Auf welchen Plattformen tummeln sie sich?

3. **Dein Budget festlegen:** Welches Budget hast du zur Verfügung, um die Influencer angemessen zu bezahlen? Welche Art der Bezahlung bietest du an? Hier sind einige Möglichkeiten: Fixes Honorar für Sponsored Posts oder Produktplatzierungen, Provisionen beim Affiliate-Marketing, bezahlte Reisen oder Teilnahme an Events usw. Welche Leistungen erwartest du dafür von ihnen?

Jetzt kannst du die passenden Influencer suchen: Wichtig ist, dass die ausgewählten Meinungsmacher eine engagierte Community haben, die deiner Zielgruppe entspricht. Recherchiere auf den verschiedenen Social-Media-Plattformen, wer zu deinem Produkt oder deiner Dienstleistung passt. Auf Instagram machst du das beispielsweise mittels einer Hashtag-Suche. Die Influencer mit den besten Ergebnissen, also mit den meisten Likes und Kommentaren, nimmst du in die engere Wahl. Sieh dir dabei vor allem auch die Qualität der Kommentare und Like-Geber an. Sind sie echt? Wenn alles passt, kontaktierst du die Influencer einfach mit einer „Direct Message". Hier solltest du kreativ vorgehen, um ihre Aufmerksamkeit zu erregen. Viele schreiben zurück. Aus meiner Erfahrung sind Makroinfluencer mit mehr als hunderttausend Followern schwer zu erreichen, da heißt es dranzubleiben.

Kooperation mit 100 Influencern

Insgesamt haben wir beim Brillen-Projekt mit fast 100 Influencern zusammengearbeitet und dabei sehr viele unterschiedliche Persönlichkeiten kennengelernt. Eine dieser Werbebotschafterinnen ist mir besonders gut in Erinnerung. Sie hat sich richtig mit unserem Produkt identifiziert und in die Arbeit hineingehängt. Es ist ihr gelungen, über 500 Brillen für uns zu verkaufen. Wir haben danach sogar eine eigene Brille mit ihrem Namen entworfen.

Zugute kam uns rückblickend auch, dass unser Produkt besonders für die Zielgruppe der Schüler und Studenten maßgeschneidert war. Diese jungen Leute verbringen sehr viel Zeit mit Social Media, was uns das Bewerben unserer Brille erleichterte.

Anfangs haben wir das Coupon-System nur in der Zusammenarbeit mit Influencern angeboten. Als wir Affiliate-Marketing jedoch auf alle Besucher unseres Webshops ausweiteten, kam das Geschäft erst richtig in Fahrt.

Meine Learnings:

Sei neugierig und couragiert im Ausprobieren der verschiedenen Möglichkeiten, die das Online-Business bietet. Es ist auch immer gut, werbetechnisch auf mehrere Pferde zu setzen. Es kann nicht viel schief gehen. Den Mutigen gehört die Welt! Sich im Überangebot der Produkte sichtbar zu machen, ist heutzutage der entscheidende Faktor, um Erfolg zu haben.

> *Und hier noch ein Tipp:*
>
> Wenn du keine Erfahrung im Influencer-Marketing hast, kannst du dir durch das Beobachten erfolgreicher Kampagnen von anderen Unternehmen ein gewisses Grundwissen aneignen. Wie schon im vorangegangenen Kapitel angesprochen, kannst du auch Agenturen oder Experten für Influencer-Marketing beauftragen, die dir bei der Durchführung deiner Kampagnen helfen, um sie zum Erfolg zu führen.

DIE ZUKUNFT VON AFFILIATE-MARKETING

Meiner Meinung nach steht Affiliate-Marketing noch eine große Zukunft bevor. Dieses Verkaufsinstrument steckt ja eigentlich erst in den Kinderschuhen und wird mehr und mehr entdeckt werden.

Mich begeistert an diesem System, dass sich eine Win-Win-Situation für alle Beteiligten ergibt. Es gibt nur Gewinner und keine Verlierer. Daher ist der Durchbruch von Affiliate-Marketing aus meiner Sicht auch nicht mehr aufzuhalten.

Der Online-Markt wird in den nächsten Jahren und Jahrzehnten noch viel stärker wachsen. In Wahrheit stehen wir erst am Anfang einer spannenden Entwicklung. An den Jungen sieht man, wie sich unser Leben verändert hat. Sie wuchsen bereits in der digitalen Welt auf und werden diese noch weiter revolutionieren. Bald ist es völlig egal, an welchem Ort der Erde man wohnt. Man kann von jedem Platz der Welt Geschäfte machen, Produkte bestellen und innerhalb kürzester Zeit geliefert bekommen.

Enorme Reichweiten bei TikTok

Derzeit zeigt uns TikTok vor, was alles noch möglich ist. Unfassbar viele Menschen nutzen dieses Medium, auf dem enorme Reichweiten zu erzielen sind. Reichweiten, von denen man früher nur hätte träumen können.

Ich glaube, wir müssen uns mit offenem Herzen und wachem Verstand auf diese neuen Möglichkeiten, die uns derzeit geboten werden, einlassen. In Wahrheit wird uns gar nichts anderes übrigbleiben. Wer sich den neuen Errungenschaften im digitalen Bereich verschließt, schießt sich selbst ins Abseits.

Es ist wie bei vielen großen Neuerungen in der Geschichte der Menschheit. Früher bewegten sich alle auf Pferden oder mit Ochs und Esel fort. Dies war normal. Dann kam das Auto. Nur wenige konnten sich dieses Luxusgefährt leisten. Irgendwann wurde es zum Standard, ein Auto zu besitzen. Es war nichts Spezielles mehr, sondern etwas ganz Gewöhnliches.

So ist es auch mit der Welt des Marketings. Affiliate-Marketing wird sich breitenwirksam durchsetzen. Es wird nicht mehr nur schillernden Influencern vorbehalten sein, sondern ein normales Instrument des Empfehlungsmarketings werden, das jedem Menschen zugänglich ist.

Es kommen auch immer bessere und einfachere Affiliate-Software-Programme auf den Markt. Diese Entwicklung ist nicht mehr aufzuhalten. Seien wir also jetzt schon vorne dabei, damit wir nicht irgendwann hinten nachhinken.

SEIEN WIR OFFEN FÜR NEUES

„Das Bessere ist der Feind des Guten", heißt es. Ich freue mich schon jetzt auf eine Zukunft, in der das Unternehmer-Sein dank digitaler Errungenschaften scheinbar unbegrenzte Möglichkeiten bietet. Niemals war es so einfach, sich mit wenigen Klicks große Sichtbarkeit auf der ganzen Welt zu verschaffen. Verschließen wir uns also dieser Welt nicht, sondern heißen wir alle neuen Varianten des Werbens und Verkaufens willkommen.

Seien wir offen für Neues und somit Teil dieser atemberaubenden Zukunft, die uns bevorsteht. Fangen wir an, uns Unbekanntem und neuen Methoden des Vermarktens aufgeschlossen zu zeigen. Jede große Reise beginnt mit dem ersten kleinen Schritt. Jede Initiative mit einem Commitment. Das beste Produkt der Welt ist nichts wert, wenn niemand davon erfährt. Nutzen wir also mutig und mit Begeisterung die Chancen der Marketing-Welt des 21. Jahrhunderts.

Ottó Fehér

Als ich noch ein Kind war, habe ich mich schon für Verkauf interessiert und recherchiert. Bereits mit 16 Jahren habe ich meine ersten Erfahrungen in der Versicherungsbranche gesammelt.

Ich habe an der Universität Szeged (SZTE) Marketing & Management studiert und bin dann nach Shanghai umgezogen, wo ich mit einem Stipendium 3 Jahre an der Confucious Institute Schlolarship gelernt und im Anschluss meine ersten Erfahrungen im Internationalen Verkauf gesammelt habe.

2013 habe ich erstmal mit Social-Media-Marketing gestartet! Meine bevorzugten Plattformen waren Instagram und der chinesische Social-Media-Kanal Wechat. In meinem ersten Projekt ging es um den Markenaufbau eines Restaurants in Shanghai.

Schon 2014 habe ich meine erste Firma gegründet. Zusammen mit meinem Geschäftspartner haben wir Logistik- und Verkaufstätigkeiten mit 3 Mitarbeitern auf 2 Kontinenten durchgeführt. 2017 begann ich mit Informatik-Projekten im medizinischen Bereich, dem folgten viele andere im Gesundheitsbereich. Parallel dazu hielt ich international Vorträge über Influencer-Marketing.

Derzeit helfe ich einer Zahnarzt-Klinik in der Wiener Innerstadt, ihre Marke aufzubauen. Seit 2021 bin ich überdies Teil einer Kunst-Stiftung, bei der wir Künstlern Hilfestellung bei der digitalen Umsetzung von Projekten geben.

Als Marketing-/IT-Berater, Projektleiter, Geschäftsentwickler bin ich darauf spezialisiert, Unternehmen dabei zu unterstützten, bessere Marketing-Ergebnisse zu erzielen.

www.rilisol.hu
www.LinkedIn.com/in/otto-feher-69647312b

KAPITEL 20

PERFORMANCE-MARKETING

Markenaufbau und Umsatzsteigerung mit effektiver Werbung

von Viktor Zemann

INHALT

Zielgruppe: Unternehmer, die ihre Dienstleistungen oder Produkte mittels Advertising vermarkten und mehr über die entsprechenden Werbeplattformen sowie deren Nutzung, ebenso wie über Werbeziele, Budgetierung uvm. erfahren wollen.

Voraussetzungen: Budget; technisches Verständnis; Fähigkeit, Daten zu analysieren und zu interpretieren.

Erfahrungen: Innovative Ideen, Branchenkenntnis und Werbe-Knowhow sind bei der Erarbeitung einer einprägsamen Kampagne hilfreich.

WAS IST PERFORMANCE-MARKETING?

Haben Sie sich schon einmal gefragt, was der Unterschied zwischen einer durchschnittlichen und richtig erfolgreichen Werbung ist? Warum die Produkte Ihrer Konkurrenz trotz fast identischen Spezifikationen bei den Konsumentinnen und Konsumenten besser ankommen und dank größerem Traffic einen höheren Umsatz erzielen? Die Ursache für dieses Problem lässt sich in den meisten Fällen auf die Marketingstrategie zurückführen.

Potenzielle Kundinnen und Kunden konnten vor nicht allzu langer Zeit noch mittels klassischem Offline-Marketing erreicht werden. Zeitungsannoncen, Werbeplakaten und Fernsehwerbungen zählten zum bewährten Standard. Doch das Zeitalter des Internets hat die Art und Weise, wie wir werben und wie Userinnen und User Werbeangebote konsumieren, in Umschwung gebracht. Bei Online-Marketing geht es nicht nur darum, Produkte effektiv (= „das Richtige machen") zu vermarkten, sondern auch effizient (= „die Dinge richtig machen"). Darunter versteht man nicht nur, seine Zielgruppe kennenzulernen, ihre Probleme oder Bedürfnisse zu verstehen und ihnen in Form eines Produkts oder einer Dienstleistung eine maßgeschneiderte Problemlösung zu verkaufen, sondern auch, Traffic mit Daten und Zahlen messbar zu machen, um langfristig skalierbar arbeiten zu können. Wir sprechen in diesem Fall von sogenanntem „Performance-Marketing".

Ziel des Performance-Marketings ist es nicht nur Neukundenakquise zu betreiben, sondern vor allem meine Zielgruppe bzw. meinen bereits vorhandenen Kundenstamm besser kennenzulernen und stärker an das Unternehmen zu binden. Der Fokus liegt dabei auf Kundinnen und Kunden, die bereits großes Interesse an den Produkten oder Dienstleistungen des Unternehmens gezeigt haben oder bestenfalls schon einen Kauf abgeschlossen haben. Die sogenannte „Customer Life Value" (CLV) – also der Wert und das mögliche Potenzial eines Kunden für das Unternehmen – soll mit gezielten Marketingstrategien innerhalb der gesamten Lebensdauer des Kunden maximiert werden (z. B. durch Abo Modelle, Service, Cross- oder Upselling). Es ist nämlich wahrscheinlicher, dass Kundinnen und Kunden, die sich bereits in der Vergangenheit von einem Angebot jenes Unternehmens überzeugt haben, erneut bei einem Unternehmen etwas konsumieren, als Userinnen und User, die zufällig durch Advertising im Internet auf die Landingpage des Unternehmens stoßen und noch keine Berührungspunkte und Vertrauen in die Marke haben.

Bei Online-Marketingkampagnen ist es völlig normal, dass nicht alle generierten Traffic-Ströme (= Bewegung der Nutzerinnen und Nutzer im Internet) auch zu einem Kaufabschluss führen. Um aus der großen, ungefilterten Menge an Traffic potenzielle Kundinnen und Kunden kennenzulernen und sie gezielt zu einem Kauf bewegen zu können, wird die sogenannte „Funnel"-Methode (= Trichter-Methode) zum Einsatz gebracht. Optimalerweise wirkt der Funnel ähnlich wie ein professionelles Verkaufsgespräch, indem Kunden vom ersten Kontakt bis zum erfolgreichen Kaufabschluss gezielt, während der gesamten Customer Journey, gelenkt werden. Mit dieser Methode und noch einigen Weiteren, welche in den folgenden Kapiteln vorgestellt werden, wird der Schlüssel für ein erfolgreiches Performance-Marketing erklärt, mit dem Traffic ohne großen Aufwand in steigenden Umsatz verwandelt werden kann.

WARUM IST PERFORMANCE-MARKETING WICHTIG?

Ein großer Kritikpunkt an klassischen Offline-Marketingstrategien ist die Problematik des Streuverlusts. Das bedeutet, dass Kampagnen wie zum Beispiel Werbungen im Fernsehen mit viel Ungewissheit verbunden sind. Es ist unklar, wie viel man mit ihnen bei den Zuseherinnen und Zusehern bewirken kann, ob sie dadurch zu weiteren Interaktionen mit der Marke verleitet wurden und ob die Zielgruppe damit überhaupt erreicht wurde. Um also gezielte Maßnahmen setzen zu können und ein gewinnbringendes Unternehmen aufzubauen, ist es notwendig, über konkrete und messbare Bewegungen der Userinnen und User im Internet Bescheid zu wissen. Diese Verfolgung wird als „Tracking" bezeichnet. Nur so kann durch Erfolgskontrolle der Performance und Skalierungen der langfristige Erfolg einer Online-Marketingkampagne gesichert werden – jedenfalls so lange, bis die Kampagne ihre Gewinngrenze erreicht hat und von einer neuen abgelöst werden muss.

Am Anfang einer jeden Kampagne muss klar definiert werden, welche Ziele das Unternehmen erreichen will und welche Kundinnen und Kunden die Zielgruppe darstellen, die sie erreichen soll. Weiters darf auch das Werbebudget nicht außer Acht gelassen werden, da dieses einen großen Einfluss auf die folgenden Schritte im Marketing-Prozess hat. Eine essenzielle Frage bei der Zieldefinierung ist, welche „Conversion" bei den Rezipientinnen und Rezipienten hervorgerufen werden soll. Unter dem Begriff Conversion versteht man die Umwandlung von Interesse in eine Handlung. Beispielsweise könnte das Ziel der Conversion sein, dass ein Kunde seine E-Mail-Adresse in einem Kontaktformular hinterlässt, um sich für einen Newsletter anzumelden, ein Produkt zu kaufen oder ein Imagevideo anzusehen, welches das Vertrauen und die Beziehung zwischen Kunden und Unternehmen stärken soll.

Wie bereits im ersten Kapitel kurz erwähnt, ist der Fokus von Performance-Marketing nicht zwingend auf der Akquise neuer Kunden, sondern auch auf der Stärkung der Beziehung zwischen dem bestehenden Kundenstamm und dem Unternehmen. Die meiste Aufmerksamkeit und Priorität sollte man in erster Linie den ersten zwei Stufen schenken. Kunden, die vom Angebot eines Unternehmens

322

überzeugt sind und der Marke treu bleiben, werden als VIP-Kunden bezeichnet (Stufe 1). Danach folgt die zweite und dritte Stufe mit guten, regelmäßigen Kunden bzw. mit Gelegenheits-Kunden. Stufe 4 sind Kunden, die mehr Kosten verursachen, bei dem Versuch, sie für das Unternehmen zu gewinnen, als dass sie Gewinne verursachen.

Zusätzlich muss man sich aber auch die Frage stellen, wie man Kundinnen und Kunden zum Aufsteigen in eine Stufe bringen kann (z. B. durch Freebies, preisgünstige Angebote, Aufklärung über Vorteile des Produkts oder Exklusivität).

TRACKING UND MESSUNG

Ein wichtiger Part einer jeden Online-Kampagne ist das „Tracking". Durch Tracking lernt man, wie man seine Kunden kennen, verstehen und wie man sie an eine Marke binden kann. Aufgrund von technischen Einschränkungen (bspw. iOS-Updates) und der Datenschutzgrundverordnung wird es jedoch immer schwerer, eine gute Datenbasis aufzubauen.

Die Kundenakquisitionskosten (Customer Acquisition Cost, CAC) messen, wie viel ein Unternehmen ausgibt, um neue Kunden zu gewinnen. Die CAC - eine wichtige Geschäftskennzahl - sind die Gesamtkosten für Vertriebs- und Marketingmaßnahmen, die erforderlich sind, um einen Kunden zum Kauf eines Produkts oder einer Dienstleistung zu bewegen. Die Analyse der CAC in Verbindung mit dem Customer Lifetime Value (CLTV, eine Schätzung des Umsatzes, den ein Kunde während seiner Lebenszeit erzielt, wenn er über einen längeren Zeitraum hinweg weiterhin kauft oder ein Abonnement abschließt) oder dem Monthly Recurring Revenue (MRR, die Messung des Umsatzes pro Monat) sind gängige Methoden, um herauszufinden, ob ein Unternehmen effizient arbeitet oder nicht.

Ein wichtiges Instrument für die Customer Journey ist der „Funnel", der zwar je nach Produkt und Dienstleistung anders segmentiert ist, jedoch vom Prinzip her immer nach dem gleichen Muster vorgeht. Im ersten Schritt, dem „Kennen", werden Kunden angelockt, um den Trichter mit vielen potenziellen Kundinnen und Kunden zu befüllen. Die Traffic-Ströme werden dabei in die Targeting-Kategorien der heißen, warmen und kalten Zielgruppe eingeteilt. Je nachdem in welcher Kategorie sich die Kunden befinden, muss man andere Strategien anwenden, um sie zu einem Kauf zu bewegen. Während die heiße Zielgruppe bereits gut über das Produkt informiert ist und Interesse zeigt (sie benötigen nur mehr ein passendes Angebot), ist es mit der warmen Zielgruppe schon etwas schwieriger: Sie ist der Marke und deren Produkten bereits begegnet, hat sich aber noch nicht umfassend mit den Funktionen und Eigenschaften der jeweiligen Produkte bzw.

Dienstleistungen auseinandergesetzt. Die größte und gleichzeitig schwierigste Zielgruppe ist die kalte. Diese Kunden von dem Kauf eines Produkts zu überzeugen, bedarf viel Aufwand, birgt aber auch großes Potenzial für eine Marketingkampagne. Der kalten Zielgruppe wird nicht ein Angebot für ein Produkt präsentiert, sondern eine Problemstellung – der sie sich selbst oft noch nicht mal im Klaren war – und wie unser Produkt bzw. Dienstleistung dieses Problem lösen kann.

Im zweiten Schritt des Funnels wird der Traffic in Conversion umgewandelt. Das bedeutet konkret, dass Kundinnen und Kunden zu einer bestimmten Handlung bewegt werden (z. B. Leads sammeln, Call-to-Action Button klicken, etc.). In diesem Schritt wird auch überprüft, ob alle Abläufe von der Kampagne z. B. auf Social Media, über die verlinkte Landingpage bis hin zu den CTA-Buttons sinnvoll verlinkt sind und der potenzielle Kunde auch genau das auffindet, was in der Werbung versprochen wurde.

Im dritten und letzten Schritt hat man den Kunden genau dort wo, man ihn haben möchte. Wenn man es sich bildlich vorstellt, wäre dieser Schritt beim Trichter die untere Verengung. Nach dem Kaufabschluss ist der Prozess jedoch noch nicht beendet – im Gegenteil: Ab hier beginnt erst so richtig die Arbeit von Performance-Marketing, da Kunden stärker an das Unternehmen gebunden werden und in der Kundengruppe des Umsatzpotenzials aufsteigen sollen.

Zum Abschluss dieses Kapitels möchte wir noch den Unterschied zwischen einer Marketingtaktik und einer Marketingstrategie erläutern. Online-Marketing basiert auf messbaren Zahlen und Daten: Am Markt überleben nicht die guten Taktiken, über die sich lange der Kopf zerbrochen wurde, sondern jene Strategien, die am konkretesten auf Basis von Daten durchgeplant worden sind und wo nichts dem Zufall überlassen wurde.

Diese drei Schritte des Funnels bilden die Basis für eine erfolgreiche Werbekampagne. Am Ende dieser Prozesse kennt man den zeitlichen Plan und Ablauf, die Höhe des Werbebudgets, die CAC und CLTV, sowie die Werbekanäle und Kampagnenstruktur.

WELCHE KANÄLE SIND – STAND HEUTE - RELEVANT?

Performance-Marketing im Internet war vor nicht allzu langer Zeit noch ein völlig unvorstellbares Konzept. Heutzutage kann man sich Marketing hingegen ohne das Internet und soziale Medien gar nicht mehr vorstellen. Es ist wichtig, im schnell wachsenden digitalen Umfeld am Ball zu bleiben, da sich die Trends, Bedürfnisse der Zielgruppe, bewährte Kampagnenformate und Advertising-Techniken in kürzester Zeit verändern können. Im folgenden Kapitel werden die relevantesten

Online-Marketing-Tools zum aktuellen Stand anhand ihrer Zielgruppe, Voraussetzungen und notwendigen Vorerfahrungen in der praktischen Anwendung des Performance-Marketings verglichen.

Google Ads (Suchmaschinenwerbung)

Google Ads ist in Hinblick auf Performance-Marketing eines der relevantesten Tools, um erfolgreiche Online-Marketingkampagnen umsetzen zu können. Da Anzeigen direkt bei den Suchergebnissen von Google angezeigt werden, profitiert man bei Google Ads von sehr kurzen Verkaufswegen. Produkte oder Dienstleistungen werden nicht wie etwa bei Meta Ads nach den Interessen der Userinnen und User angezeigt, sondern nach den Suchbegriffen, die in der Suchmaschine verwendet werden. Sie stellen die Lösung für die Probleme oder Bedürfnisse der User dar.

Doch wie genau schafft man es nun, von Google als qualitativer Inhalt für die Userinnen und User eingestuft zu werden? Der Schlüssel liegt in dem Mehrwert, den man seinen Interessenten mit hochwertigen Informationen und Produkten bieten kann. Um bei Google eine erfolgreiche Anzeige zu schalten, sollte ein wesentlicher Teil der Zeit bei der Kampagnenplanung in die Recherche von relevanten Keywords fließen. Je konkreter die Keywords sind, desto höher ist die Erfolgswahrscheinlichkeit.

YouTube Ads

Auf YouTube trifft man inzwischen jede gewünschte Zielgruppe. Advertising auf YouTube lässt sich in drei große Kategorien von Werbeformaten einteilen: YouTube-Search-Werbung, YouTube-Display-Werbung und YouTube-in-Stream-Werbung. Alle drei Formate haben ihre eigenen Vor- und Nachteile und können unterschiedliche Zielgruppen ansprechen. Die erste Anzeigen-Art ist die YouTube-Search-Werbung. Diese funktioniert mit einem ähnlichen Prinzip wie Google Ads: Userinnen und User suchen nach gewissen Schlagwörtern für die YouTube Videos, die sie interessieren und bekommen als erstes Suchresultat einen mit „Anzeige" markierten Link zu sehen, der sie zu einem Werbespot oder Imagevideo von einem Unternehmen leitet. Vorteilhaft an dieser Methode ist es, dass die Bekanntheit von YouTube Kanälen oder Personen wachsen kann, bzw. dass Informationen & Awareness zu bestimmten Themen geschaffen werden können.

Das zweite Werbeformat sind YouTube-Display-Werbungen, welche in Form eines kleinen Thumbnails oder Links auf der rechten Seite bei den Videovorschlägen angezeigt werden. Auch damit kann man die Bekanntheit von YouTube Kanälen oder einzelnen Personen steigern.

Die meistbeachtete Form von YouTube Ads sind die YouTube-in-Stream-Werbungen. Kurze Webespots am Anfang, als Unterbrechung mitten im Video oder am Ende machen Userinnen und User auf Produkte oder Unternehmen aufmerksam. Wichtig dabei ist, zu beachten, dass Video-Ads nach wenigen Sekunden übersprungen werden können. Sie sollten daher bereits in den ersten paar Sekunden (= ca. 5 Sekunden als Richtwert) das Logo des Unternehmens enthalten, damit auch, falls der Werbespot übersprungen wird, eine unterbewusste Verknüpfung in den Köpfen der Zuseherinnen und Zuseher entsteht. Die Chance, dass eine in-Stream-Werbung länger angesehen wird, ist übrigens bei Mid-Roll-Einspielern höher, da der User bereits Interesse am Video zeigt und bereit ist, einige Sekunden Werbung anzusehen, um anschließend das eigentliche Video weiterschauen zu können.

Meta Ads (Facebook, Instagram)

Unter „Meta Ads" werden Werbekampagnen der sozialen Netzwerke Facebook und Instagram verstanden. Anzeigen auf Meta gelten als das umsatzstärkste Tool zur datenbasierten und personalisierbaren Vermarktung von Produkten, Services und Brands. Mit relativ wenigen Voraussetzungen – nämlich einem Meta Account und einem minimalen Werbebudget können bereits erste Beiträge auf Facebook beworben und anschließend optimiert werden. Jedoch auch für große, professionelle Kampagnen bietet Meta passende Werbeformate in Form von einer Unternehmenspage, Anzeigen im Newsfeed und als gesponserten Beitrag an. Dank stark verfeinerter Suchkriterien der Zielgruppe (z. B. nach demografischen Merkmalen wie dem Alter, Geschlecht oder Herkunft) lässt sich die Zielgruppe eines Unternehmens sehr präzise erreichen.

Im Gegensatz zu Google Ads arbeitet Facebook mit der Zielgruppe und deren Interessen und nicht mit Keywords. Dank unzähligen Gestaltungsmöglichkeiten, Anzeigenerweiterungen und sogenannten „Lookalike Audiences" werden die bereits bekannte Zielgruppe, und jene Userinnen und User, die diesen hinsichtlich ihrer Interessen und Vorlieben ähneln, effizient angesprochen.

TikTok Ads

Die schnell-wachsende Entertainment App TikTok hat sich in den vergangenen Jahren zu einer Plattform mit Milliarden von Nutzern entwickelt. Die meisten Nutzer sind jedoch wesentlich jünger als auf anderen Social Media-Plattformen, mit einem durchschnittlichen Alter von 15 bis 25 Jahren. Diese Altersgruppe ist auch unter der Bezeichnung „Gen Z" bekannt. Die Kampagnen-Formate von TikTok reichen von In-Feed Ads, über Spark Ads, Topviews, Branded Lenses und Effects. Mit unterhaltsamen Kurzvideos auf TikTok kann einem Unternehmen oder einem Produkt ein neues Gesicht aufgesetzt, sowie Nähe und Authentizität verliehen werden.

LinkedIn Ads

LinkedIn ist eine Networking-Plattform, auf der sich unzählige Unternehmen, Freelancer, Angestellte und Führungskräfte tummeln. Daher ist es nicht untypisch, auf LinkedIn überwiegend Anzeigen zu sehen, die für den B2B-Bereich relevant sind. Mittels vielfältiger Gestaltungsmöglichkeiten der Kampagnen-Formate wie beispielsweise Text Ads, Sponsored Content und Sponsored Video kann die Bekanntheit eines Unternehmens, Produktes, einer Dienstleistung oder sogar eines Job-Angebots wachsen und gezielt Userinnen und User erreichen, die sich dafür interessieren könnten.

Pinterest Ads

Pinterest ist eine Plattform, die sowohl Suchmaschine als auch ein soziales Medium ist – nur mit weniger Interaktion zwischen den Usern. Zwar können Pins geliked und kommentiert werden, die hauptsächliche Interaktion von Usern ist jedoch das Posten und „Pinnen" von Beiträgen, die andere Nutzer veröffentlicht haben. Da Pinterest teilweise wie eine Suchmaschine aufgebaut ist, können Werbekampagnen zu passenden Keywords in Form von „Promoted Pins" und „Promoted Video Pins" und „Promoted App Pins" im Feed der Userinnen und User geschaltet werden. Bei der Erstellung der Kampagne ist es nicht uninteressant zu beachten, wie das Geschlechterverhältnis auf Pinterest ist, da mehr als 70% aller User weiblich sind.

LANDINGPAGE

Die Landingpage bildet einen sehr wichtigen Part im Performance-Marketing. Landingpages verfolgen immer ein klar definiertes Ziel der Conversion. Das könnte zum Beispiel das Erzielen eines Leads in Form von Kontaktdaten der potenziellen Kundinnen und Kunden, die Verbreitung von Content oder der Kaufabschluss eines Produkts oder einer Dienstleistung sein. Sie stellt einen Schnittpunkt zwischen dem Interesse eines Users auf eine Marketingkampagne und der Entscheidung, ein Angebot tatsächlich zu erwerben, dar.

Um dieses Ziel zu erreichen, hat das Layout und Design der Landingpage einen hohen Wert für eine erfolgreiche Kampagne. Die oberste Regel bei der Gestaltung der Landingpage ist es, eine möglichst reduzierte Benutzeroberfläche zu schaffen, die den User nicht ablenkt und ihn eventuell dazu verleiten könnte, den

Conversion-Prozess frühzeitig abzubrechen. Bestenfalls leitet eine Landingpage die Userinnen und User ohne weitere Ablenkungen wie in einem Trichter zu einem großen Call-to-Action-Button. Bei mehreren gleichzeitigen Kampagnen sollte für jede eine eigene Landingpage erstellt werden. Dafür eignet sich eine sogenannte „Squeezing Page", welche User durch die Reduktion der Inhalte zu einer Handlung drängt. Eine rasch-performende, nutzerfreundliche, übersichtliche und informative Landingpage bildet zusätzlich die qualitative Basis für ein hohes Google-Ranking in der Suchmaschinenfunktion.

ZUSAMMENFASSUNG

Online-Marketing hat sich in den letzten Jahren zu einem der wesentlichsten Erfolgsfaktoren für das Image und den Verkauf neuer Produkte bzw. Dienstleistungen entwickelt. Den Grundstein für eine digitale Marketing-Kampagne, die sich von den Problemen des Offline-Marketings abhebt (z. B. hohe Streuverluste), bildet die Messbarkeit mittels Tracking von Traffic-Strömen. Auf Basis dieser Daten können wichtige Kennzahlen zur Berechnung der Gewinnschwelle, des benötigten Werbebudgets und der Conversion der Userinnen und User berechnet werden.

Die wesentlichen Kennzahlen sollten immer im Blick behalten werden, um frühzeitig Umsatzeinbrüche erkennen zu können, Gegenmaßnahmen gegen erhöhte Akquisitionskosten einleiten zu können oder eine völlig neue Kampagne zu starten. Denn jede Kampagne ist irgendwann an ihrem Kapazitätsmaximum angekommen und muss von neuartigen Inhalten abgelöst werden.

Ein weiterer Schlüssel zum Erfolg ist ein tiefes Verständnis für meine Zielgruppe. Nur wer erkennt, welche Bedürfnisse, Probleme und Wünsche seine Zielgruppe hat, der kann auch gezielte Maßnahmen einleiten, um potenzielle Kundinnen und Kunden auf der Customer Journey mit der Funnel-Methode effektiv zu begleiten, die in einer positiven Conversion resultiert. In den schier unendlichen Weiten des Internets muss man als Marketer verstehen, welche Userinnen und User priorisiert werden müssen und mit welchen Anreizen man sie zu einem Kaufabschluss bewegen kann.

Und auch nach diesem Schritt ist die Arbeit von Performance-Marketing noch nicht getan. Denn Kundinnen und Kunden, die bereits einmal auf meine Produkte oder Dienstleistungen vertraut haben und sich für einen Kauf entschlossen haben, werden eher erneut meine Marke bevorzugen als jene, die zufällig durch Advertising auf der Landingpage des Unternehmens landen. Es gilt, sie an das Unternehmen zu binden und eine langfristige „Customer Life Value" (CLV) mittels Optimierungen und Incentives zu schaffen.

Um den Erfolg von Marketing-Kampagnen auch langfristig sichern zu können, ist es essenziell, die Kanäle des Online-Marketings zu verstehen, um sie zielgruppengerecht einsetzen zu können, sowie Entwicklungen im Wandel der Zeit kontinuierlich zu verfolgen, damit man auf neue Trends und Bedürfnisse rasch reagieren kann.

Ing. Viktor Zemann, MSc

Mein Name ist Viktor Zemann und in den letzten 15 Jahren habe ich mit über 200 etablierten Unternehmen, Agenturen und Start-Ups aus unterschiedlichsten Branchen zusammengearbeitet und sie beim Wachstum unterstützt. In dieser Zeit wurden mir über 300 Millionen an Performance-Marketing Budget anvertraut.

Seit jeher begleitet mich ein Faible für Messbarkeit, Optimierung und unternehmerisches Denken. So habe ich im Digital Marketing mein berufliches Zuhause gefunden, denn hier zählt solide Planung ebenso wie exzellente Umsetzung. Gemeinsam mit meinen Kunden entwerfen ich und mein Team individuelle, ganzheitliche Marketingkonzepte, kümmern uns um die punktgenaue und wirtschaftliche Aussteuerung einzelner Kampagnen und tragen Sorge dafür, dass das so generierte Wissen dort ankommt, wo es hingehört: im Unternehmen der Kunden.

"Wissenstransfer" ist in aller Munde. Wissen an andere Personen weiterzugeben, sodass diese ihre eigenen Schlüsse ziehen und selbstständig neue Erfahrungen machen können - das ist mir ein Herzensanliegen. Neben regelmäßigen Schulungen und Workshops bei meinen Kunden unterrichte ich seit vielen Jahren auf Universitäten, Fachhochschulen und in Fachverbänden zum Thema Digital Marketing. Digitales Marketing ist ein schnelllebiges Geschäft. Trends kommen und gehen, das Nutzerverhalten verändert sich laufend und nicht alles, was glänzt, ist Gold. Um stets am Puls der Zeit zu bleiben und langfristig beste Qualität abliefern zu können, braucht es neben praktischen Erfahrungen auch kontinuierliche Weiterbildung in unterschiedlichsten Feldern - fachlich, wie auch persönlich. In den letzten Jahren absolvierte ich zahlreiche Studien, Seminare, Coachings und Zertifizierungsprogramme.

ACOS Digital GmbH – Performance-Marketing Agentur
INVETHOS GmbH – E-Commerce und Beteiligungen
SAPE GmbH – Performance Boutique

vz@acos.digital
www.acos.digital

KAPITEL 21

AWARD-MARKETING

Erfolgreich positionieren und vermarkten durch Auszeichnungen und Preise

von Sabine Emmerich

INHALT

Zielgruppe:	Jeder Unternehmer, Selbständige, der seine Expertise und Glaubhaftigkeit auch nach außen darstellen möchte.
Voraussetzungen:	Qualitativ hochwertige Produkte oder Dienstleistungen.
Erfahrungen:	Zertifizierbare Unternehmensdarstellung.

WAS IST AWARD-MARKETING?

Eine Firma zeichnet sich als Unternehmer durch besondere Kundenfreundlichkeit, Expertise oder herausragende Leistungen aus? Dies wird aber im Außen zu deren Zufriedenheit noch nicht von den Kunden und potenziellen Neukunden gesehen?

Dann sind Zertifizierungen und Awards der Schlüssel zum Erfolg.

> *Mit Awards kann man seine Marketingstrategie kommunikativ unterstützen.*

Das Ziel ist es, dem Kunden damit zu beweisen, dass auch unabhängige Dritte von den Qualitäten des Produktes oder der Dienstleistung überzeugt sind und es auszeichnen. Damit erhöht man das Kundenvertrauen enorm.

Awards sind dann sinnvoll, wenn diese glaubhaft in die Unternehmenskommunikation einbezogen werden können.

Ein Award ist dann glaubhaft und authentisch, wenn man von außen betrachtet, die Kriterien nachvollziehen kann und man nicht das Gefühl hat, dass der Award mit dem Gießkannenprinzip über die Unternehmen gegossen wurde.

Ist der Verleiher des Awards glaubhaft? Oder findet man in der vorherigen Ausgabe eines Magazins unendlich viele Anzeigen des Gewinners, so dass man nahelegen könnte, dass der Award mit Anzeigen bezahlt wurde?

Wenn ein potenzieller Kunde sieht, dass auf der Website ein Award verlinkt ist, wird bei ihm verankert, dass man sich keine Gedanken mehr um einen Produktvergleich mit Wettbewerbsprodukten oder Ähnlichem machen müsste. Denn man hat schon ein ausgezeichnetes Produkt, eine herausragende Leistung gefunden.

Einer Studie der University of Leicester zufolge wurde die finanzielle Leistung von 120 prämierten Unternehmen aus ganz Europa mit Unternehmen ähnlicher Größe und aus den gleichen Branchen verglichen. Die Studie basiert auf Daten von elf Jahren. Es wurde herausgefunden, dass die mit Preisen ausgezeichneten Unternehmen bereits nach nur einem Jahr nach der ersten Auszeichnung ihre finanziellen Leistungen verbesserten. (Quelle: University of Leicester for the British Quality Foundation and the European Foundation for Quality Management)

AND THE OSCAR GOES TO ...

Wem ist dieser Satz nicht bekannt. Die alljährliche Oscar-Verleihung inkl. der Nominierungen, die wir alle aus dem Film-Sektor kennen, ist weltweit ein Begriff. So wird dieser doch jedes Jahr von der US-amerikanischen Academy of Motion Picture Arts and Sciences (AMPAS) für die besten Filme des Vorjahres verliehen. In vielen Kategorien und Unterkategorien wie „Best Actor/Actress" oder „beste Regie" werden die - in den Augen der Jury - besten Filme prämiert. Die Auszeichnung wurde am 12. Februar 1929 vom damaligen Präsidenten der MGM Studios, Louis B. Mayer, ins Leben gerufen. Weltweit gilt ein Film, Schauspieler, Regisseur oder eine Filmmusik als besonders empfehlenswert, wenn er/sie den Oscar erhalten hat. Sogar auch, wenn er/sie „nur" zu den so genannten Nominees zählt, sprich für den Oscar nominiert wurde.

Das ist die Urform von Award-Marketing. Eine bessere Werbung gibt es nicht. Die nachfolgenden Filme von Oscar-Gewinnern oder die Teilnahme von Schauspielern, die einen erhalten haben, sind ein sicherer Kassenmagnet. Auf vielen Filmplakaten und in der Werbung liest und hört man immer wieder, dass Schauspieler XY, 5-mal für den Oscar nominiert, die Hauptrolle spielt.

Die Filmgesellschaften werben mit dem Award, ihr Marketing basiert darauf. Auch ist die Auswahl der Beteiligten an einem Film sicherlich leichter zu treffen, wenn derjenige zumindest schon einmal nominiert wurde. Die AMPAS hat es auf diese Weise geschafft, dass wahrscheinlich die ganze Welt diese Zertifizierung und Auszeichnung kennt.

Die beteiligten Künstler haben dadurch eine perfekte Reputation, können die Gagen nach oben treiben oder werden vor anderen Bewerbern in die engere Wahl genommen.

Apple zum Beispiel verleiht den „Apple Design Award", mit dem zwölf der besten Apps und Spiele ausgezeichnet werden. Entwickler aus der ganzen Welt sind hier ausgewählt worden, die mit ihren innovativen und beeindruckend designten Apps die Nutzer mit ihren Visionen, Zielen und ihrer Brillanz inspiriert haben. Der Apple Design Award öffnet sicherlich viele Türen, die vorher verschlossen waren.

Im deutschsprachigen Sektor ist vielen der „Grimme-Preis" ein Begriff. Der Grimme-Preis gilt als DIE Auszeichnung für Fernsehsendungen in Deutschland und als renommiertester Medienpreis Deutschlands. Er wurde nach dem ersten Generaldirektor des NDRs, Adolf Grimme, benannt. So hat 2022 zum Beispiel Joko Winterscheidt den Grimme-Preis erhalten für seine Quiz-Show „Wer stiehlt mir die Show".

Die Liste der Awards könnte man ewig fortsetzen wie zum Beispiel „Golden Globe", „Deutscher Digital Award", „ECHO", u.v.m.

20 JAHRE „RECORD COMPANY"

Ich selbst komme ursprünglich aus der Musikbranche. Mein erster Job war „Anfangssekretärin" in einer Münchner Schallplattenfirma. Was war das aufregend. Meine Mitschülerinnen wurden Arzthelferin oder fingen bei einer Bank an. Ich wurde in das turbulente Leben einer Schallplattenfirma geworfen. Damals hatten wir das Glück, einen Hit nach dem anderen mit unseren Bands zu landen. Vielleicht ist dem ein oder anderen noch Boy George & Culture Club ein Begriff oder Genesis, Janet Jackson, The Rolling Stones, Lenny Kravitz, Die Toten Hosen, Nicki (ja, ein krasser Sprung zu den Toten Hosen), u.v.m.

Eine gewisse Art von Award-Marketing wurde damals in Form von goldenen Schallplatten überreicht. Mit ganz viel Glück auch in Platinschallplatten, je nach Verkaufszahl.

Man konnte sich logischerweise nicht für eine goldene Schallplatte bewerben oder diese einfach kaufen, sie werden strikt anhand der Verkaufszahlen verliehen und das Ganze wird von einem Bundesverband abgesegnet.

Aber danach, wenn man durch die offiziellen Stellen mit Gold oder Platin ausgezeichnet war, ging das Marketing los. Es wurden „Goldverleihungen" im großen Rahmen zelebriert. Die Bands erhielten ihre Goldenen aus den Händen der Plattenbosse, die Presse wurde dazu geladen, viele Fotos gemacht und dann natürlich entsprechend gefeiert.

DER „ECHO"

Irgendwann hat die Branche beschlossen, sich und ihre Künstler selbst zu feiern und der ECHO wurde an den Start gebracht. Der ECHO war ein deutscher Musikpreis, der von der deutschen Phonoakademie und dem Bundesverband Musikindustrie von 1992 bis 2018 jährlich für die überragendsten Leistungen nationaler und internationaler Künstler, Musikproduzenten und Partner vergeben wurde.

Ich erinnere mich noch gut an eine der ersten Verleihungen, wo wir im Zuschauerraum fünf Stunden in einer Halle sitzen mussten, da es eine Fernseh-Aufzeichnung war und teilweise die Übergaben und einiges andere nicht so funktionierte, wie der Regisseur es sich vorgestellt hatte und es mehrere Durchläufe gab. Aber was macht man nicht alles, wenn man weiß, dass es danach eine tolle Aftershow-Party gibt.

Mit dem ECHO gingen die Ausgezeichneten danach natürlich stolz auf Promotour, sprich sie betrieben Award-Marketing für sich, die Plattenfirma, die Musikindustrie.

2018 gab es dann einen Skandal, da einige Preisträger ihren ECHO zurückgegeben haben, aus Protest gegen die Auszeichnung für „Kollegah" und „Farid Bang", zwei Rappern, die mit ihren homophoben und frauenfeindlichen Texten sehr kontrovers gesehen wurden. Aber selbst das ist noch Marketing, denn die Künstler, die sich dagegen ausgesprochen haben, waren auch in aller Munde. Nach diesem Eklat wurde die Verleihung eingestellt.
#evenbadpromotionispromotion

AWARD-MARKETING UNTER EINBEZIEHUNG DER FANBASE

Hier schlägt man gleich zwei Fliegen mit einer Klappe. Einerseits macht man für sich selbst Werbung, andererseits pusht man seine Social Media Fans und Freunde dazu, für einen zu voten und man vergrößert seine Reichweite immens.

2018 hatte ich die verrückte Idee, mich (wohlgemerkt schon über 50 Jahre alt) als „TZ Wiesnmadl" anzumelden. Die TZ ist eine Münchner Tageszeitung und jedes Jahr wählt das Publikum vor dem Münchner Oktoberfest das „Wiesnmadl" aus allen Bewerberinnen.

Wenn man eine Runde weiterkam, gab es ein Interview vor einer Jury, die aus der Chefredaktion und anderen Beteiligten bestand. Die letzten 12 „Madl" haben sich dann an einem Abend live und im Dirndl im Löwenbräukeller in München dem Voting der Besucher und der Jury gestellt.

Und wer hätte es gedacht, ich wurde unter die letzten 12 gewählt, da ich eine große „Fanbase" habe und natürlich in den sozialen Medien wie Facebook, Linked In, Xing, Instagram dazu aufgerufen habe, dass man im Vorfeld für mich voten soll, damit ich immer eine Runde weiterkomme.

Um es vorwegzunehmen: Nein – ich habe nicht gewonnen. Aber: Die Teilnahme und das Erreichen des Finales der letzten 12 hat ein sehr großes Interesse an meiner Person ausgelöst. Mein Trachten- und Lifestyleblog wurde dadurch gepusht und ich habe mit meiner „Finalteilnahme" auch Award-Marketing betrieben. Ich habe viele Sponsorenanfragen bekommen und bin auch einige Kooperationen eingegangen bis zu einer Anfrage, dass ich als Testimonial für eine Modefirma Outfits gestellt bekam und ich sogar in deren Newsletter in die Welt getragen wurde.

Eine Frauenzeitung wurde auch auf mich aufmerksam und ich durfte dort ein Interview geben, was wiederum eine neue Welle in Gang brachte.

Fazit: Awards und sogar „nur" deren Nominierung können – wenn man es richtig einsetzt – für die Person oder das Unternehmen einen guten werblichen Effekt haben.

Exzellenz spiegelt sich in vielen Awards wider

Werte wie Know-how, Kreativität und Exzellenz in der jeweiligen Branche sollten die Hauptkriterien für die Vergabe eines Awards sein. Die erhaltenen Awards sichern die Reputation im Außen, schaffen Glaubwürdigkeit und sorgen somit auch für eine Vergrößerung des Netzwerks.

8 GRÜNDE UND ZIELE FÜR AWARD-MARKETING

Leads

Mit Awards fällt die Generierung von neuen Kontakten leichter. Man hat einen Award erhalten? Was bietet sich an: man schaltet Werbung, postet ihn auf seinen Social-Media-Kanälen, bekommt einen redaktionellen Beitrag in einem Print- oder Online Medium.

Kunden

Für die Bestandskunden ist dies immer wieder ein Beweis, dass es eine richtige Entscheidung war, mit der Firma/Agentur/Coach etc. zusammen zu arbeiten. Man sollte aus seinen Kunden Fans machen. So bindet man die Kunden an sich und diese fühlen sich bestärkt in ihrer Wahl.

Sales

Ein Award gibt automatisch einen höheren Vertrauensvorschuss. Man kann damit Promotion machen, einen Newsletter mit dem Angebot eines Spezialseminars, einer Sonderaktion usw. versenden.

Mitarbeiter

Jeder Mitarbeiter möchte im besten Betrieb arbeiten und die besten Betriebe haben Auszeichnungen. Allein schon die zeitlichen Einsparungen im Recruitingprozess sind durch Zertifizierungen und Awards deutlich sichtbar. Vor allem, wenn diese auch noch im Bereich Arbeitgeber sind: „Bester Arbeitgeber", „Beste Auszubildende", „Sozialster Betrieb" usw.

Preis

Wenn man ein mehrfach ausgezeichnetes Produkt hat, kann man dies natürlich auch im Preis widerspiegeln. Die Preispolitik lässt sich leichter gestalten, wenn man mit einer Auszeichnung im Hintergrund agieren kann.

Presse-Arbeit

Mit dem gewonnenen Award ist es deutlich leichter, in die Presse und in Publikationen zu kommen. Denn die Presse will Stories. Und ein Award liefert diese Story, denn es ist eine Geschichte hinter dem Gewinn eines Awards und warum man sich gegen seine Konkurrenz durchgesetzt hat.

Events/Veranstaltungen

Der Award kann auf Veranstaltungen mit Kunden präsentiert werden. Es ist ein Grund, wieder einmal eine Veranstaltung zu planen, auf sich aufmerksam zu machen, ein Goodie für die Bestandskunden, aber ebenso ein Eyecatcher für Neu- und Wunschkunden.

Branding

Last but not least: Wenn man eine Auszeichnung hat, muss man sich nicht selbst loben - denn das erledigen andere für einen. Ein Award sagt, dass man herausragend ist, ausgezeichnet und glaubwürdig. Das ist der Brandbeschleuniger für die Marke/Firma.

IST ES UNSERIÖS, WENN ICH MIR ALS UNTERNEHMEN EINEN AWARD KAUFE?

Ganz klare Antwort: jein!

Ist es denn unseriös, wenn man eine Anzeige schaltet und dafür auch einen redaktionellen Beitrag erhält? Nein, ist es auch nicht. Es ist Marketing!

Es gibt natürlich Awards, die man ohne jegliche Leistung oder Referenzen kaufen kann. Aber möchte man einen Award haben, den jeder einfach so kaufen kann? Dessen Siegel man auf abertausenden Websites wiederfindet? Der einen als Unternehmen komplett austauschbar macht? Über kurz oder lang werden auch die

Mitbewerber genau den gleichen Award auflisten können, wenn die entsprechenden Summen gezahlt wurden. Generell ist hiervon aus den o.g. Gründen abzuraten.

Je komplexer und ausführlicher die Bewerbung für einen Award ist, umso seltener wird man diesen bei der Konkurrenz wiederfinden.

Manche Awards kosten bereits Geld, wenn man sich nur bewirbt. Andere wiederum fallen erst dann ins Budget, wenn man gewinnt. Die dritte Variante ist die, dass man nur bezahlen muss, wenn man ein Marketing- oder Mediapaket dazu erwirbt. Hier ist meist die Bewerbung kostenfrei. Alle weiteren Leistungen sind gegen Bezahlung erhältlich.

Im Endeffekt kostet jeder Award Geld, da es sich kein Medium leisten kann, haptische Awards „for free" herauszugeben und diese auch noch medial zu unterstützen.

DIE KRITERIEN, WELCHEN AWARD MAN WÄHLEN SOLLTE – ODER AUCH NICHT

Kauf dir deinen Award

Auf keinen Fall sollte man die Variante wählen, bei der keinerlei Referenzen oder Punktesysteme im Hintergrund abgefragt werden.

Kostenfreie Awards, für die man nominiert wird

Hier sprechen wir von den TOP-Auszeichnungen, die von Stiftungen verliehen werden, von Vereinen. Wer schon mal eine Bewerbung für so einen Award ausgefüllt hat, weiß, dass es schier unmöglich ist, wenn man nicht zu den Top 10 der Branche gehört oder ein karitatives Unternehmen führt. Um in diese Riege aufzusteigen, sind die kleinen Steps nötig, also auch die ersten Awards. Das ist wie beim Karate - bis man dann final beim schwarzen Gürtel ankommt.

Award Bewerbung

Man sollte sich einen Award aussuchen, auf den man sich bewerben muss – und, wo man worst case auch verlieren kann. Seriöse Medien bitten einen erst dann zur Kasse, wenn man den Award auch gewonnen hat. Dies ist sowohl eine Absicherung für z. B. das Magazin, dass der Ausgezeichnete auch wirklich die Auszeichnung wert ist und auch für den Gewinner. Denn dann hat der Award auch eine Wertigkeit.

Und somit schließt sich der Kreis wieder, wonach auch die Bezahlung für einen Award seine Berechtigung hat. Man bekommt meistens eine Listung als Gewinner, einen haptischen Award, ein Siegel, ein Mediapaket, redaktionelle Texte usw. Diese Dienstleistung darf Geld kosten.

Denn sie ist ein Teil des Marketings und effizientes Marketing gibt es in diesem Bereich nicht umsonst. Die Rechnungen hierfür sind steuerlich auch wieder als Ausgaben geltend zu machen.

DER BLAUE HAKEN BEI INSTAGRAM

Der blaue Haken bei Instagram ist auch eine Form eines Awards. Der blaue Haken im Instagram-Konto bedeutet, dass man auf der sozialen Plattform als interessante Person oder glaubwürdiges Unternehmen angesehen wird. Mit dem blauen Hacken signalisiert Instagram den Followern, dass sie einem echten Konto folgen und keinem Fan- oder Fake-Account.

Auch hier muss man einen Zertifizierungsprozess durchlaufen. Man bekommt den blauen Haken nicht einfach so, nur weil man Summe XY an Followern hat.

Der begehrte Blaue Haken hebt einen von der Masse ab, zeigt, dass man „wichtig" ist, ein Influencer, der andere Menschen beeinflusst und dem man gerne folgen will.

ZERTIFIKATE AN DER WAND

Wer hat schon einmal bei einer Kosmetikerin auf der Behandlungsliege gelegen, bei einem Physiotherapeuten oder beim Friseur gemütlich im Stuhl gesessen und den Blick schweifen lassen? Was findet man dort meistens: richtig! Zertifizierungen, Urkunden, Ausbildungsnachweise an der Wand. Stolz präsentiert ein jeder, dass er sich immer wieder Schulungen unterzieht, up to date ist oder eine spezielle Behandlungsmethode mit in sein Repertoire aufgenommen hat, um den Kunden noch besser behandeln zu können und mehr Benefit für ihn anzubieten.

Auch das ist Award-Marketing. Eine befreundete Kosmetikerin erzählte mir kürzlich, dass eine Kundin sie total beeindruckt angesprochen hat, dass sie erst vor zwei Monaten eine Fortbildung besucht hat und dies eben durch eine Urkunde bei sich an der Wand ihren Kunden zeigt. Die Kundin fand es beruhigend, bei einer ständig geschulten Fachkraft zu sein, die sich für sich selbst und ihr Klientel weiterbildet, neue Zusammensetzungen von Produkten kennt oder auch neue Behandlungsmethoden erlernt hat.

Wer kennt es nicht, dass man – meist gerade wir Frauen – am liebsten einen Friseur empfohlen bekommt. Wenn dann dieser Salon ein „Meister seines Faches" ist z. B. im Bereich Haarfarben, dann fühlt man sich doch gleich viel besser aufgehoben und muss sich keine Sorgen um einen eventuellen Fail machen und sich schon mal überlegen, wie viele Mützen man für den Zweck des Bad Hair-Days noch im Schrank hat.

Auch hier zählt wieder der Award, die Zertifizierung, die Auszeichnung.

JETZT HABE ICH EINEN AWARD … UND NUN?

Die meisten Veranstalter von Preisverleihungen machen Werbung für sich selbst. Daher ist es wichtig, dass man selbst seine Pressearbeit in die Hand nimmt, seine eigene PR macht.

Mit dem Gewinn des Awards hat man einen neuen Grund zum Beispiel einen Newsletter zu verschicken, ein Social Media-Posting zu machen oder den Gewinn des Awards in einem Podcast zu erwähnen.

Man sollte auf alle Fälle Pressestimmen haben, die über das Unternehmen und den gewonnenen Award berichten. Das steigert wiederum die Reichweite und erhöht die Reputation gegenüber der Wunschkunden.

DER MDL AWARD FÜR BRANCHENHEROS

Mit dem MDL Award für Branchenheros haben wir mit dem MDL Magazin eine solche Zertifizierung geschaffen. Nur durch eine Bewerbung, die auf Herz und Nieren geprüft wird, bekommt man überhaupt die Zulassung zur Zertifizierung. Nach positiver Prüfung wird die Dienstleistung, das Unternehmen in 3 bis 5 Sterne klassifiziert. Eine weitreichende Medialeistung im Print– und Onlinesegment flankiert den haptischen Award. Somit sind alle Grundvoraussetzungen für das Award-Marketing gegeben.

Sabine Emmerich

Mein Name ist Sabine Emmerich, ich bin Teil der Chefredaktion des MDL Magazins. Gebürtig in München liebe ich das Reisen und die weite Welt. Das MDL Magazin ist ein Print, Online und e-Paper, welches seit 2014 existiert. Wir bieten mit unserem hochwertigen MDL-Printmagazin innovativen und zukunftsorientierten Unternehmen eine Plattform für alle Themen rund um Business und Lifestyle. Durch die Präsenz im Magazin und den MDL Award für Branchenheros erhöhen sie ihren Bekanntheitsgrad, stärken ihre Glaubwürdigkeit und optimieren ihre Sichtbarkeit.

Aktuell nutzen schon viele Unternehmer und Hotellerie-Betriebe diese Zertifizierung, die von der Experten-Jury bewertet und nach einem Punktesystem verliehen wird, um sich und ihre Dienstleistung oder ihr Unternehmen von der Masse abzuheben. Mit dem MDL Award für Branchenheros unterstützt man seine Marketingstrategie kommunikativ. Durch meine 20-jährige Erfahrung in der Musikindustrie, meinem Blog sowie meiner Tätigkeit bei dem MDL Magazin habe ich profunde Kenntnisse im Bereich Marketing und PR.

www.mdl-magazin.de

SCHLÜSSELFAKTOREN & HIGHLIGHTS

Hast du dich jemals gefragt, wie die erfolgreichsten Unternehmen der Welt es gemacht haben, so bekannt und beliebt zu werden?

Eine inspirierende Geschichte über eines dieser Unternehmen, das es durch Marketing geschafft hat, bekannt zu werden, ist die Story von „Nike".

Der Gründer, Phil Knight, war Leichtathletik-Läufer an der Universität von Oregon. Er erkannte die Notwendigkeit für hochwertige Laufschuhe, die in den USA damals nicht erhältlich waren. Knight reiste deshalb nach Japan, traf sich mit dem Schuhhersteller Onitsuka Tiger und importierte dessen Schuhe nach Amerika, bevor er sich entschied, eine eigene Marke zu gründen. Von der griechischen Göttin des Sieges inspiriert nannte er sie Nike.

Anfangs hatte das Unternehmen große Schwierigkeiten, Kunden zu finden, aber mit einer cleveren Marketingstrategie änderte sich das. Die Idee hinter der Kampagne war, dass Nike nicht nur Schuhe, sondern auch „einen Lebensstil" mittels Storytelling verkauft! Der berühmte Slogan "Just Do It" wurde 1988 eingeführt und drückt genau das aus: Wenn du Nike trägst, bist du ein Athlet, ein Kämpfer, ein Gewinner.

Diese Strategie wurde entsprechend vermarktet, es wurde vor allem mit Influencern gearbeitet, mit dem Ergebnis, dass das Unternehmen sich zu einem der erfolgreichsten Sportbekleidungsunternehmen der Welt entwickelt hat.

Das Erfolgsgeheimnis von Nike ist, an Markttrends mit neuen Marketing-Tools dranzubleiben, um die laufend wechselnden Kundenbedürfnisse rechtzeitig erfüllen zu können. Heute spielen diesbezüglich Aspekte wie „umweltfreundlich", „nachhaltig", „vegan" und „bio" eine Rolle.

Nike ist ein Beispiel dafür, wie eine konsistente Marketingbotschaft, gepaart mit einem guten Produkt und einem unverwechselbaren Markenimage, ein Unternehmen in der heutigen globalisierten Welt zu großem Erfolg führen kann.

Du siehst, es gibt kein Geheimnis im Marketing, es geht vielmehr darum, aus der Vielzahl der Instrumente, die wir zur Verfügung haben, die richtige Strategie zu wählen und dann effektiv umzusetzen.

Um dir das zu erleichtern möchte ich mich abschließend noch einmal auf alle Marketing-Tools, die wir hier vorgestellt haben, konzentrieren und dir die **Vorteile**

der jeweiligen Methode in einem kurzen Gesamtüberblick darstellen. Jede einzelne davon ist ein Herzstück des modernen Marketings und kann dir helfen, dein Business voranzubringen.

MARKETING-PSYCHOLOGIE	Wenn du dir die Prinzipien der Marketing-Psychologie zu eigen machst, entwickelst du ein tieferes Verständnis für die Bedürfnisse, Wünsche und Verhaltensweisen deiner Zielgruppe. Dies wird dir helfen, das Engagement der Kunden zu erhöhen und das Vertrauen in dein Unternehmen zu stärken. Durch das psychologische Know-how kannst du deine Marketingkampagnen so gestalten, dass sie attraktiv für deine Kunden und effektiv für dein Business sind.
EMOTIONALES MARKETING	Bei jedem Kauf eines Produktes oder einer Dienstleistung sind wir über verschiedenste Berührungspunkte in Kontakt mit einem Unternehmen. Wie emotional und nachhaltig diese sogenannten Touch Points gestaltet sind, beeinflusst, ob eine Bestellung oder ein Kauf die Erwartungen des Kunden erfüllt oder ob er zum Mitbewerb wechselt. Positive Kundenerfahrungen - step-by-step und messbar aufgebaut - sind entscheidend für eine vertrauensvolle Kundenbindung und die Ausgangssituation dafür, dass dein Unternehmen in Zukunft erfolgreich ist.
EXPERTENBUCH	Mit einem eigenen Buch kannst du dich als Experte auf deinem Gebiet positionieren, von deiner Konkurrenz abheben und deine Glaubwürdigkeit und Autorität in deiner Branche stärken. Das Buch hilft dir dabei, deinen Lesern Nutzen zu bieten, was Vertrauen bei deiner Zielgruppe aufbaut, denn es zeigt, dass du über umfassende Kenntnisse auf deinem Gebiet verfügst. Du kannst deine Angebote im Buch vorstellen und generierst damit Anfragen z. B. für Vorträge und wertvolle Kooperationen sowie vorqualifizierte Leads und Aufträge.

WEBSITE & SEO	Durch eine informative und suchmaschinenoptimierte Website wirst du bei Google & Co besser ausgespielt, was zu einer erhöhten Sichtbarkeit und mehr Traffic führt. Das bedeutet, dass mehr potenzielle Kunden auf dich aufmerksam werden, ohne dass du zusätzlich etwas Besonderes dafür leisten oder weitere finanzielle Investitionen vornehmen musst. Optimiere deine Websites unbedingt für mobile Geräte, um die wachsende Zahl von Smartphone-Nutzern zu erreichen.
NEWSLETTER-MARKETING	Die Erstellung einer gut strukturierten E-Mail-Liste, die durch den Einsatz informativer Newsletter zu stetigen und langfristigen Conversions führt, ist das A&O dieses Marketing-Instruments. Der Newsletter bietet dir die direkte Möglichkeit, mit einer Gruppe vorselektierter Interessenten zu kommunizieren und macht aus Zielgruppen Kunden. Eine gut vorbereitete E-Mail-Liste garantiert, dass jeder nur den Content erhält, der ihn interessiert. Ein Mehrwert, der Vertrauen schafft, Kompetenz sowie Bindung stärkt und treue Kunden generiert.
SCORECARD-MARKETING	Du hast Interpretationen und Vermutungen in Bezug auf deine Zielgruppe satt? Dann entscheide dich für die Verwendung von Scorecards (Test, Quiz, Umfrage). Mit diesem Tool kannst du bereits im Vorfeld wertvolle Informationen generieren, die dich dabei unterstützen, deine Marketing- und Vertriebsbemühungen in weiterer Folge gezielt anzupassen. Erfüllt der Kontakt die Kriterien der Scorecard, kann er als qualifizierter Converting-Lead eingestuft und in den Vertriebsprozess integriert werden.
PRESSEARBEIT	Der „Dinosaurier" im Marketing-Mix ist die Königsdisziplin der Medienarbeit. Denn die Erwähnung oder Berichterstattung in einer renommierten Publikation oder Zeitung erhöht deine Glaubwürdigkeit und hat dadurch oft eine stärkere Wirkung als manch andere Werbeform.

Bei professioneller Pressearbeit kannst du die Bindung zu Journalisten auf viele Jahre stärken und erhältst unabhängige, vertrauensbildende sowie kostenfreie Unterstützung für dein Image, deine Werbung und deinen Absatz.

SPEAKER-MARKETING

Bist du authentisch, ausdrucksstark und außergewöhnlich? Dann ist ein Auftritt als Speaker bei einer Konferenz oder einem Event genau das richtige für dich, um als Experte auf deinem Gebiet wahrgenommen zu werden. Durch das Teilen von Erfahrungen und Wissen bekommen die Zuhörer und Zuseher Einblicke in deine Kompetenz, was wiederum das Vertrauen in deine Person steigert.

Darüber hinaus ist das Speaker-Marketing eine wertvolle Form des Networkings, das dir Kontakte zu Entscheidungsträgern bringt und dadurch neue Geschäftsmöglichkeiten und Kooperationen ermöglicht.

EMPFEHLUNGS-MARKETING

Empfehlungen sind für Unternehmer die wertvollste, sicherste und kostengünstigste Methode, mehr Geschäfte zu machen. Interessenten wie Kunden empfinden sie als besonders glaubwürdig und vertrauenswürdig und treffen ihre Kaufentscheidung auf dieser Basis viel leichter als bei anderen Marketingaktivitäten.

Mit einer klaren Empfehlungsstrategie und der Unterstützung durch entsprechende Business-Netzwerke werden nachhaltig planbare Umsätze ermöglicht.

EVENT-MARKETING

Wie machst du Themen, die dich und dein Business bewegen, unauslöschlich erlebbar? Egal, ob großes oder kleines Unternehmen – Eventmarketing, mit seinem expliziten Erlebnis-Charakter, ist eines der wenigen Instrumente, das eine persönliche und direkte Ansprache des Kunden und damit einen entscheidenden Wettbewerbsvorteil ermöglicht.

Dieses Tool ist geeignet, sowohl qualifizierte Leads zu generieren als auch deine Dienstleistungen und Produkte zu präsentieren bzw. direkt zu verkaufen. Eine gut geplante

Veranstaltung hat nachhaltige Wirkung, sie bleibt den Teilnehmenden lange in Erinnerung.

ONLINE-KONGRESSE

Du hast eine Website, bist versiert im Social-Media-Marketing, hast einen Newsletter und beherrschst Projektmanagement?

Dann bieten dir Online-Kongresse enormes Potenzial, um eine große Anzahl von Teilnehmern aus der ganzen Welt anzuziehen. Dadurch kannst du deine Reichweite und Sichtbarkeit erhöhen und einen größeren Bekanntheitsgrad erzielen. Du kannst dein Wissen und deine Kompetenz unter Beweis stellen und bekommst einen Expertenstatus, wenn du qualitativ hochwertige Inhalte und Gast-Speaker aus deinem Fachgebiet präsentierst.

LINKEDIN

Schon mal darüber nachgedacht, dich als bekannte und begehrte Personenmarke aufzubauen? Dann ziehst du auf dieser B2B-Plattform - welche ausschließlich von Fachleuten und Geschäftsleuten genutzt wird – garantiert die richtigen Menschen an und selektierst zeitgleich die falschen aus – eine grandiose Zeitersparnis!

Du kannst mit wertvollem Content brillieren, Kontakte sammeln, mit ihnen interagieren und gute Beziehungen aufbauen. Du profitierst von einem wertvollen Netzwerk, das dich aufgrund deiner Expertise, Persönlichkeit und Erfahrung schätzt und unterstützt.

META: FACEBOOK & INSTAGRAM

Facebook und Instagram, zwei der größten sozialen Netzwerke weltweit, erreichen Milliarden von Nutzern und entwickeln sich stetig weiter. Das bietet dir die Chance, nicht nur dein Unternehmen optimal in Szene zu setzen, um es einem breiten Publikum zu präsentieren und eine hohe Reichweite zu erzielen, sondern auch nach vordefinierten Kriterien und „anerlernten" Algorithmen deine potenziellen Zielkunden einzugrenzen.

Es gibt eine Vielfalt von Interaktionsmöglichkeiten (Fotos, Storys, Reels, Videos …) mit denen du eine persönliche

Beziehung zu deiner Zielgruppe aufbauen und sie als Kunden gewinnen kannst.

PINTEREST
Als visuelle Suchmaschine ermöglicht dir Pinterest, deine Produkte und Dienstleistungen auf ansprechende und kreative Weise vorzustellen, damit Aufmerksamkeit zu erregen und deine Zielgruppe zu inspirieren. Du kannst Links zu deiner Website, deinem Blog oder Shop setzen. Während auf Facebook und Co. organische Beiträge vom Algorithmus aufgrund von Interaktionen ausgespielt werden, sind auf Pinterest Keywords und klassische SEO entscheidend.

Pinterest stärkt dein Markenimage und du erreichst eine höhere Kaufbereitschaft bei deiner Zielgruppe.

TIKTOK
TikTok ist vor allem bei jüngeren Nutzern sehr beliebt. Die Nutzer zeichnen sich durch eine hohe Bereitschaft „out of the box" zu denken und großer Affinität für Videos und Spezialeffekte aus. Diese zurzeit am schnellsten wachsende Plattform bietet dir eine einzigartige Gelegenheit mittels kreativer, unterhaltsamer oder informativer Kurzvideos deine Zielgruppe zu erreichen und zu informieren.

Auf TikTok können besonders kreative Inhalte wie z. B. Challenges schnell viral gehen und innerhalb kürzester Zeit zig Tausende von Aufrufen und Shares erreichen.

VIDEO-MARKETING & YOUTUBE
YouTube ist die zweitgrößte Suchmaschine der Welt und bietet eine enorme Reichweite, um deine Marketingbotschaft zu verbreiten und deine Zielgruppe zu erreichen.

Ob Produktpräsentationen, Tutorials, Interviews, Testimonials, uvm. – durch das Einstellen ansprechender Videos kannst du Nutzer auf dich aufmerksam machen und dir mittels Abo-Funktion eine wertvolle Community aufbauen. Außerdem kannst du deine YouTube Videos auch auf deiner Website einbinden.

AUDIO- WERBUNG & PODCAST	Wusstest du das? Akustische Reize sprechen den Hörer emotional unmittelbarer an als visuelle. Audiowerbung generell und Podcasts im Speziellen – als hörbares Pendant zum Newsletter – konzentrieren sich auf spezifische Themen und Nischen, mit denen es dir möglich wird, deiner genau definierten Zielgruppe relevante Inhalte anzubieten.
	Du hast die Chance, dich sowohl mit deiner Expertise als auch mit deiner Persönlichkeit zu präsentieren und damit Glaubwürdigkeit und einen Vertrauensvorschuss seitens der Hörer zu erzielen. Das verstärkt die Bindung zu deinen Leads und fördert den Verkauf.
INFLUENCER- MARKETING	Influencer haben oft eine starke Online-Präsenz und eine treue Fangemeinde. Wenn sie deine Produkte oder Dienstleistungen empfehlen, so empfinden das viele ihrer Follower als wertvoll. Denn Follower folgen dem Influencer freiwillig und sind somit viel offener, versteckte Werbebotschaften von einer realen Person zu empfangen, mit der sie sich identifizieren.
	Du kannst dadurch von der Glaubwürdigkeit des Influencers profitieren, um deine Kunden zu erreichen, sie zu informieren und zum Kauf zu motivieren – bzw., um deine Marke einem breiteren Publikum zu präsentieren.
AFFILIATE- MARKETING	Affiliate-Marketing ist – sehr vereinfacht ausgedrückt – ein internetbasiertes Provisionssystem. Du bezahlst als Unternehmer in der Regel nur, wenn du tatsächlich eine Conversion, also einen Verkauf deines Produkts oder deiner Dienstleistung erzielst.
	Da deine Affiliate Partner eine Provision für jede erfolgreiche Transaktion erhalten, ist dieses Tool eine kosteneffektive Möglichkeit, Reichweite für dein Produkt oder deine Dienstleistung zu bekommen, Kunden zu gewinnen und Umsatz zu generieren. Beachte dabei, dass dein Image mit dem des Partners übereinstimmt.

| **PERFORMANCE-MARKETING & ADVERTISING** | Du willst nicht nur die Bedürfnisse deiner Zielgruppe kennenlernen und ihr maßgeschneiderte Problemlösungen verkaufen, sondern auch Traffic mit Daten und Zahlen messbar machen, um langfristig skalierbar arbeiten zu können? |

Online-Werbeformen wie Advertising auf Google, Amazon, Facebook, Instagram, YouTube und Co. ermöglichen dir, deine Nische bzw. Zielgruppe in großer Anzahl anzusprechen. Durch Datenanalyse und Targeting-Tools kannst du deine Anzeigen spezifisch ausrichten, um deine Werbebotschaft effektiv zu vermitteln, die Ergebnisse exakt zu messen und deine Werbeziele zu erreichen.

| **AWARD-MARKETING** | Dein Unternehmen zeichnet sich durch eine besondere Leistung aus? Dies ist jedoch bei den Kunden noch nicht bekannt? Dann sind Zertifizierungen oder Awards der Schlüssel zum Erfolg. Der Gewinn eines Awards, also einer Auszeichnung, lässt das Ansehen deines Unternehmens steigen. Du wirst von deinen potenziellen Kunden als vertrauenswürdig und kompetent wahrgenommen – vor allem auch gegenüber deinem Mitbewerb. |

Awards sind dann sinnvoll, wenn diese glaubhaft in die Unternehmenskommunikation (Social Media, Newsletter, Website usw.) mit einbezogen werden können, was wiederum das Interesse der Kunden weckt, und deine Verkaufszahlen steigen lässt.

It´s up to you, welchen Marketing-Mix du wählst - und genau das ist nicht immer einfach. Leider gibt es kein Patentrezept, das für jedes Unternehmen funktioniert. Letztendlich hängt die Auswahl der richtigen Marketinginstrumente von diversen Faktoren ab. Es wird hilfreich sein, eine systematische Herangehensweise zu verfolgen, um sicherzustellen, dass du die richtige Wahl triffst.

Dafür gebe ich dir zum Abschluss noch einige Tipps für Auswahlkriterien, mit denen du als Unternehmer oder Marketer leichter entscheiden kannst, was für deine Bedürfnisse am besten geeignet ist.

- Die Art des Produkts oder der Dienstleistung, die du verkaufst, kann die Wahl des Marketinginstruments beeinflussen. Was passt besser: visuell oder auditiv, analog oder digital? Oder eine individuelle Kombi?

- Bevor du deine Marketinginstrumente auswählst, solltest du dir darüber im Klaren sein, welche spezifischen Ziele du damit erreichen möchtest. Willst du vielleicht deine Reichweite erhöhen, deine Conversion steigern, deine Kundenbindung oder dein Image verbessern?

- Um dich für deinen geeignetsten Marketing-Mix zu entscheiden ist es wichtig zu wissen, wer deine Zielgruppe ist. Überlege, wo sich deine Wunschkunden überall aufhalten und welche Kanäle sie bevorzugen. Und denke immer an das Sprichwort: Der Köder muss dem Fisch schmecken, nicht dem Angler.

- Einige Marketinginstrumente können sehr teuer sein. Wenn du ein begrenztes Budget hast, solltest du das berücksichtigen und kosteneffektive Möglichkeiten wählen.

- Es kann hilfreich sein, zu sehen, welche Marketinginstrumente deine Konkurrenz verwendet. Schau dir an, was sie tun und was du besser machen kannst. Analysiere, welche Tools in deiner Branche am häufigsten verwendet und welche Ergebnisse damit erzielt werden.

- Checke die geografische Lage. Der Ort, an dem sich deine potenziellen Kunden befinden, kann ebenfalls ein relevanter Faktor sein. Ist deine Zielgruppe im lokalen Umfeld zuhause, werden andere Marketing-Tools sinnvoll sein als bei überregionalem oder gar internationalem Publikum.

- Selbst das Timing kann eine wichtige Rolle spielen, wenn es darum geht, das richtige Marketinginstrument auszuwählen. Ganz besonders dann, wenn du ein saisonales Produkt oder Angebot hast.

Experimentiere und teste. Aber Achtung: Auf gar keinen Fall solltest du versuchen, zu viel auf einmal umzusetzen. Trotzdem kann es sinnvoll sein, verschiedene Marketinginstrumente und Kombinationen auszuprobieren, um herauszufinden, was für dich als Person und für dein Unternehmen am besten funktioniert. Analysiere die Ergebnisse immer wieder und adaptiere deine Strategie entsprechend dieser Resultate. Denke daran, dass Marketing ein kontinuierlicher Prozess ist, der regelmäßige Überarbeitungen und Anpassungen erfordert.

Da sich der Weltmarkt und somit das Marketing ständig verändert, gibt es immer neue Entwicklungen, die es zu berücksichtigen gilt. Nehmen wir beispielsweise den massiven Anstieg im Bereich des digitalen Marketings, den wir in den letzten Jahren erlebt haben. Ihm verdanken wir, dass heute jeder Mensch die Welt bequem vom heimischen Sofa aus erkunden kann – mit nichts anderem als einem kleinen Mobiltelefon in der Hand. Und genau so, wie unsere Handys laufend neue

Dinge beherrschen, ist das moderne Marketing eine sich ständig weiterentwickelnde Branche, in der es auch in Zukunft immer Neues geben wird.

Doch jetzt lautet die Devise: Action! Wähle aus allen Tools deinen besten Marketing-Mix und starte durch. Deine Ziele sind zum Greifen nah, und du hast die Fähigkeiten und das Potenzial, sie zu erreichen. Mit einem starken Marketingplan, den richtigen Werkzeugen und der Entschlossenheit, alles umzusetzen, bist du deiner Konkurrenz immer einen Schritt voraus. Du erreichst deine Ziele, bekommst mehr Sichtbarkeit und Reichweite, machst dich und deine Marke bekannt, ziehst neue Kunden an und hebst dein Business auf das nächste Level. Warte nicht länger, sondern fang jetzt an, deine Vision Wirklichkeit werden zu lassen.

Ich hoffe, dass du viele wertvolle Informationen und Inspirationen aus diesem Buch mitnehmen kannst und wünsche dir viel Erfolg auf deinem Marketing-Weg!

Marie Fröhlich

EINE BITTE

Es ist großartig, dass du unser Buch gekauft und gelesen hast. Wir sind sicher, du konntest viele tolle Tipps und Tricks für deine eigene Marketing-Strategie mitnehmen.

Jetzt möchten wir dich um einen kleinen Gefallen bitten:

Was für den Schauspieler der Applaus ist, ist für uns Autoren die Buch-Rezension! Darum freuen wir uns wirklich sehr darüber, wenn du uns auf Amazon eine Rezension hinterlässt. Das hilft nicht nur anderen, einen besseren Einblick zu bekommen, sondern zeigt uns auch, dass unsere Arbeit nützlich für dich war.

Vielen Dank für deine Unterstützung!

Wir hoffen, dass du unser Buch genossen hast und wünschen dir viel Erfolg bei der Anwendung der Marketingmethoden und -strategien, die wir hier vorgestellt haben. Es wäre toll, von deinen Fortschritten zu hören, denn wir sind gespannt auf deine Erfolgsgeschichte.

Schreib uns an books@froehlich-plus.at

Bleib dran und lass uns die Welt des Marketings gemeinsam rocken!

DANKE

Dieses Buch wäre niemals entstanden, wenn es nicht so viele Menschen gäbe, die mich inspirieren und begeistern – und von denen ich immer wieder lernen kann, auf fachlicher wie auf persönlicher Ebene.

Mein größter Dank geht an alle Autorinnen und Autoren und BNI-Netzwerkkollegen, die ihre Expertise in ein Kapitel gepackt und damit zum Gelingen dieses Buches beigetragen haben. Ich weiß, dass es für die meisten schwierig war, sich auf zehn bis zwölf Seiten zu limitieren, weil sie natürlich noch viel mehr Know-how auf ihrem Gebiet haben. Ihr Lieben: Ich bin wirklich dankbar, dass es euch trotzdem gelungen ist, so viel wertvolles Wissen zu transportieren und unseren Lesern diese großartigen Einblicke in eure spezifischen Marketing-Tools zu geben.

Ein Riesendankeschön geht an Patricia Essl, die mit viel Geduld, Ausdauer und einem besonders scharfen Auge alle eingelangten Kapitel ins Manuskript übertragen hat, meine eigenen Texte lektoriert und mir beim Layout mit Rat und Tat zur Seite gestanden ist. Ohne sie und unsere langen motivierenden Telefonate wäre die pünktliche Veröffentlichung dieses Buches nicht möglich gewesen.

Ein besonders großes Danke geht an meine Schwester Elvira Hebesberger, die unter Hochdruck das Manuskript Korrektur gelesen und dafür gesorgt hat, dass die letzten Fehlerteufelchen ausgetrieben wurden. Seit ich Bücher schreibe und veröffentliche, bin ich froh darüber, dass sie einst Deutsch auf Lehramt studiert hat, weil sie seit meiner ersten Publikation dafür sorgt, dass alle Wörter, ja sogar die Beistriche, an der richtigen Stelle sitzen.

Danke an Claudia Sperl von der Labelschmiede (www.labelschmiede.com) für dieses sensationelle Cover, das unter den üblichen langweiligen blau-grauen Business-Büchern lebendig hervorsticht und das Thema Modernität auch im äußeren Erscheinungsbild transportiert.

Ein herzliches Dankeschön geht an Gerlinde Riegler-Aspelmayr (www.lilly-schreibt.at), die mich - in einem stressigen Moment mit ihrer journalistischen und schriftstellerischen Erfahrung unterstützt hat.

Last but not least gilt mein Dank Viktor Zemann, dem Autor des Kapitels Performance-Marketing & Advertising, weil er an diesem sonnigen Morgen im August sofort Feuer und Flamme für meine Idee - und damit ein wesentlicher Faktor dafür gewesen ist, dass diese Buch geschrieben und auf die Welt gebracht wurde.

Zum Abschluss gilt mein ganz spezieller Dank Nina Greimel, ohne die dieses Buch in Österreich nicht in die Presse gekommen wäre. Wie ich selbst herausfinden musste, ist das nämlich gar nicht so leicht bei der Vielzahl an Büchern, die am deutschsprachigen Markt veröffentlicht werden und dem gleichzeitigen Abbau in den Literaturredaktionen.

"Es braucht neue Narrative und einen klaren Mehrwert für die Zielgruppe", erklärte Nina mir in unserem ersten Gespräch. Und es hat sehr viel Spaß gemacht, zuzusehen, wie sie genau diese Geschichten und diesen Mehrwert erarbeitet hat, die unser Buch dann erfolgreich in Magazinen und Podcasts untergebracht haben.

Pressearbeit ist aber nur ein kleiner Teil ihrer Arbeit, denn Nina und ihre Schwester Maiken sind auf Personal Branding für CEOs, Manager und Autor:innen spezialisiert. Mit der **talking agency GmbH** kümmern sie sich um den Aufbau von Personen-Marken, kreative Kommunikationskonzepte und effektives Content-Marketing.

Für mehr Infos:
www.talkingagency.at

Printed in Poland
by Amazon Fulfillment
Poland Sp. z o.o., Wrocław

20862337R20201